全国高等院校土木与建筑专业创新规划教材

工 程 造 价

魏 蓉 编 著

清華大学出版社
北 京

内容简介

近年来，我国房地产行业已经成为国民经济的支柱产业之一，随着 21 世纪我国城市化的大趋势，土木建筑行业对实用型人才的需求还将持续增加。为了满足相关应用型本科院校培养应用型人才的教学需求，特编写此书。

本书内容共分为 12 章，在理论联系实际的基础上分别介绍了工程造价与造价控制概述、工程造价的构成、工程造价的计价依据、建设项目决策阶段的造价管理、建设项目设计阶段的造价管理、建设项目招标与投标报价、建设项目施工阶段的造价管理、建设项目竣工与交付阶段的造价管理、工程建设定额原理、工程造价的动态调整及管理、建设项目工程造价的审计以及工程造价信息管理。

本书根据工程造价本科教学大纲、培养目标和要求，以工程造价理论为基础，结合现场施工实例、国内外工程造价管理方面的新成就和新动态，并结合编者多年的教学与科研工作实践编写而成。书中包含大量的实例和习题，教师可参考书中的教学目标及例题、习题，根据学生的具体情况编写教案、讲课例题以及课程设计的内容与要求，以满足不同院校学生的需要。

本书理论性与实用性并存，可作为高等院校土木建筑及相关专业本科生、专科生的教材，也可供从事相关专业的人员学习和参考。

图书在版编目(CIP)数据

工程造价/魏蓉编著. —北京：清华大学出版社，2019（2021.12重印）
(全国高等院校土木与建筑专业创新规划教材)
ISBN 978-7-302-51770-2

Ⅰ. ①土… Ⅱ. ①魏… Ⅲ. ①工程造价—高等学校—教材 Ⅳ. ①TU723.32

中国版本图书馆 CIP 数据核字(2018)第 274406 号

责任编辑：陈冬梅　李玉萍
封面设计：刘孝琼
责任校对：王明明
责任印制：沈　露
出版发行：清华大学出版社
网　　址：http://www.tup.com.cn, http://www.wqbook.com
地　　址：北京清华大学学研大厦 A 座　　**邮　　编：**100084
社 总 机：010-62770175　　**邮　　购：**010-62786544
投稿与读者服务：010-62776969, c-service@tup.tsinghua.edu.cn
质量反馈：010-62772015, zhiliang@tup.tsinghua.edu.cn
课件下载：http://www.tup.com.cn, 010-62791865
印 装 者：三河市金元印装有限公司
经　　销：全国新华书店
开　　本：185mm×260mm　　**印　张：**16.75　　**字　数：**400 千字
版　　次：2019 年 4 月第 1 版　　**印　次：**2021 年 12 月第 3 次印刷
印　　数：2501～3000
定　　价：48.00 元

产品编号：072097-01

前　言

随着我国房地产市场的迅速发展，以及社会基础设施建设的蓬勃兴起，有着丰富的本地资源及政策资源的工程造价咨询行业发展迅速，其业务类型逐渐完善，工程勘查设计能力提升较快，取得了良好的经济效益和社会效益。

工程造价咨询是指面向社会接受委托、承担建设项目的全过程、动态的造价管理，包括可行性研究、投资估算、项目经济评价、工程概算、预算、工程结算、工程竣工结算、工程招标标底、投标报价的编制和审核、对工程造价进行监控以及提供有关工程造价信息资料等业务。同时，近几年来，我国政府颁布了一系列与建设工程造价管理有关的政策、条例、规范，如建设部颁发的《建设工程工程量清单计价规范》、《建筑安装工程费用项目组成》，国务院颁布的《建设工程质量管理条例》、《国务院关于投资体制改革的决定》，建设部有关部门起草的《建设工程质量保修保险试行办法》(草案)，以及财政部、建设部颁发的《建设工程价款结算暂行办法》等。编写本书，正是为了适应经济形势及政策法规变化的要求，满足造价管理人员的需要。

本书是根据工程造价本科教学大纲、培养目标和要求，国内外工程造价管理方面的新成就、新动态，并结合编者多年的教学与科研工作实践编写而成的。

本书的主要内容如下。

第 1 章为绪论，首先介绍工程造价管理学科的产生和发展，使读者对本学科有初步了解。其次介绍工程造价与工程造价管理，以及它们之间的联系；最后对工程咨询进行简单介绍。

第 2 章介绍工程造价的构成。

第 3 章介绍工程造价的计价依据，主要包括工程定额、施工定额、预算定额、工程单价及单位估价表和概算定额与概算指标。

第 4、5、7、8 章分别介绍建设项目决策阶段、设计阶段、施工阶段、竣工与交付阶段的造价管理。

第 6 章介绍建设项目招标与投标报价。

第 9 章介绍工程建设定额原理，主要讲解工程建设定额的分类，定额消耗量的确定方法，人工、材料、机械台班单价的确定，施工定额与预算定额，以及概算定额、概算指标、投资估算指标。

第 10 章介绍工程造价的动态调整与管理，主要讲解工程造价的调整方法。

第 11 章主要讲解工程造价的审计，包括工程造价审计的内涵以及审计方法和审计程序。

第 12 章介绍工程造价资料、工程造价指数以及工程造价信息系统的建立与维护应用。

作为工程管理专业的一门专业必修课，在学这门课程之前应先修下列课程：土木工程概论、施工组织设计、建筑工程概预算、工程经济学、财务管理等。建议任课教师用 40 学时完成这门课程的教学工作，并视情况安排一周左右的课程设计，以综合运用先修课程及这门课程所学的知识。教师在教学过程中可参考本书中的教学目标及例题、习题，根据学生的具体情况编写教案、讲课例题以及课程设计的内容与要求，以满足不同院校学生的需要。

本书由华北理工大学的魏蓉编写。参与本书编写工作的人员还有陈艳华、张婷、封超、代小华、刘博、封素洁和张文松等，在此一并表示感谢。

由于编者水平有限，书中难免有不当和错误之处，恳请同行及读者批评指正。

编　者

目　　录

第 1 章　绪　论

学习目标

(1) 能对工程造价管理这门课程有初步的了解。

(2) 能以比较清晰的思路学习这门课程。

本章导读

工程造价可以从业主及承发包的角度分别定义，因而工程造价管理也有不同的内涵。工程造价管理的过程实质上就是工程计价与控制的过程。本章主要介绍工程造价管理的产生和发展，以及工程咨询的内容。

项目案例导入

某厂房建设场地原为农田。按设计要求在建造厂房时，厂房地坪范围内的耕植土应当清除，基础必须埋在稳定土层以下 200 mm 处。为此，业主在“三通一平”阶段就委托土方施工公司清除了耕植土并用好土回填压实至一定设计标高，故在施工招标文件中指出，施工单位无须再考虑清除耕植土的问题。然而，开工后，施工单位在开挖基坑(槽)时发现，相当一部分基础开挖深度虽已达设计标高，但仍未见稳定土，而且在基础和场地范围内还有一部分深层的耕植土和池塘淤泥等必须清除，基础开挖必须加深加大。为此，承包商要求作变更处理。

案例中提到了施工招标文件、施工单位、设计标高，这些都与工程造价有什么关系，到底什么是工程造价，工程造价是怎样发展而来的，以及案例中提到的业主及承包商，都是本章要介绍的内容。

1.1　工程造价管理学科的产生和发展

社会现代化建设的发展和深入使得工程造价管理变得尤为重要，为此有关部门制定了相应的管理方法。目前几种有代表性的方法都有各自独特的适用性，也存在一定的局限性。

1.1.1　工程造价管理的主导模式

工程造价管理理论与方法是随着社会生产力的发展以及现代管理科学的发展而产生并发展起来的。在原有的基础上，经过不断发展与创新，已形成了一些新的理论与方法，这些新的理论方法最显著的地方是：更加注重决策、设计阶段工程造价管理对工程造价的能动影响作用；更加重视项目整个寿命期内价值最大化，而不仅仅是项目建设期的价值最大化。其中具有代表性的造价管理模式为：20 世纪 70 年代末期以英国建设项目工程造价管理

界为主提出的“全生命周期造价管理”的理论与方法；20 世纪 80 年代中期以中国建设项目工程造价管理界为主推出的“全过程工程造价管理”的思想和方法；20 世纪 90 年代前期以美国建设项目工程造价管理界为主推出的“全面造价管理”的理论和方法。

1.1.2 工程造价管理几种方法的比较

1. 全生命周期造价管理方法

全生命周期造价管理理论与方法要求人们在建设项目投资决策分析以及项目备选方案评价与选择中要充分考虑项目建造成本和运营成本。该方法是建筑设计中的一种指导思想，用于计算建设项目整个生命周期(包括建设项目前期、建设期、运营期和拆除期)的全部成本，其宗旨是追求建设项目全生命周期造价最小化和价值最大化。这种方法主要适用于工程项目设计和决策阶段，尤其适用于各种基础设施和非营利性项目的设计。但由于运营期的技术进步很难预测，所以运营成本的估算不准确，因此运用这种方法进行工程造价管理存在一定的局限性。

2. 全过程工程造价管理方法

全过程工程造价管理是一种基于活动和过程的建设项目造价管理模式，是一种科学确定和控制建设项目全过程造价的方法。它先将建设项目分解成一系列的项目工作包和项目活动，然后测量并确定出项目及其每项活动的工程造价，通过消除和减少项目的无效与低效活动以及改进项目活动方法去控制项目造价。

全过程工程造价管理模式更多地适用于一个建设项目造价的估算、预算、结算和价值分析以及花费控制。但是它没有充分考虑建设项目的建造与运营费用的集成管理问题，所以它的适用性和有效性也存在一定的局限性。

3. 全面造价管理方法

全面造价管理模式的最根本特征是“全面”，它不但包括了项目全生命周期和全过程造价管理的思想和方法，同时也包括项目全要素、全团队和全风险造价管理等全新的建设项目造价管理思想和方法。然而这一模式现在基本上还是一种工程造价管理的理念和思想，它在方法论和技术方法方面还有待完善，这使其适用性同样具有较大的局限性。

1.2 工程造价与工程造价管理

一个工程项目通常会有多方参与，这使得工程造价与工程造价管理因角度的不同而拥有不同的含义。工程项目建设的整个过程会受到多种因素的影响，而工程造价是其中极为重要的一个。通过工程造价管理，可以对工程造价进行合理的控制，从而确保工程建设的最优进行。

1.2.1　工程造价的含义

工程造价，顾名思义就是工程的建造价格，是指为完成一个工程的建设，预期或实际所需的全部费用总和。

中国建设工程造价管理协会(简称“中价协”)学术委员会在界定“工程造价”一词的含义时，分别从业主和承发包的角度赋予了工程造价不同的定义。

从业主(投资者)的角度来定义，工程造价是指工程的建设成本，即为建设一项工程预期支付或实际支付的全部固定资产投资费用。这些费用主要包括设备及工器具购置费、建筑工程及安装工程费、工程建设其他费用、预备费、建设期利息、固定资产投资方向调节税(这项费用目前暂停征收)。尽管这些费用在建设项目的竣工决算中，按照新的财务制度和企业会计准则核算新增资产价值时，并没有全部形成新增固定资产价值，但这些费用是完成固定资产建设所必需的。因此，从这个意义上讲，工程造价就是建设项目固定资产投资。

从承发包角度来定义，工程造价是指工程价格，即为建成一项工程，预计或实际在土地、设备、技术劳务以及承包等市场上，通过招投标等交易方式所形成的建筑安装工程的价格和建设工程总价格。在这里，招投标的标的可以是一个建设项目，也可以是一单项工程，还可以是整个建设工程中的某个阶段，如建设项目的可行性研究、建设项目的设计以及建设项目的施工等。

工程造价的两种含义是从不同角度来把握同一事物的本质。对于投资者而言，工程造价是在市场经济条件下，“购买”项目要付出的“货款”，因此工程造价就是建设项目投资。对于设计咨询机构、供应商、承包商而言，工程造价是他们出售劳务和商品的价值总和。工程造价就是工程的承包价格。

工程造价的两种含义既有联系也有区别。两者的区别在于：其一，两者对合理性的要求不同。工程投资的合理性主要取决于决策的正确与否、建设标准是否适用以及设计方案是否优化，而不取决于投资额的高低；工程价格的合理性在于价格是否反映价值、是否符合价格形成机制的要求、是否具有合理的利税率。其二，两者形成的机制不同。工程投资形成的基础是项目决策、工程设计、设备材料的选购以及工程的施工及设备的安装，最后形成工程投资；而工程价格形成的基础是价值，同时受价值规律、供求规律的支配和影响。其三，存在的问题不同。工程投资存在的问题主要是决策失误、重复建设、建设标准脱离实情等；而工程价格存在的问题主要是价格偏离价值。

1.2.2　工程造价管理

1. 工程造价管理的含义

工程造价有两种含义，相应地，工程造价管理也有两种含义：一是建设工程投资管理，二是工程价格管理。

这两种含义是不同的利益主体从不同的利益角度管理同一事物，但由于利益主体不同，建设工程投资管理与工程价格管理有着显著的区别。其一，两者的管理范畴不同。工程投资费用管理属于投资管理范围，而工程价格管理属于价格管理范畴。其二，两者的管理目

的不同。工程投资管理的目的在于提高投资效益，在决策正确、保证质量与工期的前提下，通过一系列的工程管理手段和方法使其不超过预期的投资额甚至是降低投资额。而工程价格管理的目的在于使工程价格能够反映价值与供求规律，以保证合同双方合理合法的经济利益。其三，二者的管理范围不同。工程投资管理贯穿于从项目决策、工程设计、项目招投标、施工过程，到竣工验收的全过程。由于投资主体不同，资金的来源不同，涉及的单位也不同；对于承包商而言，由于承发包的标的不同，工程价格管理可能是从决策到竣工验收的全过程管理，也可能是其中某个阶段的管理。在工程价格管理中，不论投资主体是谁，资金来源如何，主要涉及工程承发包双方之间的关系。

2. 工程造价管理的内容

工程造价管理的基本内容就是准确地计价和有效地控制造价。在项目建设的各阶段中，准确地计价就是客观真实地反映工程项目的价值量；而有效地控制造价则是围绕预定的造价目标，对造价形成过程的一切费用进行计算、监控，出现偏差时，要分析偏差的原因，并采取相应的措施进行纠正，确保工程造价控制目标的实现。

(1) 工程造价的准确计价。所谓工程造价的计价，就是在项目建设的各个阶段，能够比较准确地计算出项目的投资估算、概算造价、预算造价，合理确定承包合同价、结算价，准确核算竣工决算价。具体工作如下。

在项目建议书阶段，通过投资机会分析将投资构想以书面形式表达的过程中，计算出拟建项目的预期投资额(政府投资项目需经过有关部门的审批)，作为投资的建议呈报给决策人。

在可行性研究报告阶段，随着工作的深入，编制出精确度不同的投资估算，作为该项目投资与否以及立项后设计阶段工程造价的控制依据。

在初步设计阶段，按照有关规定编制的初步设计概算，是施工图设计阶段的工程造价控制目标。政府投资项目经过有关部门的严格审批后，作为拟建项目工程造价的最高限额。在这一阶段进行招投标的项目，设计概算也是编制标底的依据。

在施工图设计阶段，按照有关规定编制的施工图预算是编制施工招标标底和评标的依据之一。

在工程的实施阶段，以招投标等方式合理确定的合同价就是这一阶段工程造价控制的目标。在工程的实施过程中，根据不同的合同条件，可以对工程结算价做合理的调整。在竣工验收阶段，全面汇集工程建设过程中实际花费的全部费用，编制竣工决算，并与设计概算相比较，分析项目的投资效果。

(2) 工程造价的有效控制。所谓工程造价的有效控制，是在决策正确的前提下，通过对建设方案、设计方案、施工方案的优化，并采用相应的管理手段、方法和措施，把建设程序中各个阶段的工程造价控制在合理的范围和造价限额以内。

3. 工程造价管理的原则

有效的工程造价管理应体现以下三项原则。

1) 以设计阶段为重点的全程控制原则

工程建设分为多个阶段，工程造价控制也应该涵盖从项目建议书阶段开始，到竣工验收为止的整个建设期间的全过程。具体地说，要用投资估算价控制设计方案的选择和初步设计概算造价，用概算造价控制技术设计和修正概算造价，用概算造价或修正概算造价控制施工图设计和预算造价。投资决策一经做出，设计阶段就成为工程造价控制的最重要阶

段。设计阶段对工程造价的高低具有能动的、决定性的影响作用。设计方案确定后，工程造价的高低也就确定了，也就是说全程控制的重点在前期。因此，以设计阶段为重点的造价控制才能积极、主动、有效地控制整个建设项目的投资。

2) 动态控制原则

工程造价本身具有动态性。任何一个工程从决策到竣工交付使用，都有一个较长的建设周期，在这期间，影响工程造价的许多因素都会发生变化，这使工程造价在整个建设期内是动态的。因此，要不断地调整工程造价的控制目标及工程结算款，才能有效地控制工程造价。

3) 技术与经济相结合的原则

有效地控制工程造价，可以采用组织、技术、经济、合同等多种措施，其中技术与经济相结合是有效控制工程造价的最有效手段。以往，在我国的工程建设领域，存在技术与经济相分离的现象。技术人员和财务管理人员往往只注重各自职责范围内的工作，其结果是技术人员只关心技术问题，不考虑如何降低工程造价；而财务人员只单纯地从财务制度角度审核费用开支，而不了解项目建设中各种技术指标与造价的关系，使技术、经济这两个原本密切相关的方面对立起来。因此，要提高工程造价控制水平，就要在工程建设过程中把技术与经济有机结合起来，通过技术比较、经济分析和效果评价，正确处理技术先进性与经济合理性两者之间的关系，力求在技术先进适用的前提下使项目的造价合理，在经济合理的条件下保证项目技术的先进、适用。

1.3 工程咨询

工程咨询在工程建设的过程中扮演着非常重要的角色。工程咨询有其自身的特点，这使其能够预测和解决工程建设中遇到的许多问题，避免一些不必要的麻烦和损失，保证建设的顺利进行。工程咨询必须坚守行业自身的原则，这是在工程建设中能够发挥作用的必要条件之一。

1.3.1 工程咨询的含义

所谓咨询，其词汇意义是征求意见(多指行政当局向顾问之类的人员或特设的机关征求意见)，这是从求教者的角度所做的解释。而从被求教者角度看，咨询就是当顾问、出主意。

广义的咨询活动涉及政治、经济、社会、军事、文化等各个领域，工程咨询是咨询的一个重要分支。工程咨询是受客户委托，在规定的时间内，运用科学技术、经济管理、法律等多方面的知识，为经济建设和工程项目的决策、实施和管理提供智力服务。

1.3.2 工程咨询业的原则和特点

1. 工程咨询业的含义

工程咨询业是智力服务性行业，它运用多种学科的知识和经验、现代科学技术管理方法，遵循独立、科学、公正的原则，为政府部门和投资者在经济建设和工程项目的投资决

策与实施上提供咨询服务，以提高宏观和微观的经济效益。

2. 工程咨询业的原则

1) 独立原则

独立是工程咨询的第一属性，即咨询专家独立于客户而展开工作。独立性是社会分工要求咨询行业必须具备的特性，是其合法性的基础。咨询机构或个人不应隶属或依附于客户，而是独立自主的，在接受客户委托后，应独立进行分析研究，不受外界的干扰或干预，向客户提供独立、公正的咨询意见和建议。

2) 科学原则

科学是指以知识和经验为基础为客户提供解决方案。工程咨询所需的是多种专业知识和大量的信息资料，包括自然科学、社会科学和工程技术知识。多种知识的综合应用是咨询科学化的基础。同时，经验是实现工程咨询科学性的重要保障，技术知识的开发和说明不是咨询服务，只有运用技术知识解决工程实际问题才是咨询服务。知识、经验、能力和信誉是工程咨询科学性的基本要素。

3) 公正原则

公正是指工程咨询应该维护全局和整体利益，要有宏观意识，坚持可持续发展的原则。在调查研究、分析问题、做出判断和提出建议的时候要客观、公平和公正，遵守职业道德，坚持工程咨询的独立性和科学态度。

3. 工程咨询业的特点

工程咨询是为投资项目提供服务的，它具有以下一些特点。

(1) 工程咨询服务实际上是完成客户委托的任务。这是因为建设项目本身也是一项任务，工厂建起来了，建设项目也就结束了。

(2) 咨询任务弹性很大，可以全过程咨询，也可以仅对某一项工作进行咨询。小到可以由一个人去完成，大到需要成百上千人去完成，有的可以由一个咨询单位完成，有的需要若干咨询单位合作完成。

(3) 每一项咨询任务都是一次性、单独的任务，不可能像物质产品那样批量生产。这是因为建设项目本身就具有唯一性，在时间、地点、功能以及相关因素上不可能完全相同。它们只有类似性，而无重复性。

(4) 咨询的时效性很重要，时间是构成质量要求的一部分。

(5) 咨询过程不是以物流为中心而是以智力活动为中心。咨询质量的优劣，取决于信息、知识、经验的集成和创新。

(6) 咨询工作牵涉面比较广，包括政治、经济、技术、自然与文化环境等各方面，影响质量的因素多，且易变。

(7) 建设项目受有关条件的约束性较大，咨询工作必须充分分析、研究各方面的约束条件和风险。因此咨询产品的质量，特别是建设前期咨询工作的质量，在很大程度上取决于对各项约束条件分析的深度和广度，只要工作的深度和广度符合标准就合格。

(8) 许多咨询成果是预测性的，要经受历史的考验。因此，咨询质量的评价除了企业本身的及时评价以外，还要接受顾客的验收评价、项目实施过程中的跟踪评价，以及项目投产后的评价。咨询质量的改进工作，不能是完全封闭的。

(9) 咨询工作的程序，有的可以固定操作，有的不固定操作，允许有一定的工作弹性。

(10) 一般物质产品，在批量生产以后，都要经过批发环节才能和顾客见面，而咨询产品没有批发环节，产销直接见面，适应客户的个性化要求。

1.3.3　工程咨询的业务范围

根据国家计委颁布的《工程咨询业管理暂行办法》，我国工程咨询的业务范围包括以下几个方面。

(1) 为国家、行业、地区、城镇、工业区等的经济和社会发展提供规划和政策咨询或专题咨询。

(2) 为国内外各类工程项目提供全过程或分阶段的咨询。

(3) 为现有企业的技术改造和管理提供咨询。

(4) 为国内外客户提供投资选择、市场调查、概预算审查和资产评估等咨询服务。

1.3.4　工程咨询在我国经济建设中的作用

工程咨询在我国经济建设中发挥着重要的作用，主要表现在为科学决策提供依据，避免和减少失误，提高投资效益；优化建设方案，缩短建设周期，降低成本；以及保证建设进度，提高工程质量等方面。

(1) 运用各种咨询方法和手段，为工程项目决策提供有效的服务。

我国工程咨询业，首先是为投资决策服务。由于目前经济建设中大部分项目的投资主体和真正的业主是国家，因此基本建设和技术改造项目决策之前必须先经过具有相应资质的咨询公司的评估，这已成为我国基本建设的程序之一。

(2) 承担各类工程设计，满足了国民经济各行业发展建设的需要。

(3) 工程咨询是搞好经济建设，加强和改善宏观调控的一支重要力量。

(4) 工程咨询是对工程项目进行科学管理的得力助手。

(5) 积极开拓国际工程咨询业务，促进外贸发展和国际合作。

1.4　工程造价与造价控制概述

工程造价计价过程与方法是工程造价控制的依据。依据项目自身的特点，经过多年的努力，已发展了适用项目自身的计价程序和方法。同样，造价控制也因工程建设的不同阶段有着各自不同的控制方法和内容。对工程造价的有效控制，必须遵循相关的执业制度，这是工程建设各资源得到最有效利用的前提，是获得最大投资效益的关键。

1.4.1　工程造价计价过程与方法

1. 工程造价计价过程

工程计价是对投资项目造价或价格的计算。由于每一个工程项目的建设都需要按业主

的特定需要单独设计、单独施工，不能批量生产，不能按整个工程项目确定价格，所以只能以特殊的计价程序和计价方法来计算工程造价，即要将整个项目进行分解，划分为可以按定额等技术经济参数测算价格的基本单元子项或称分部分项工程。这种既能够用较为简单的施工过程生产出来，又可以用适当的计量单位来测定或计算工程基本构造要素，通常称为假定的建筑安装产品。工程计价的主要特点是按工程分解结构，将工程分解至基本项，以方便基本子项费用的计算。一般来说，分解结构层次越多，基本子项也就越细，工程造价的计算也就更为精确，当然，相应的计算过程会显得非常繁琐。

一个建设项目由一个或几个单项工程组成，而一个单项工程则由几个单位工程组成，单位工程又由分部工程组成，每一个分部工程还可以进一步分解成一个或一个以上的分项工程。建设项目的这种组合特征决定了工程造价的计价过程是一个逐步组合的过程。这一特征在计算概算造价和预算造价时尤为明显，所以也反映到合同价和结算价的计算过程中。其计算过程和顺序是：分部分项工程造价→单位工程造价→单项工程造价→建设项目总造价。

2. 工程造价计价方法

根据我国现行的《建筑安装工程费用项目组成》(建标〔2003〕206 号)、《建筑工程施工发包与承包计价管理办法》(国家建设部第 107 号令)以及《工程量清单计价规范》(GB 50500—2013)，工程造价的计价方法可分为工料单价法和综合单价法。

(1) 工料单价法

工料单价法是以分部分项工程量乘以现行预算单价后合计为直接工程费，再按规定的标准计算措施费，直接工程费与措施费汇总后生成直接费，在此基础上计算间接费、利润、税金(间接费、利润的计算基础可以是直接费，也可以是人工费和机械费，还可以仅是人工费)，将直接费、间接费、利润、税金汇总即可得出单位工程造价。

2) 综合单价法

综合单价法是分部分项工程单价为全费用单价，全费用单价经综合计算后生成，其内容包括：直接工程费、间接费、利润和税金(措施费也可按此方法生成全费用价格)。由于各分部分项工程中的人工、材料、机械含量的比例不同，则间接费和利润的计算基础需根据各分项工程中的材料费占人工费、材料费、机械费合计的比例不同，分别选择直接费，或人工费和机械费，或人工费为计算基础。

各分项工程量乘以综合单价的合价汇总后，生成单位工程造价。

1.4.2 工程造价控制的方法与内容

在工程项目建设的全过程中，工程造价的控制贯穿于各个阶段，每个阶段工程造价控制的方法与手段都不同。

1. 项目前期工程造价的控制

1) 工程项目决策阶段工程造价控制的方法与内容

在工程项目的决策阶段，控制工程造价的关键是做出正确的决策。真实、科学、客观

的可行性研究报告是正确决策的依据和基础。可行性研究通过对一个项目经济效益、社会效益的评价，抗风险能力的分析，为投资决策提供依据。在决策阶段，要重点控制对工程造价影响较大的因素，即项目的规模、建设标准、工程技术方案以及建设地区和地点。对这些指标的确定，既要有一定的前瞻性，也要考虑我国的具体国情，真正做到经济合理。

2) 工程项目设计阶段工程造价控制的方法与内容

在工程项目的设计阶段，控制造价的关键是设计方案的选择与优化。主要方法是价值工程与限额设计。将这两种方法结合起来运用可以更好地处理技术与经济的对立统一关系，增强造价控制的主动性。在选择与优化设计方案时，不仅要考虑建设成本，还要考虑运营成本，使工程项目能以最低的生命期成本可靠地实现使用者所需的功能，即项目全生命期内价值最大。在设计阶段造价控制的主要内容是：占地面积、功能分区、运输方式、技术水平、建筑物的平面形状、层高、层数、柱网布置等对造价影响较大的因素。

3) 工程项目招投标阶段工程造价控制的方法与内容

在工程项目招投标阶段，工程造价控制的关键是承发包合同价的确定。通过招投标方式确定承包商及工程的合同价格。在这一阶段工程造价控制的主要内容是：招标方式的选择、合同条件的选择、合同价格的选择以及承包商的选择。

2. 项目实施阶段工程造价的控制

工程项目施工阶段工程造价控制的关键是工程量的测量、变更与索赔管理。主要方法是通过科学有效的合同管理，实现项目控制的目标。在这一阶段工程造价控制的主要内容是：工程量、变更与索赔。对单价合同而言，要准确计量已完工工程的工程量，因为工程量直接影响工程造价；对于所有合同条件来说，变更管理要注意的原则是：尽量不发生或少发生变更，如果必须变更，就尽早变更，使其对工程造价的影响减小到最低程度；索赔的管理原则是：尽量控制索赔事件不发生，对已发生的索赔事件，首先要分清承发包双方的责任，其次要准确、合理地计算索赔费用。

1.4.3　工程造价人员执业制度

1. 关于工程造价师

工程造价师是对整个工程的资金用量进行测算、概算、预算、结算等，是整个工程工料机消耗的方向标。工程造价师也称为造价工程师，是指既懂工程技术，又懂工程经济和管理，并具有实践经验的人，他们为建设项目提供全过程造价的确定、控制和管理，使工程技术与经济管理密切结合，达到人力、物力和建设资金最有效的利用，使既定的工程造价限额得到控制，并取得最大投资效益。更为准确地说，造价工程师是指由国家授予资格并准予注册后执业的工程经济专业人员，他们专门接受某个部门或某个单位的指定、委托或聘请，负责并协助其进行工程造价的计价、定价及管理业务，以维护其合法权益。

2. 工程造价师的报考条件

凡中华人民共和国公民，遵纪守法并具备以下条件之一者，均可参加造价工程师执业资格考试。

(1) 工程造价专业大专毕业后，从事工程造价业务工作满 5 年；工程或工程经济类大专毕业后，从事工程造价业务工作满 6 年。

(2) 工程造价专业本科毕业后，从事工程造价业务工作满 4 年；工程或工程经济类本科毕业后，从事工程造价业务工作满 5 年。

(3) 获上述专业第二学士学位或研究生班毕业和取得硕士学位后，从事工程造价业务工作满 3 年。

(4) 获上述专业博士学位后，从事工程造价业务工作满 2 年。

另外，在满足上述条件之一后，且在《人事部、建设部关于印发〈造价工程师执业资格制度暂行规定〉的通知》(人发〔1996〕77 号)下发之日前(即 1996 年 8 月 26 日前)已受聘担任高级专业技术职务并具备下列条件之一者，可免试《建设工程造价管理》和《建设工程技术与计量》两个科目。

(1) 1970 年(含)以前工程或工程经济类本科毕业，从事工程造价业务工作满 15 年。

(2) 1970 年(含)以前工程或工程经济类大专毕业，从事工程造价业务工作满 20 年。

(3) 1970 年(含)以前工程或工程经济类中专毕业，从事工程造价业务工作满 25 年。

3. 工程造价人员的岗位职责

(1) 熟悉并掌握国家的法律法规及有关工程造价的管理规定，精通本专业理论知识，熟悉工程图纸，掌握工程预算定额及有关政策规定，为正确编制和审核预算奠定基础。

(2) 负责审查施工图纸，参加图纸会审和技术交底，依据其记录进行预算调整。

(3) 协助领导做好工程项目的立项申报、组织招投标、开工前的报批及竣工后的验收工作。

(4) 工程竣工验收后，及时进行竣工工程的决算工作，并报处长签字认可。

(5) 参与采购工程材料和设备，负责工程材料分析，复核材料价差，收集和掌握技术变更、材料代换记录，并随时做好造价测算，为领导决策提供科学依据。

(6) 全面掌握施工合同条款，深入现场了解施工情况，为决算复核工作打好基础。

(7) 工程决算后，要将工程决算单送报审计部门，以便进行审计。

(8) 完成工程造价的经济分析，及时完成工程决算资料的归档。

(9) 协助编制基本建设计划和调整计划，了解基建计划的执行情况。

本 章 小 结

通过本章的学习，学生应该了解了工程造价管理学科的产生和发展、工程造价与工程造价管理、工程咨询的基本概念，能对工程造价管理这门课程有初步的了解，能以比较清晰的思路学习这门课程。工程计价是对投资项目造价或价格的计算。工程造价的计价方法分为工料单价法和综合单价法。工程造价的控制分为项目前期和项目实施阶段工程造价的控制。

思考与练习

(1) 工程造价及工程造价管理的含义是什么？

(2) 工程造价管理的原则是什么？

(3) 工程咨询为经济建设和工程项目的决策、实施和管理提供什么样的服务？

(4) 工程咨询业进行智力服务时应遵循什么样的原则？

(5) 我国工程咨询的业务范围包括哪些？

(6) 简述全生命周期造价管理方法、全过程工程造价管理方法、全面造价管理方法的本质区别。

(7) 试述工料单价法和综合单价法这两种工程计价方法的区别。

第 2 章　工程造价的构成

学习目标

(1) 了解世界银行建设项目费用构成和国外建筑安装工程费的构成、固定资产投资方向调节税、铺底流动资金的内容及有关规定。

(2) 掌握我国建设工程造价的构成与计算方法，设备及工器具购置费的构成与计算，建筑工程费、安装工程费的构成与计算，工程建设其他费的构成内容及有关规定以及预备费、建设期利息的计算。

本章导读

项目建设所需的投资内容在各国都一样，但每个国家和地区对其费用的划分则不尽相同，掌握我国建设工程造价构成及计算方法是学习工程造价管理的基础。本章作为全书的基础知识部分，主要介绍我国建设项目投资的组成及工程造价构成与计算方法。

项目案例导入

由美国某公司引进年产 6 万吨全套工艺设备和技术的某精细化工项目，在我国某港口城市建设。该项目占地 10 公顷，绿化覆盖率为 36%。建设期为 2 年，固定资产投资为 11 800 万元，流动资产投资为 3600 万元。引进部分的合同总价为 682 万美元，用于主要生产工艺装置的外购费用。厂房、辅助生产装置、公用工程、服务项目、生活福利及厂外配套工程等均由国内设计配套。引进合同细款如下。

(1) 硬件费 620 万美元，其中工艺设备购置费 460 万美元，仪表 60 万美元，电气设备 56 万美元，工艺管道 36 万美元，特种材料 8 万美元。

(2) 中国远洋公司的现行海运费率为 6%，海运保险费率为 3.5%，现行外贸手续费率、中国银行财务手续费率、增值税率和关税税率分别按 1.5%、5%、17%、17%计取。

(3) 国内功效手续费率为 0.4%，运输、装卸和包装费率为 0.1%，采购保管费率为 1%。

案例中该美国公司在我国某港口城市引进项目中，提到的硬件费、工艺设备购置费等各种费用都是工程造价的重要组成部分，而该美国公司因为在我国引进项目，所以遵从的是我国的建筑工程造价构成。本章将简介世界银行及国外项目的建设总成本构成，具体介绍工程造价的构成。

2.1　工程造价概述

本节主要介绍世界银行及国外项目的建设总成本构成情况，同时介绍我国现行建设工程投资及造价构成情况。

2.1.1　世界银行及国外项目的建设总成本构成

1. 世界银行项目建设总成本的构成

1945 年 12 月 27 日宣布正式成立的国际复兴开发银行(International Bank for Reconstruction and Development，IBRD)现通称“世界银行”(World Bank)，1946 年 6 月 25 日开始营业，1947 年 11 月 5 日起成为联合国专门机构之一，它通过向成员国提供用作生产性投资的长期贷款，为不能得到私人资本的成员国的生产建设筹集资金，以帮助成员国建立恢复和发展经济的基础。发展到目前为止，世界银行已经成为世界上最大的政府间金融机构之一。

为了便于对贷款项目的监督和管理，1978 年，世界银行与国际咨询工程师联合会(菲迪克 FIDIC)共同对项目的总建设成本(相当于我国的工程造价)做了统一规定，其主要内容如下。

1) 项目直接建设成本

(1) 土地征购费。

(2) 场外设施费用，如道路、码头、桥梁、机场、输电线路等设施费用。

(3) 场地费用，指用于场地准备、厂区道路、铁路、围栏、场内设施等的建设费用。

(4) 工艺设备费，指主要设备、辅助设备及零配件的购置费用，包括海运包装费用、交货离岸价，但不包括税金。

(5) 设备安装费，指设备供应商的监理费用，本国劳务及工资费用，辅助材料、施工设备、施工消耗品、工具用具费，以及安装承包商的管理费和利润等。

(6) 管道系统费，指与系统的材料及劳务相关的全部费用。

(7) 电气设备费，指主要设备、辅助设备及零配件的购置费用，包括海运包装费用、交货离岸价，但不包括税金。

(8) 电气设备安装费，指设备供应商的监理费用，本国劳务及工资费用，辅助材料、电缆、管道和工具费用，以及营造承包商的管理费和利润。

(9) 仪器仪表费，指所有自动仪表、控制板、配线和辅助材料的费用以及供应商的监理费用、外国或本国劳务及工资费用、承包商的管理费和利润。

(10) 机械的绝缘和油漆费，指与机械及管道的绝缘和油漆相关的全部费用。

(11) 工艺建筑费，指原材料、劳务费以及与基础、建筑结构、屋顶、内外装修、公共设施有关的全部费用。

(12) 服务性建筑费用，指原材料、劳务费以及与基础、建筑结构、屋顶、内外装饰、公共设施有关的全部费用。

(13) 工厂普通公共设施费，包括材料和劳务费以及与供水、燃料供应、通风、蒸汽发生及分配、下水道、污物处理等公共设施有关的费用。

(14) 车辆费，指工艺操作必需的机动设备零件费用，包括海运包装费用以及交货港的离岸价，但不包括税金。

(15) 其他当地费用，指那些不能归类于以上任何一个项目，不能计入项目间接成本，但在建设期间又是必不可少的当地费用。如临时设备、临时公共设施及场地的维持费，营地设施及其管理，建筑保险费和债券，杂项开支等费用。

2) 项目间接建设成本

(1) 项目管理费主要包括以下几项内容。

① 总部人员工资和福利费，以及用于初步和详细工程设计、采购、时间和成本控制、行政和其他一般管理的费用。

② 施工管理现场人员的工资和福利，以及用于施工现场监督、质量保证、现场采购、时间及成本控制、行政及其他施工管理机构的费用。

③ 零星杂项费用，如返工、旅行、生活津贴、业务支出等。

④ 各种酬金。

(2) 开工试车费，指工厂投料试车必需的劳务和材料费用 (不包含项目完工后的试车和运转费用，这项费用属于项目直接建设成本)。

(3) 业主的行政性费用，指业主的项目管理人员费用及支出 (其中有些必须排除在外的费用要在“估算基础”中详细说明)。

(4) 生产前费用，指前期研究、勘测、建矿、采矿等费用 (其中有些必须排除在外的费用要在“估算基础”中详细说明)。

(5) 运费和保险费，指海运、国内运输、许可证及佣金、海洋保险、综合保险等费用。

(6) 地方税，指地方关税、地方税及对特殊项目征收的税金。

3) 应急费

应急费包括未明确项目的准备金和不可预见准备金两部分。

(1) 未明确项目的准备金。此项准备金用于在估算时不可能明确的潜在项目，包括那些在成本估算时因为缺乏完整、准确和详细的资料而不能完全预见和不能注明的项目，但是这些项目是必须完成的，或它们的费用是必定要发生的。该项准备金在每一个组成部分中均单独以一定的百分比确定，并作为估算的一个项目单独列出。此项准备金不是为了支付工作范围以外可能增加的项目，不是用以应付天灾、非正常经济情况以及罢工等情况，也不是用来补偿估算的任何误差，而是用来支付那些几乎可以肯定要发生的费用。因此，它是估算不可缺少的一个组成部分。

(2) 不可预见准备金。此项准备金是在未明确项目准备金之外，用于估算达到了一定的完整性并符合技术标准的基础上，由于物质、社会和经济的变化，导致估算增加的情况。此种情况可能发生，也可能不发生。因此，不可预见准备金只是一种储备，也可能不动用。

4) 建设成本上升费用

通常，估算中使用的工资率、材料和设备价格基础的截止日期就是“估算日期”。由于工程在建设过程中价格可能会有上涨，因此，必须对该日期的已知成本基础进行调整，以补偿直至工程结束时的未知价格增长。

工程的各个主要组成部分(国内劳务和相关成本、本国材料、本国设备、外国设备、项目管理机构)的细目划分决定以后，便可以确定每一个主要组成部分的增长率。这个增长率是一项判断因素，它以已发表的国内和国际成本指数、公司记录等为依据，并与实际供应商进行核对，然后根据确定的增长率和从工程进度表中获得的每项活动的中点值，计算出每项主要组成部分的成本上升值。

2. 国外项目的建设总成本构成

项目的建设总成本构成，由于各个国家的计算方法不同，分类方法不同，以及法律、法规的不同，所以没有统一的模式。下面介绍英国的工程建设费和工程费用的构成。

1) 英国工程建设费(建设总成本)的构成

在英国，一个工程项目的工程建设费(相当于工程造价)从业主角度看由以下项目组成。

(1) 土地购置费或租赁费。

(2) 场地清除及专场准备费。

(3) 工程费。

(4) 永久设备购置费。

(5) 设计费。

(6) 财务费，如贷款利息等。

(7) 法定费用，如支付地方政府的费用、税收等。

(8) 其他，如广告费等。

2) 工程费的构成

(1) 直接费。即直接构成分部分项工程的人工及其相关费用，机械设备费，材料、货物及其一切相关费用。直接费还包括材料搬运和损耗附加费、机械搁置费、临时工程的安装和拆除以及一些不构成永久性构筑物的材料消耗等附加费。

(2) 现场费。主要包括驻现场职员的交通、福利和现场办公费用，保险费以及保函费用等。现场费占直接费的 15%～25%。

(3) 管理费。指现场管理费和公司总部管理费。现场管理费一般是指为工程施工提供必要的现场管理及设备而开支的各种费用，主要包括现场办公人员、现场办公所需各种临时设施及办公等所需的费用。总部管理费也可称为开办费或筹建费，其内容包括开展经营业务所需的全部费用，与现场管理费相似，但它并不直接与任何单个施工项目有关，而且也不局限于某个具体工程项目，主要包括资本利息、贷款利息、总部办公人员的薪水及办公费用、各种手续费等。管理费的估算主要取决于一个承包商的年营业额、承接项目的类型、员工的工作效率及管理费的组成等因素。

(4) 风险费和利润。根据不同项目的特点及合同的类型，要适当地考虑加入一笔风险金或增大风险费的费率。

2.1.2　我国现行的建设工程投资及造价构成

我国现行的建设项目投资由固定资产投资和流动资产投资两部分组成。建设投资中的固定资产投资与建设项目中的工程造价在量上相等。根据工程项目建设过程中各类费用支出或花费的性质、途径不同，工程造价可分为设备及工器具费、建筑安装工程费、工程建设其他费、预备费、贷款利息和固定资产投资方向调节税。具体构成内容如图 2-1 所示。

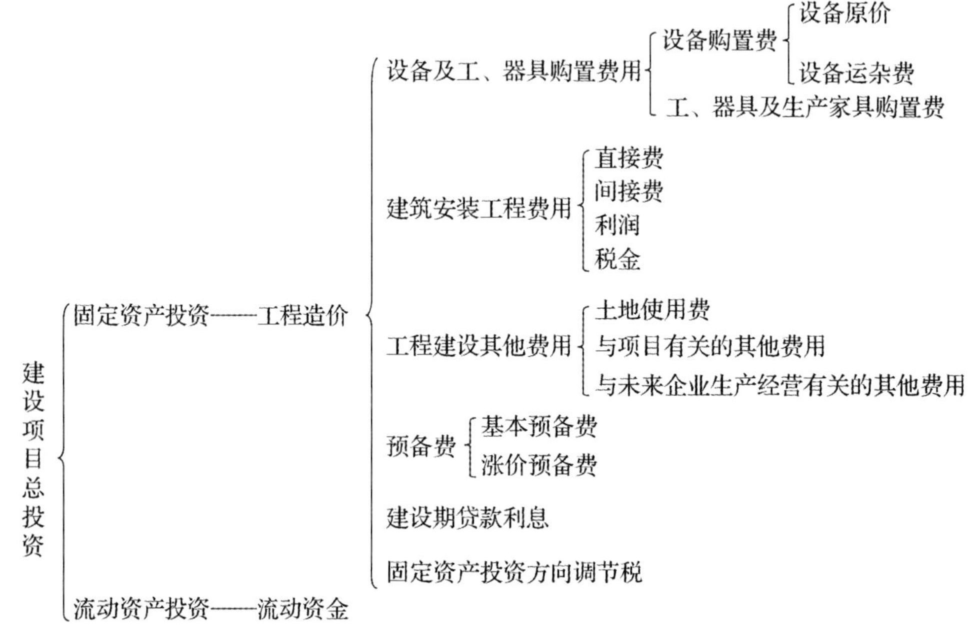

图 2-1　我国现行建设工程造价的构成

2.2　设备及工、器具购置费用的构成

设备及工、器具购置费用由设备购置费和工具、器具及生产家具购置费组成。它是固定资产投资中的积极部分。在生产性工程建设中，设备及工具、器具购置费用占工程造价的比重增大，意味着生产技术的进步和资本有机构成的提高。

2.2.1　设备购置费用的构成及计算

设备购置费是指为建设项目购置或自制的达到固定资产标准的各种国产或进口设备、工具、器具的购置费用。劳动资料作为固定资产的标准是：使用期限在一年以上；单位价值在规定限额以上(具体标准由各主管部门规定)。设备购置费用由设备原价和设备运杂费构成。

$$设备购置费用=设备原价+设备运杂费 \tag{2-1}$$

上式中设备原价是指国产设备或进口设备的原价；设备运杂费是指除设备原价以外的关于设备采购、包装、运输及仓库保管等方面支出费用的总和。

1. 国产设备原价的构成及计算

国产设备原价一般指的是设备制造厂的交货价或订货合同价，一般由生产厂或供货商的询价、报价、合同价来确定，或采用一定的方法计算出来。国产设备有两种，即国产标准设备和国产非标准设备。

1) 国产标准设备原价

国产标准设备是指按照主管部门颁布的标准图纸和技术要求，能由我国的设备生产厂批量生产的，并符合国家质量检测标准的设备。国产标准设备原价有两种，即带有备件的原价和不带备件的原价。在计算时，一般采用带有备件的原价。

2) 国产非标准设备原价

国产非标准设备是指国家尚无定型标准，各设备生产厂商在生产过程中不可能采用批量生产，只能按一次订货，并根据具体的设计图纸制造的设备。非标准设备原价有多种计算方法，如成本计算估价法、系列设备插入估价法、分部组合估价法、定额估价法等。无论采用哪种计算方法，都应使设备的计价接近真实的出厂价，并且能使计算简单、明确。在成本计算估价法中，非标准设备的原价由材料费、加工费、辅助材料费、专用工具费、废品损失费、外购配套件费、包装费、利润、税金及非标准设备费构成。其具体计算公式为：

单台非标准设备原价={[(材料费+加工费+辅助材料费)×(1+专用工具费率)×(1+废品损失费率)+外购配套件费]×(1+包装费率)−外购配套件费}m^3 (1+利润率)+增值税+非标准设备设计费+外购配套件费　(2-2)

其中各项费率按各部门及省、市等的规定计取。

2. 进口设备原价的构成及计算

进口设备的原价是进口设备的抵岸价，即抵达买方边境港口或边境车站，且交完关税后的价格。进口设备的原价随着进口设备交货类别的不同而不同，交货类别决定了交货价格，从而相应影响了抵岸价。

1) 进口设备的交货类别

进口设备交货类别根据交货地点的不同可分为：内陆交货类、目的地交货类、装运港交货类。进口设备由于交货地点的不同，卖方与买方所承担的责任和风险也不同。

内陆交货类，即卖方在出口国内陆的某个地点交货。在交货地点，卖方及时提交合同规定的货物和有关凭证，并负担交货前的一切费用和风险；买方按时接受货物，交付货款，负担接货后的一切费用和风险，并自行办理出口手续和装运出口。货物的所有权也在交货后转交给买方。

目的地交货类，即卖方在进口国的港口或内地交货。它有目的港船上交货价、目的港船边交货价(FOS)和目的港码头交货价(关税已付)及完税后交货价(进口国的指定地点)等几种交货价。它们的特点是：买卖双方承担的风险、责任是以目的地约定交货点为分界线，只有当卖方在交货点将货物置于买方的控制下才算交货，才能向买方收取货款。这种交货类别对卖方来说承担的风险大，在国际贸易中卖方一般不愿采用。

装运港交货类，即卖方在出口国装运港交货，主要有装运港船上交货价(FOB)，习惯称离岸价格；运费在内价(CNF)，运费、保险费在内价(CIF)，习惯称到岸价格。它们的特点是：卖方按照约定的时间在装运港交货，只要卖方把规定的货物装船后提供货运单据便完成交货任务，可凭单据收取货款。

装运港船上交货价是我国进口设备采用最多的一种交货价。采用船上交货价时卖方的责任是：在规定的期限内，负责在合同规定的装运港口将货物装上买方指定的船只，并及时通知买方；负担货物装船前的一切费用和风险；负责办理出口手续；提供出口国政府或有关方面签发的证件；负责提供有关装运单据。买方的责任是：负责租船和订舱，支付运费，并将船期、船名通知卖方，负责货物装船后的一切费用和风险；负责办理保险及支付保险费，办理在目的地的进口和收货手续，接受卖方提供的有关装运单据，并按合同规定支付货款。

2) 进口设备抵岸价的构成及计算

进口设备抵岸价=货价+国际运费+运输保险费+银行财务费+外贸手续费+关税+增值税+消费税+海关监管手续费+车辆购置附加费 (2-3)

(1) 货价。一般指装运港船上交货价。设备货价分为原币货价和人民币货价，原币货价一律折算成美元表示，人民币货价按原币货价乘以外汇市场美元兑换人民币中间价确定。进口设备货价按有关生产厂商询价、报价、订货合同价计算。

(2) 国际运费。即从装运港 (站)至我国抵达港 (站)的运费。我国进口设备大部分采用海洋运输，小部分采用铁路运输，个别采用航空运输。进口设备国际运费的计算公式为：

国际运费(海、陆、空) = 原币货价(FOB)×运费率 (2-4)

国际运费(海、陆、空) = 运量×单位运价 (2-5)

其中，运费率或单位运价参照有关部门或出口公司的规定执行。

(3) 运输保险费。对外贸易货物运输保险是由保险人(保险公司)与被保险人 (出口人或进口人)订立保险契约，在被保险人交付议定的保险费后，保险人根据保险契约的规定对货物在运输过程中发生的承保范围内的损失给予经济上的补偿。这是一种财产保险。其计算公式为：

运输保险费=(原币货价+国际运费)÷(1−保险费率)×保险费率 (2-6)

其中，保险费率按保险公司规定的进口货物保险费率计取。

(4) 银行财务费。一般是指中国银行手续费，可按下式简化计算：

银行财务费=人民币货价(FOB)×银行财务费率(一般取 0.4%～0.5%) (2-7)

(5) 外贸手续费。指按对外经济贸易部规定的外贸手续费率计取的费用。其计算公式为：

外贸手续费= (装运港船上交货价+国际运费+运输保险费)×外贸手续费率(一般取 1.5%) (2-8)

(6) 关税。由海关对进入国境或关境的货物和物品征收的一种税。其计算公式为：

关税=到岸价格×进口关税税率 (2-9)

其中，到岸价格包括离岸价格、国际运费、运输保险费等费用，是关税完税价格。进口关税税率分为优惠税率和普通税率两种。优惠税率适用于与我国签订有关税互惠条款的贸易条约或协定的国家的进口设备。进口关税税率是按我国海关总署发布的进口关税税率计取。

(7) 增值税。增值税是对从事进口贸易的单位和个人，进口商品报关进口后征收的税种。我国增值税条例规定，进口应税产品均按组成计税价格和增值税税率直接计算应缴税额。其计算公式为

进口设备增值税额=组成计税价格×增值税税率 (2-10)

组成计税价格=关税完税价格+关税+消费税 (2-11)

其中增值税税率根据规定的税率计取。

(8) 消费税。对部分进口设备(如轿车、摩托车等)征收消费税，一般计算公式为：

应缴消费税额=(到岸价+关税) ÷ (1−消费税税率)×消费税税率 (2-12)

其中消费税税率根据规定的税率计取。

(9) 海关监管手续费。指海关对进口减税、免税、保税货物实施监督、管理、提供服务的手续费。对全额征收进口关税的货物不计本项费用。其计算公式为：

海关监管手续费=到岸价×海关监管手续费率(一般取 0.3%) (2-13)

(10) 车辆购置附加费。进口车辆需缴进口车辆购置附加费。其计算公式为：

进口车辆购置附加费= (到岸价+关税+消费税+增值税)×进口车辆购置附加费率 (2-14)

【例 2.1】某工业建设项目，需要引进国外先进设备及技术，其中硬件费 200 万美元，软件费 40 万美元，其中计算关税的有 25 万美元，美元兑人民币汇率为：1 美元=8.28 元人民币，国际运费费率为 6%，国内运杂费费率是 2.5%，运输保险费是货价的 0.35%，银行财务费率为设备与材料离岸价的 0.5%，外贸手续费费率是 1.5%，关税税率为 22%，增值税税率为 17%。试计算该批设备与材料到达建设现场的估价。

解：货价=200×8.28+40×8.28=1656+331.20=1987.20(万元)

国际运费=1 656×6%=99.36(万元)

运输保险费=(1656+99.36)×0.35%=6.14(万元)

硬件关税=(1656+99.36+6.14)×22% =1761.15×22%=387.53(万元)

软件关税=25×8.28×22%=207×22%=45.54(万元)

外贸手续费=(1761.15+207)×1.5%=29.52(万元)

银行财务费=1987.20×0.5%=9.94(万元)

消费税：该批设备与材料为生产用，无消费税。

增值税=(1761.15+207+387.53+45.54)×17%=408.21(万元)

加国内运杂费的总价

总价=(1987.20+99.36+6.14+387.53+45.54+29.52+9.94+408.21)×1.025

=3047.78(万元)

所以该批进口设备与材料到达建设现场的价格为 3047.78 万元人民币。

3. 设备运杂费的构成及计算

1) 设备运杂费的构成

设备运杂费通常由下列各项构成。

(1) 运费和装卸费。国产设备由设备制造厂交货地点起至工地仓库(或施工组织设计指定的需要安装设备的堆放地点)止所发生的运费和装卸费；进口设备由我国到岸港口或边境车站起至工地仓库(或施工组织设计指定的需要安装设备的堆放地点)止所发生的运费和装卸费。

(2) 包装费。在设备原价中没有包含的，为运输而进行的包装支出的各种费用。

(3) 设备供销部门手续费。按有关部门规定的统一费率计算。

(4) 采购与仓库保管费。指采购、验收、保管和收发设备所发生的各种费用，包括设备采购人员、保管人员和管理人员的工资、工资附加费、办公费、交通费，设备供应部门办公和仓库所占固定资产使用费、工具用具使用费、劳动保护费、检验实验费等。

2) 设备运杂费的计算

设备运杂费按设备原价乘以设备运杂费率计算，其计算公式为：

设备运杂费=设备原价×设备运杂费率　　(2-15)

其中，设备运杂费率按各部门及省、市等的规定计取。

2.2.2　工具、器具及生产家具购置费的构成及计算

工具、器具及生产家具购置费，是指新建或扩建项目初步设计规定的，保证初期正常

生产必须购置的没有达到固定资产标准的设备、仪器、工卡模具、器具、生产家具和备品备件等的购置费用。一般以设备购置费为计算基数，按照部门或行业规定的工具、器具及生产家具费率计算。其计算公式为：

$$工具、器具及生产家具购置费=设备购置费\times定额费率 \tag{2-16}$$

2.3 建筑安装工程费用构成

本节介绍建筑安装工程费用构成，其中包括我国建筑安装工程费用构成、直接费的构成及计算、间接费的构成及计算、利润的计算、税金的构成及计算和建筑安装工程计价程序。

2.3.1 概述

建筑安装工程费由建筑工程费用和安装工程费用两部分组成。建筑安装工程费占项目总投资的 50%～60%。

1. 建筑工程造价的内容

(1) 各类房屋建筑工程和列入房屋建筑工程预算的供水、供暖、供电、卫生、通风、煤气等设备费用及其装设、油饰工程的费用，列入建筑工程预算的各种管道、电力、电信和电缆导线敷设工程的费用。

(2) 设备基础、支柱、工作台、烟囱、水塔、水池、灰塔等建筑工程以及各种窑炉的砌筑工程和金属结构工程的费用。

(3) 为施工而进行的场地平整，工程和水文地质勘查，原有建筑物和障碍物的拆除以及施工临时用水、电、气、路和完工后的场地清理、环境绿化、美化等工程的费用。

(4) 矿井开道、井巷延伸、露天矿剥离，石油、天然气钻井，修建铁路、公路、桥梁、水库、堤坝、灌渠及防洪等工程的费用。

2. 安装工程造价的内容

(1) 生产、动力、起重、运输、传动和医疗、实验等各种需要安装的机械设备的装配费用，与设备相连的工作台、梯子、栏杆等装设工程，附属于被安装设备的管线敷设工程，被安装设备的绝缘、防腐、保温、油漆等工程的材料费和安装费。

(2) 为测定安装工程质量，对单个设备进行单机试运行，对系统设备进行系统联动无负荷试运转工程的调试费。

2.3.2 我国建筑安装工程费用构成

依据 2004 年 1 月 1 日起施行的建标〔2003〕206 号文件《建筑安装工程费用项目组成》中的规定，我国现行建筑安装工程费用由直接费、间接费、利润和税金组成。具体如图 2-2 所示。

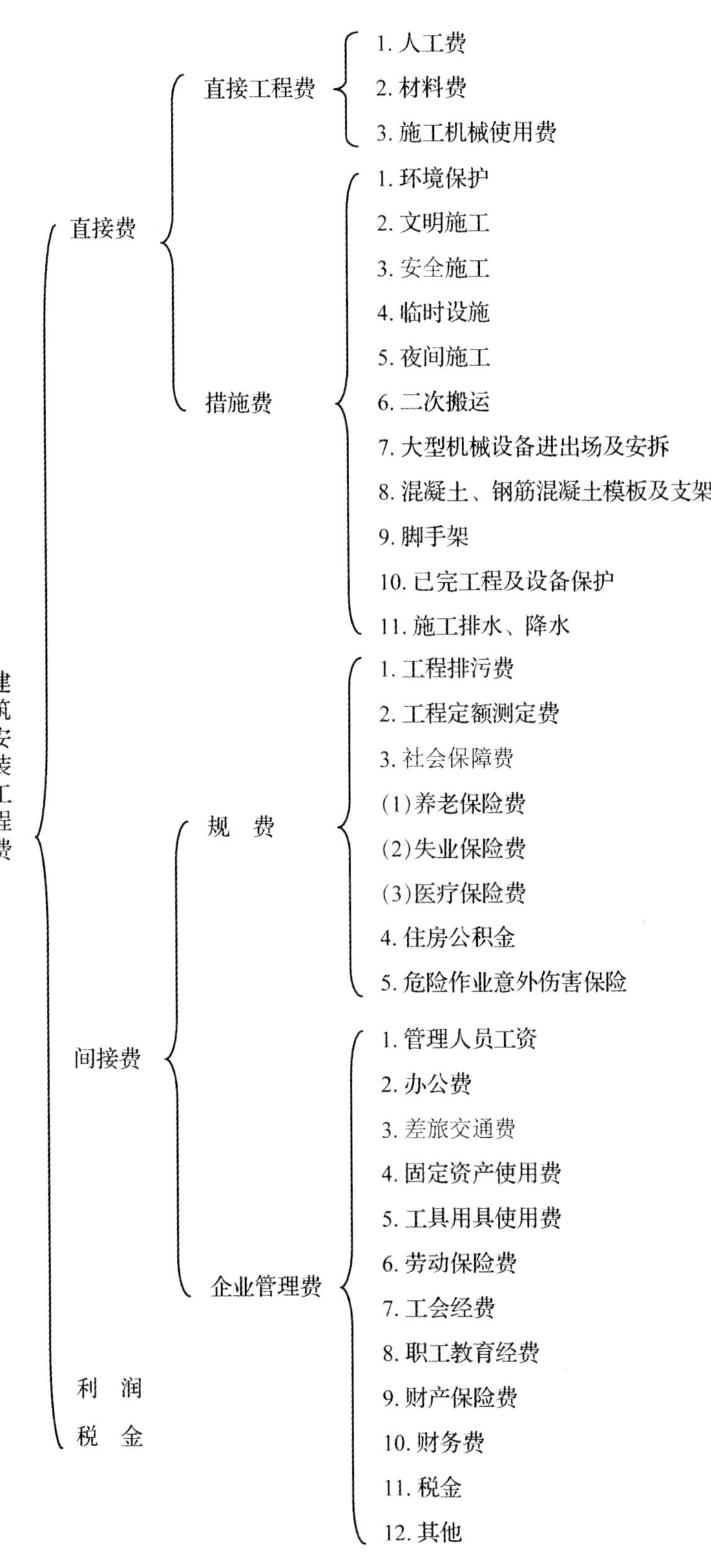

图 2-2　我国现行建筑安装费用组成

2.3.3 直接费的构成及计算

直接费由直接工程费和措施费组成。

1. 直接工程费

直接工程费是指施工过程中耗费的构成工程实体的各项费用，包括人工费、材料费、施工机械使用费。

$$直接工程费＝人工费+材料费+施工机械使用费 \tag{2-17}$$

1) 人工费

人工费是指直接从事建筑安装工程施工的生产工人开支的各项费用。

$$人工费＝\sum(工日消耗量×日工资单价) \tag{2-18}$$

2) 材料费

材料费是指施工过程中耗费的构成工程实体的原材料、辅助材料、构配件、零件、半成品的费用。

$$材料费＝\sum(材料消耗量×材料基价)+检验试验费 \tag{2-19}$$

$$材料基价=[(供应价格+运杂费)×(1+运输损耗率)]×(1+采购保管费率) \tag{2-20}$$

$$检验试验费=\sum(单位材料量检验试验费×材料消耗量) \tag{2-21}$$

材料费包括以下几项。

(1) 材料原价(或供应价格)。

(2) 材料运杂费：是指材料自来源地运至工地仓库或指定堆放地点所发生的全部费用。

(3) 运输损耗费：是指材料在运输装卸过程中不可避免的损耗。

(4) 采购及保管费：是指为组织采购、供应和保管材料过程中所需要的各项费用，包括采购费、仓储费、工地保管费、仓储损耗。

(5) 检验试验费：是指对建筑材料、构件和建筑安装物进行一般鉴定、检查所发生的费用，包括自设试验室进行试验所耗用的材料和化学药品等费用。不包括新结构、新材料的试验费，建设单位对具有出厂合格证明的材料进行检验、对构件做破坏性试验及其他特殊要求检验试验的费用。

3) 施工机械使用费

施工机械使用费是指施工机械作业所发生的机械使用费以及机械安拆费和场外运费。

$$施工机械使用费 ＝\sum(施工机械台班消耗量×机械台班单价) \tag{2-22}$$

$$\begin{aligned}机械台班单价=&台班折旧费+台班大修费+台班经常修理费+台班安拆费及场外运费+\\&台班人工费+台班燃料动力费+台班养路费及车船使用费\end{aligned} \tag{2-23}$$

2. 措施费

措施费是指为完成工程项目施工，发生于该工程施工前和施工过程中非工程实体项目的费用。

各专业工程的专用措施费项目的计算方法是由各地区或国务院有关专业主管部门的工程造价管理机构自行制定的。

措施费主要包括以下内容。

(1) 环境保护费：是指施工现场为达到环保部门的要求所需要的各项费用。

(2) 文明施工费：是指施工现场文明施工所需要的各项费用。

(3) 安全施工费：是指施工现场安全施工所需要的各项费用。

(4) 临时设施费：是指施工企业为进行建筑工程施工所必须搭设的生活和生产用的临时建筑物、构筑物和其他临时设施费用等。

临时设施包括：临时宿舍、文化福利及公用事业房屋与构筑物，仓库、办公室、加工厂以及规定范围内道路、水、电、管线等临时设施和小型临时设施。

临时设施费用包括：临时设施的搭设、维修、拆除费或摊销费。

(5) 夜间施工费：是指因夜间施工所发生的夜班补助费、夜间施工降效、夜间施工照明设备摊销及照明用电等费用。

(6) 二次搬运费：是指因施工场地狭小等特殊情况而发生的二次搬运费用。

(7) 大型机械设备进出场及安拆费：是指机械整体或分体自停放场地运至施工现场或由一个施工地点运至另一个施工地点，所发生的机械进出场运输及转移费用及机械在施工现场进行安装、拆卸所需的人工费、材料费、机械费、试运转费和安装所需的辅助设施的费用。

(8) 混凝土、钢筋混凝土模板及支架费：是指混凝土施工过程中需要的各种钢模板、木模板、支架等的支、拆、运输费用及模板、支架的摊销(或租赁)费用。

(9) 脚手架费：是指施工需要的各种脚手架搭、拆、运输费用及脚手架的摊销 (或租赁)费用。

(10) 已完工程及设备保护费：是指竣工验收前，对已完工程及设备进行保护所需的费用。

(11) 施工排水、降水费：是指为确保工程在正常条件下施工，采取各种排水、降水措施所发生的各种费用。

2.3.4　间接费的构成及计算

间接费是由规费、企业管理费组成的。

1. 规费

规费是指政府和有关权力部门规定必须缴纳的费用(简称规费)，主要包括以下几个部分。

1) 工程排污费

工程排污费是指施工现场按规定缴纳的工程排污费。

2) 工程定额测定费

工程定额测定费是指按规定支付工程造价(定额)管理部门的定额测定费。

3) 社会保障费

(1) 养老保险费：是指企业按规定标准为职工缴纳的基本养老保险费。

(2) 失业保险费：是指企业按照国家规定标准为职工缴纳的失业保险费。

(3) 医疗保险费：是指企业按照规定标准为职工缴纳的基本医疗保险费。

4) 住房公积金

住房公积金是指企业按规定标准为职工缴纳的住房公积金。

5) 危险作业意外伤害保险

危险作业意外伤害保险是指按照建筑法的规定，企业为从事危险作业的建筑安装施工人员支付的意外伤害保险费。

2. 企业管理费

企业管理费是指建筑安装企业组织施工生产和经营管理所需的费用，主要内容如下。

(1) 管理人员工资：是指管理人员的基本工资、工资性补贴、职工福利费、劳动保护费等。

(2) 办公费：是指企业管理办公用的文具、纸张、账表、印刷、邮电、书报、会议、水电、烧水和集体取暖(包括现场临时宿舍取暖)用煤等费用。

(3) 差旅交通费：是指职工因公出差、调动工作的差旅费、住勤补助费，市内交通费和误餐补助费，职工探亲路费，劳动力招募费，职工离退休、退职一次性路费，工伤人员就医路费，工地转移费以及管理部门使用的交通工具的油料、燃料、养路费及牌照费。

(4) 固定资产使用费：是指管理和试验部门及附属生产单位使用的属于固定资产的房屋、设备仪器等的折旧、大修、维修或租赁费。

(5) 工具用具使用费：是指管理使用的不属于固定资产的生产工具、器具、家具、交通工具和检验、试验、测绘、消防用具等的购置、维修和摊销费。

(6) 劳动保险费：是指由企业支付离退休职工的易地安家补助费，职工退职金，六个月以上的病假人员工资，职工死亡丧葬补助费、抚恤费，按规定支付给离休干部的各项经费。

(7) 工会经费：是指企业按职工工资总额计提的工会经费。

(8) 职工教育经费：是指企业为职工学习先进技术和提高文化水平，按职工工资总额计提的费用。

(9) 财产保险费：是指施工管理用财产、车辆保险。

(10) 财务费：是指企业为筹集资金而发生的各种费用。

(11) 税金：是指企业按规定缴纳的房产税、车船使用税、土地使用税、印花税等。

(12) 其他：包括技术转让费、技术开发费、业务招待费、绿化费、广告费、公证费、法律顾问费、审计费、咨询费等。

3. 间接费的计算

1) 间接费的计算方法按取费基数的不同划分

(1) 以直接费为计算基础。

$$间接费=直接费合计\times间接费费率 \tag{2-24}$$

(2) 以人工费和机械费合计为计算基础。

$$间接费=人工费和机械费合计\times间接费费率 \tag{2-25}$$

$$间接费费率(\%)=规费费率+企业管理费费率 \tag{2-26}$$

(3) 以人工费为计算基础。

$$间接费=人工费合计\times间接费费率 \tag{2-27}$$

2) 规费费率的计算公式

(1) 以直接费为计算基础。

规费缴纳标准每万元发承包价计算基数

规费费率(%)=($\sum$规费缴纳标准×每万元发承包价计算基数)÷每万元发承包价中的人工费含量×人工费占直接费的比例　　(2-28)

(2)以人工费和机械费合计为计算基础。

规费缴纳标准每万元发承包价计算基数

规费费率(%)=($\sum$规费缴纳标准×每万元发承包价计算基数)÷每万元发承包价中的人工费含量和机械费含量×100%　　(2-29)

(3) 以人工费为计算基础。

规费费率(%)=($\sum$规费缴纳标准×每万元发承包价计算基数)÷每万元发承包价中的人工费含量×100%　　(2-30)

3) 企业管理费费率的计算公式

(1) 以直接费为计算基础。

企业管理费费率(%)=生产工人年平均管理费÷(年有效施工天数×人工单价)×人工费占直接费的比例　　(2-31)

(2) 以人工费和机械费合计为计算基础。

企业管理费费率(%)=生产工人年平均管理费÷[年有效施工天数×(人工单价+每一工日机械使用费)]×100%　　(2-32)

(3) 以人工费为计算基础。

生产工人年平均管理费

企业管理费费率(%)=

生产工人年平均管理费÷(年有效施工天数×人工单价)×100%　　(2-33)

2.3.5　利润的计算

利润是指施工企业完成所承包工程获得的盈利。其计算方法参照建筑安装工程计价程序进行计算。

2.3.6　税金的构成及计算

税金是指国家税法规定的应计入建筑安装工程造价内的营业税、城市维护建设税及教育费附加等。

1. 营业税

营业税是指对从事建筑业、交通运输业和各种服务业的单位和个人，就其营业收入征收的一种税。营业税应纳税额的计算公式为：

应纳税额=营业额×适用税率　　(2-34)

建筑业营业税的适用税率为 3%。

营业额是指从事建筑、安装、修缮、装饰及其他工程作业收取的全部收入(即工程造价)，

还包括建筑、修缮、装饰工程所用原材料及其他物资和动力的价款；当安装的设备的价值作为安装工程产值时，亦包括所安装设备的价款。但建筑业的总承包方将工程分包或转包给他人的，其营业额中不包括付给分包或转包人的价款。

2. 城市维护建设税

城市维护建设税是国家为了加强城市的维护建设，扩大和稳定城市维护建设资金来源，而对有经营收入的单位和个人征收的一种税。城市维护建设税与营业税同时缴纳，应纳税额的计算公式为：

$$\text{应纳税额}=\text{营业税应纳税额}\times\text{适用税率} \tag{2-35}$$

城市维护建设税实行差别比例税率。城市维护建设税的纳税人所在地为市区的，适用税率为 7%；所在地为县城、镇的，适用税率为 5%；所在地不在市区、县城或镇的，适用税率为 1%。

3. 教育费附加

教育费附加是指对加快发展地方教育事业，扩大地方教育资金来源的一种地方税。教育费附加应纳税额的计算公式为：

$$\text{应纳税额}=\text{营业税应纳税额}\times\text{适用税率} \tag{2-36}$$

教育费附加一般为营业税的 3%，并与营业税同时缴纳。

在工程造价计算程序中，税金计算在最后进行。将税金计算之前的所有费用之和称为不含税工程造价，不含税工程造价加税金称为含税工程造价。

税金计算公式

$$\text{税金}=(\text{税前造价}+\text{利润})\times\text{税率} \tag{2-37}$$

依照土地所在地的不同，税率的计算结果也是不同的。

1) 纳税地点在市区的企业

$$\text{税率}(\%)=\frac{1}{1-3\%-(3\%\times7\%)+(3\%\times3\%)}-1=3.41\% \tag{2-38}$$

2) 纳税地点在县城、镇的企业

$$\text{税率}(\%)=\frac{1}{1-3\%-(3\%\times5\%)+(3\%\times3\%)}-1=3.34\% \tag{2-39}$$

3) 纳税地点不在市区、县城、镇的企业

$$\text{税率}(\%)=\frac{1}{1-2\%-(3\%\times1\%)+(3\%\times3\%)}-1=3.22\% \tag{2-40}$$

2.3.7　建筑安装工程计价程序

根据中华人民共和国建设部第 107 号部令《建筑工程施工发包与承包计价管理办法》的规定，发包与承包价的计算方法分为工料单价法和综合单价法，程序如下。

1. 工料单价法计价程序

工料单价法是以分部分项工程量乘以单价后的合计为直接工程费，直接工程费以人工、材料、机械的消耗量及其相应价格确定。直接工程费汇总后另加间接费、利润、税金生成工程发承包价，其计算程序分为以下三种。

(1) 以直接费为计算基础 (见表 2-1)。

表 2-1　以直接费为计算基础的建筑安装工程计价程序表

序　号	费用项目	计算方法
1	直接工程费	按预算表
2	措施费	按规定标准计算
3	小计	(1)+(2)
4	间接费	(3)×相应费率
5	利润	[(3)+(4)]×相应利润率
6	合计	(3)+(4)+(5)
7	含税造价	(6)×(1+相应税率)

2) 以人工费和机械费为计算基础 (见表 2-2)。

表 2-2　以人工费和机械费为计算基础的建筑安装工程计价程序表

序　号	费用项目	计算方法
1	直接工程费	按预算表
2	直接工程费中的人工费和机械费	按预算表
3	措施费	按规定标准计算
4	措施费中的人工费和机械费	按规定标准计算
5	小计	(1)+(3)
6	人工费和机械费小计	(2)+(4)
7	间接费	(6)×相应费率
8	利润	(6)×相应利润率
9	合计	(5)+(7)+(8)
10	含税造价	(9)×(1+相应税率)

3) 以人工费为计算基础(见表 2-3)。

表 2-3　以人工费为计算基础的建筑安装工程计价程序表

序　号	费用项目	计算方法
1	直接工程费	按预算表
2	直接工程费中的人工费	按预算表
3	措施费	按规定标准计算
4	措施费中的人工费	按规定标准计算
5	小计	(1)+(3)
6	人工费小计	(2)+(4)
7	间接费	(6)×相应费率
8	利润	(6)×相应利润率
9	合计	(5)+(7)+(8)
10	含税造价	(9)×(1+相应税率)

2. 综合单价法计价程序

综合单价法是分部分项工程单价为全费用单价，全费用单价经综合计算后生成，其内容包括直接工程费、间接费、利润和税金(措施费也可按此方法生成全费用价格)。

各分项工程量乘以综合单价的合价汇总后，生成工程发承包价。

由于各分部分项工程中的人工、材料、机械含量的比例不同，各分项工程可根据其材料费占人工费、材料费、机械费合计的比例(以字母 C 代表该项比值)在以下三种计算程序中选择一种计算其综合单价。

(1) 当 $C > C_0$ (C_0 为本地区原费用定额测算所选典型工程材料费占人工费、材料费和机械费合计的比例)时，可采用以人工费、材料费、机械费合计为基数计算该分项的间接费和利润，详表 2-4。

表 2-4　以直接费为计算基础的建筑安装工程计价程序表

序　号	费用项目	计算方法
1	分项直接工程费	人工费+材料费+机械费
2	间接费	(1)×相应费率
3	利润	[(1)+(2)]×相应利润率
4	合计	(1)+(2)+(3)
5	含税造价	(4)×(1+相应税率)

(2) 当 $C < C_0$ 值的下限时，可采用以人工费和机械费合计为基数计算该分项的间接费和利润，详见见表 2-5。

表 2-5　以人工费和机械费为计算基础的建筑安装工程计价程序表

序　号	费用项目	计算方法
1	分项直接工程费	人工费+材料费+机械费
2	直接工程费中的人工费和机械费	人工费+机械费
3	间接费	(2)×相应费率
4	利润	(2)×相应利润率
5	合计	(1)+(3)+(4)
6	含税造价	(5)×(1+相应税率)

(3) 如该分项的直接费仅为人工费，无材料费和机械费时，可采用以人工费为基数计算该分项的间接费和利润，详见表 2-6。

表 2-6　以人工费为计算基础的建筑安装工程计价程序表

序　号	费用项目	计算方法
1	分项直接工程费	人工费+材料费+机械费
2	直接工程费中的人工费	人工费
3	间接费	(2)×相应费率

续表

序　号	费用项目	计算方法
4	利润	(2)×相应利润率
5	合计	(1)+(3)+(4)
6	含税造价	(5)×(1+相应税率)

2.4　工程建设其他费用

本节主要介绍工程建设其他费用，包括土地使用费、与项目建设有关的其他费用、与未来企业生产经营有关的其他费用。

2.4.1　土地使用费

土地使用费是指通过划拨方式取得土地使用权而支付的土地征用及迁移补偿费，或者通过土地使用权出让方式取得土地使用权而支付的土地使用权出让金。

1. 土地征用及迁移补偿费

土地征用及迁移补偿费是指建设项目通过划拨方式取得无限期的土地使用权，依照《中华人民共和国土地管理法》等规定所支付的费用。其总和一般不得超过被征用土地年产值的 30 倍，土地年产值则按该地被征用前 3 年的平均产量和国家规定的价格计算。其内容主要包括以下几个方面。

1) 土地补偿费

征用耕地(包括菜地)的补偿标准，为该耕地年产值的 6～10 倍，具体补偿标准由省、自治区、直辖市人民政府在此范围内制定。征用园地、鱼塘、藕塘、苇塘、宅基地、林地、牧场、草原等的补偿标准，由省、自治区、直辖市人民政府制定。征收无收益的土地，不予补偿。

2) 青苗补偿费和被征用土地上的房屋、水井、树木等附着物补偿费

这些补偿费的标准由省、自治区、直辖市人民政府制定。征用城市郊区的菜地时，还应按照有关规定向国家缴纳新菜地开发建设基金。

3) 安置补助费

征用耕地、菜地的，每个农业人口的安置补助费为该地每亩年产值的 4～6 倍，每亩耕地的安置补助费最高不得超过其年产值的 15 倍。

4) 缴纳的耕地占用税或城镇土地使用税、土地登记费及征地管理费等

县市土地管理机关从征地费中提取土地管理费的比率，要按征地工作量大小，视不同情况，在 1%～4%幅度内提取。

5) 征地动迁费

包括征用土地上的房屋及附着构筑物、城市公共设施等拆除、迁建补偿费、搬迁运输

费，企业单位因搬迁造成的减产、停工损失补贴费，拆迁管理费等。

6) 水利水电工程水库淹没处理补偿费

这项费用包括农村移民安置迁建费，城市迁建补偿费，库区工矿企业、交通、电力、通信、广播、管网、水利等的恢复、迁建补偿费，库底清理费，防护工程费，环境影响补偿费用等。

2. 土地使用权出让金

土地使用权出让金是指建设项目通过土地使用权出让方式，取得有限期的土地使用权，依照《中华人民共和国城镇国有土地使用权出让和转让暂行条例》的规定，支付的土地使用权出让金。

1) 土地使用权的出让与转让

明确国家是城市土地的唯一所有者，并分层次、有偿、有限期地出让、转让城市土地。第一层次是城市政府将国有土地使用权出让给用地者，该层次由城市政府垄断经营。出让对象可以是有法人资格的企事业单位，也可以是外商。第二及以下层次的转让则发生在使用者之间。

2) 城市土地的出让和转让方式

城市土地的出让和转让可采用协议、招标、公开拍卖、挂牌等方式。

(1) 协议方式是由用地单位申请，经市政府批准同意后双方洽谈具体地块及地价。该方式适用于市政工程、公益事业用地以及需要减免地价的机关、部队用地和需要重点扶持、优先发展的产业用地。

(2) 招标方式是在规定的期限内，由用地单位以书面形式投标，市政府根据投标报价、所提供的规划方案以及企业信誉综合考虑，择优而取。该方式适用于一般工程建设用地。

(3) 公开拍卖是指在指定的地点和时间，由申请用地者叫价应价，价高者得。这完全是由市场竞争决定，适用于盈利高的行业用地。

(4) 挂牌出让是近年新出现的一种土地出让方式，是指出让人发布挂牌公告，按公告规定的期限将拟出让宗地的交易条件在指定的土地交易场所挂牌公布，接受竞买人的报价申请并更新挂牌价格，根据挂牌期限截止时的出价结果确定土地使用者的行为。该方式适用范围比较广，比招标方式和公开拍卖方式更具灵活性。

城市土地是城市的重要资源，也是国家财政收入的主要来源之一，为了加强对城市土地出让转让的管理，国家先后颁布了《招标拍卖挂牌出让国有土地使用权规定》(中华人民共和国国土资源部令第 11 号)、《关于继续开展经营性土地使用权招标拍卖挂牌出让情况执法监察工作的通知》，明确规定：商业、旅游、娱乐和商品住宅等经营性用地供应必须严格按规定采用招标拍卖挂牌方式，其他土地的供地计划公布后，同一宗地有两个或两个以上意向用地者的，也应当采用招标拍卖挂牌方式供应。国家不断加强城市土地的市场经营，城市土地协议出让方式在法定意义上被叫停，并不断被取代，渐渐退出土地出让的历史舞台。

3) 有偿出让和转让土地的原则

(1) 地价对目前的投资环境不产生大的影响。

(2) 地价与当地的社会经济承受能力相适应。

(3) 地价要考虑已投入的土地开发费用、土地市场供求关系、土地用途和使用年限。

4) 土地使用权的出让年限

关于政府有偿出让土地使用权的年限，各地可根据时间、区位等各种条件作不同的规定，一般可在 30～99 年；按照地面附属建筑物的折旧年限来看，以 50 年为宜。

5) 土地出让和转让各方应承担的义务

土地有偿出让和转让，土地使用者和所有者要签约，明确使用者对土地享有的权利和对土地所有者应承担的义务。

(1) 有偿出让和转让使用权，要向土地受让者征收契税。

(2) 转让土地如有增值，要向转让者征收土地增值税。

(3) 在土地转让期间，国家要区别不同地段、不同用途向土地使用者收取土地占用费。

【例 2.2】 某企业为了某一工程建设项目，需要征用耕地 200 亩，被征用前第一年平均每亩产值 1400 元，征用前第二年平均每亩产值 1200 元，征用前第三年平均每亩产值 1000 元，该单位人均耕地 2.5 亩，地上附着物共有树木 3000 棵，按照 20 元/棵补，青苗补偿按照 100 元/亩计取，现试对该土地费用进行估价。

解：根据国家有关规定，取被征用前三年平均产值的 8 倍计算土地补偿费，则有

土地补偿费=(1400+1200+1000)×200×8÷3=1 920 000(元)

取该耕地被征用前三年平均产值的 5 倍计算安置补助费，则

需要安置的农业人口数=200÷2.5=80(人)

人均安置补助费=(1400+1200+1000)×2.5×5÷3=15 000(元)

安置补助费=15 000×80=1 200 000(元)

地上附着物补偿费=3000×20=60 000(元)

青苗补偿费=100×200=20 000(元)

则该土地费用估价为：1 920 000+1 200 000+60 000+20 000=3 200 000(元)

【例 2.3】某建设单位准备以有偿的方式取得某城区一宗土地的使用权，该宗土地占地面积 12 000 m^2，土地使用权出让金标准为 5000 元/m^2。根据调查，目前该区域尚有平房住户 60 户，建筑面积总计 2500 m^2，试对该土地费用进行估价。

解：土地使用权出让金=5000×12 000=60 000 000(元)

以同类地区征地拆迁补偿费作为参照，估计单价为 1200 元/m^2，则该土地拆迁补偿费用为

1200×2500=300(万元)

则该土地费用=6000+300=6 300(万元)

2.4.2 与项目建设有关的其他费用

根据项目的不同，与项目建设有关的其他费用的构成也不尽相同，一般包括以下各项。

1. 建设单位管理费

建设单位管理费是指建设项目从立项、筹建、建设、联合试运转、竣工验收交付使用及后评估等全过程管理所需费用。其内容包括：建设单位开办费、建设单位经费。

1) 建设单位开办费

建设单位开办费是指新建项目为保证筹建和建设工作正常进行所需办公设备、生活家具、用具、交通工具等的购置费用。

2) 建设单位经费

建设单位经费包括工作人员的基本工资、工资性补贴、职工福利费、劳动保护费、劳动保险费、办公费、差旅交通费、工会经费、职工教育经费、固定资产使用费、工具用具使用费、技术图书资料费、生产人员招募费、工程招标费、合同契约公证费、工程质量监督检测费、工程咨询费、法律顾问费、审计费、业务招待费、排污费、竣工交付使用清理及竣工验收费、后评估等费用，不包括应计入设备、材料预算价格的建设单位采购及保管设备材料所需的费用。

建设单位管理费=单项工程费用之和(包括设备工器具购置费和建筑安装工程费用)×建设单位管理费率 (2-41)

建设单位管理费率按照建设项目的不同性质、不同规模确定。有的建设项目按照建设工期和规定的金额计算建设单位管理费。

2. 勘察设计费

勘察设计费是指为本建设项目提供项目建议书、可行性研究报告及设计文件等所需费用。其内容包括以下几项。

(1) 编制项目建议书、可行性研究报告及投资估算、工程咨询、评价以及为编制上述文件进行勘察、设计、研究试验等所需费用。

(2) 委托勘察、设计单位进行初步设计、施工图设计及概预算编制等所需费用。

(3) 在规定范围内由建设单位自行完成的勘察、设计工作所需费用。

勘察设计费中，项目建议书、可行性研究报告按国家颁布的收费标准计算，设计费按国家颁布的工程设计收费标准计算；勘察费一般民用建筑 6 层以下的按 3～5 元/m^2 计算，高层建筑按 8～10 元/m^2 计算，工业建筑按 10～12 元/m^2 计算。

3. 研究试验费

研究试验费是指为建设项目提供和验证设计参数、数据、资料等所进行的必要的试验费用以及设计规定在施工中必须进行试验、验证所需费用。研究试验费按照设计单位根据本工程项目的需要提出的研究试验内容和要求计算。

4. 建设单位临时设施费

建设单位临时设施费是指建设期间建设单位所需临时设施的搭设、维修、推销费用或租赁费用。

临时设施包括临时宿舍、文化福利及公用事业房屋与构筑物、仓库、办公室、加工厂以及规定范围内的道路、水、电、管线等临时设施和小型临时设施。

5. 工程监理费

工程监理费是指建设单位委托工程监理单位对工程实施监理工作所需费用。根据国家物价局、中华人民共和国建设部《关于发布工程建设监理费用有关规定的通知》等文件规

定，选择下列方法之一计算。

(1) 一般情况应按工程建设监理收费标准计算，即占所监理工程概算或预算的百分比计算。

(2) 对于单工种或临时性项目可根据参与监理的年度平均人数按3.5万～5万元/人·年计算。

6. 工程保险费

工程保险费是指建设项目在建设期间根据需要实施工程保险所需的费用，包括以各种建筑工程及其在施工过程中的物料、机器设备为保险标的的建筑工程一切险，以安装工程中的各种机器、机械设备为保险标的的安装工程一切险，以及机器损坏保险等。工程保险费根据不同的工程类别，分别以其建筑、安装工程费乘以建筑、安装工程保险费率计算。

民用建筑(如住宅楼、综合性大楼、商场、旅馆、医院、学校)占建筑工程费的 0.2%～0.4%；其他建筑(如工业厂房、仓库、道路、码头、水坝、隧道、桥梁、管道等)占建筑工程费的 0.3%～0.6%，安装工程(如农业、工业、机械、电子、电器、纺织、矿山、石油、化学及钢铁工业、钢结构桥梁)占建筑工程费的 0.3%～0.6%。

7. 引进技术和进口设备的其他费用

引进技术及进口设备的其他费用包括出国人员费用、国外工程技术人员来华费用、技术引进费、分期或延期付款利息、担保费以及进口设备检验鉴定费。

1) 出国人员费用

出国人员费用是指为引进技术和进口设备派出人员在国外培训和进行设计联络、设备检验等的差旅费、制装费、生活费等。这项费用根据设计规定的出国培训和工作的人数、时间及派往国家，按国家财政部、外交部规定的临时出国人员费用开支标准及中国民用航空公司现行国际航线票价等进行计算，其中使用外汇部分应计算银行财务费用。

2) 国外工程技术人员来华费用

国外工程技术人员来华费用是指为安装进口设备，引进国外技术等聘用外国工程技术人员进行技术指导工作所发生的费用，包括技术服务费、外国技术人员的在华工资、生活补贴、差旅费、医药费、住宿费、交通费、宴请费、参观游览等招待费用。这项费用按每人每月费用指标计算。

3) 技术引进费

技术引进费是指为引进国外先进技术而支付的费用，包括专利费、专有技术费(技术保密费)、国外设计及技术资料费、计算机软件费等。这项费用根据合同或协议的价格计算。

4) 分期或延期付款利息

分期或延期付款利息是指利用出口信贷引进技术或进口设备采取分期或延期付款的办法所支付的利息。

5) 担保费

担保费是指国内金融机构为买方出具保函的担保费。这项费用按有关金融机构规定的担保费率计算(一般可按承保金额的 5%计算)。

6) 进口设备检验鉴定费用

进口设备检验鉴定费用是指进口设备按规定付给商品检验部门的进口设备检验鉴定

费。这项费用按进口设备货价的3%～5%计算。

8. 工程承包费

工程承包费是指具有总承包条件的工程公司，对工程建设项目从开始建设至竣工投产全过程的总承包所需的管理费用，具体内容包括组织勘察设计、设备材料采购、非标准设备设计制造与销售、施工招标、发包、工程预决算、项目管理、施工质量监督、隐蔽工程检查、验收和试车直至竣工投产的各种管理费用。该费用按国家主管部门或省、自治区、直辖市协调规定的工程总承包费取费标准计算；如无规定时，一般工业建设项目为投资估算的6%～8%，民用建筑和市政项目为4%～6%。不实行工程总承包的项目不计算本项费用。

2.4.3 与未来企业生产经营有关的其他费用

1. 联合试运转费

联合试运转费是指新建企业或新增加生产工艺过程的扩建企业在竣工验收前，按照设计规定的工程质量标准，进行整个车间的负荷试运转发生的费用支出大于试运转收入的亏损部分。费用内容包括：试运转所需要的原料、燃料、油料和动力的费用，机械使用费用，低值易耗品及其他物品的购置费用和施工单位参加联合试运转人员的工资等。试运转收入包括试运转产品销售和其他收入，不包括应由设备安装工程费开支的单台设备调试费及无负荷联动试运转费用。以单项工程费用总和为基础，按照工程项目的不同规模分别规定的试运转费率计算或者以试运转费总金额包干使用。

2. 生产准备费

生产准备费是指新建企业或新增生产能力的企业，为保证竣工交付使用进行必要的生产准备所发生的费用。费用内容如下。

(1) 生产人员培训费，包括自行培训、委托其他单位培训的人员的工资、工资性补贴、职工福利费、差旅交通费、学习资料费、学习费、劳动保护费等。

(2) 生产单位提前进厂参加施工、设备安装、调试以及熟悉工艺流程及设备性能等人员的工资、工资性补贴、职工福利费、差旅交通费、劳动保护费等。

生产准备费一般根据需要培训和提前进厂人员的人数及培训时间按生产准备费指标进行估算。

生产准备费在实际执行中是一笔在时间上、人数上、培训深度上很难划分的活口很大的支出，尤其要严格掌握。

3. 办公和生活家具购置费

办公和生活家具购置费是指为保证新建、改建、扩建项目初期正常生产、使用和管理所必需购置的办公和生活家具及用具的费用。改、扩建项目所需的办公和生活用具购置费，应低于新建项目。其范围包括办公室、会议室、资料档案室、阅览室、文娱室、食堂、浴室、理发室、单身宿舍和设计规定必须建设的托儿所、卫生所、招待所、中小学校等家具用具购置费。这项费用按照设计定员人数乘以综合指标计算，一般为600～800元/人。

2.5　预备费、建设期贷款利息、固定资产投资方向调节税

本节主要介绍预备费、建设期贷款利息、固定资产投资方向调节税，其中包括预备费的内容及计算、建设期利息的计算、固定资产投资方向调节税的构成及计算。

2.5.1　预备费的内容及计算

按我国现行规定，预备费包括基本预备费和涨价预备费。

1. 基本预备费

基本预备费是指在初步设计及概算内难以预料的工程费用，费用内容包括以下几个方面。

(1) 在批准的初步设计范围内，技术设计、施工图设计及施工过程中所增加的工程费用，设计变更、局部地基处理等增加的费用。

(2) 一般自然灾害造成的损失和预防自然灾害所采取的措施费用。实行工程保险的工程项目费用应适当降低。

(3) 竣工验收时为鉴定工程质量对隐蔽工程进行必要的挖掘和修复费用。

基本预备费是按设备及工器具购置费、建筑安装工程费用和工程建设其他费用三者之和为计取基础，乘以基本预备费率进行计算。其计算公式为：

基本预备费=(设备及工器具购置费+建筑安装工程费用+工程建设其他费用)
×基本预备费率　(2-42)

基本预备费率的取值应执行国家及部门的有关规定。

2. 涨价预备费

涨价预备费是指建设项目在建设期间内由于价格等变化引起工程造价变化的预测预留费用，费用内容包括人工、设备、材料、施工机械的价差费，建筑安装工程费及工程建设其他费用调整，利率、汇率调整等增加的费用。

涨价预备费的测算方法，一般根据国家规定的投资综合价格指数，以估算年份价格水平的投资额为基数，采用复利方法计算。其计算公式为：

$$\mathrm{PF}=\sum_{t=0}^{n} I_t[(1+f)^t-1] \tag{2-43}$$

式中：PF——涨价预备费；

n——建设期年份数；

I_t——建设期中第 t 年的投资计划额，包括设备及工器具购置费、建筑安装工程费、工程建设其他费用及基本预备费；

f——年均投资价格上涨率。

2.5.2 建设期利息的计算

建设期利息包括向国内银行和其他非银行金融机构贷款、出口信贷、外国政府贷款、国际商业银行贷款以及在境内外发行的债券等在建设期间内应偿还的贷款利息。建设期利息实行复利计算。

(1) 贷款一次贷出且利率固定时，利息的计算：

$$F = p \times (1+i)^n \tag{2-44}$$

式中：F——建设期末的本利之和；

p——一次性贷款金额；

i——年利率；

n——贷款期限。

(2) 贷款是分年均衡发放时，利息的计算：

建设期利息的计算可按当年借款在年中支用考虑，即当年贷款按半年计息，上年贷款按全年计息。其计算公式为

$$q_j = \left(P_{j-1} + \frac{1}{2}A_j\right) \times i \tag{2-45}$$

式中：q_j——建设期第 j 年应计利息；

P_{j-1}——建设期第(j-1)年末贷款累计金额与利息累计金额之和；

A_j——建设期第 j 年贷款金额；

i——年利率。

国外贷款利息的计算中，还应包括国外贷款银行根据贷款协议向贷款方以年利率的方式收取的手续费、管理费、承诺费，以及国内代理机构经国家主管部门批准的以年利率的方式向贷款单位收取的转贷费、担保费、管理费等。

【例 2.4】 某新建项目，建设期为 3 年，在建设期第一年贷款 300 万元，第二年贷款 400 万元，贷款年利率为 10%，各年贷款均在年内均匀发放。用复利法计算建设期利息。

解：

第一年利息：$q_1 = \frac{1}{2} \times 300 \times 10\% = 15$(万元)。

第一年年末本利之和：$P_1 = 300 + 15 = 315$(万元)。

第二年利息：$q_2 = \left(315 + \frac{1}{2} \times 400\right) \times 10\% = 51.5$(万元)。

第二年年末本利之和：$P_2 = 315 + 400 + 51.5 = 766.5$(万元)。

第三年利息：$q_3 = 766.5 \times 10\% = 76.65$(万元)。

建设期利息：$q = \sum_{j=1}^{3} q_j = 15 + 51.5 + 76.65 = 143.15$(万元)。

2.5.3 固定资产投资方向调节税的构成及计算

为了贯彻国家产业政策，控制投资规模，引导投资方向，调整投资结构，加强重点建设，促进国民经济持续稳定协调发展，1991 年 4 月 16 日，国务院发布了《中华人民共和国固定资产投资方向调节税暂行条例》，对在我国境内进行固定资产投资的单位和个人 (不含中外合资经营企业、中外合作经营企业和外商独资企业)征收固定资产投资方向调节税(简称投资方向调节税)。

1. 投资方向调节税的税率

根据国家产业政策和项目经济规模实行差别税率，税率为 0%、5%、10%、15%、30%五个档次。差别税率按两大类设计：一是基本建设项目投资，二是更新改造项目投资。对前者设计了四档税率，即 0%、5%、15%、30%；对后者设计了两档税率，即 0%、10%。各固定资产投资项目按其单位工程分别确定适用税率。建筑项目投资方向调节税实用税率如表 2-7 所示。

表 2-7 建筑项目投资方向调节税实用税率表

<table>
<tr><th>项目类型</th><th>项目特征</th><th>适应税率/%</th></tr>
<tr><td rowspan="4">基本建设项目</td><td>(1) 国家急需发展的项目，如：农业、林业、水利、能源、交通、通信、原材料、科教、地质、勘探、矿山、开采等基础产业和薄弱环节的部门项目。
(2) 城乡个人修建、购买住宅项目</td><td>0</td></tr>
<tr><td>(3) 国家鼓励发展但受能源、交通等制约的项目，如：钢铁、化工、石油、水泥等部分原材料项目以及一些重要的机械、电子、轻工业和新型建材项目。
(4) 单位修建、购买的一般性住宅项目</td><td>5</td></tr>
<tr><td>(5) 既不鼓励发展，也不限制发展的项目</td><td>15</td></tr>
<tr><td>(6) 楼堂管所及国家严格限制发展的项目。
(7) 单位用公款修建、购买高档标准独门独院、别墅式住宅</td><td>30</td></tr>
<tr><td rowspan="2">更新改造项目</td><td>(8) 企事业单位进行设备更新和技术改造，促进技术进步的项目及国家急需发展的更新改造项目。
(9) 单纯工艺改造和设备更新的项目</td><td>0</td></tr>
<tr><td>(10) 不属于上述提到的更新改造项目</td><td>10</td></tr>
</table>

2. 计税依据

固定资产投资项目实际完成投资额，其中更新改造项目为建筑工程实际完成的投资额。投资方向调节税按固定资产投资项目的单位工程年度计划额预缴。年度终了后，按年度实际投资结算，多退少补。项目竣工后按全部实际投资进行清算，多退少补。

为贯彻国家宏观调控政策，扩大内需，鼓励投资，根据国务院的决定，对《中华人民共和国固定资产投资方向调节税暂行条例》规定的纳税义务人，其固定资产投资应税项目自 2000 年 1 月 1 日起新发生的投资额，暂停征收固定资产投资方向调节税。但该税种并未取消。

本 章 小 结

我国现行的建设项目投资由固定资产投资和流动资产投资两部分组成；设备及工、器具购置费用由设备购置费和工具、器具及生产家具购置费组成；我国现行建筑安装工程费用由直接费、间接费、利润和税金组成；按我国现行规定，预备费包括基本预备费和涨价预备费。

思考与练习

(1) 简述建设项目总投资和固定资产投资的区别和联系。

(2) 工程造价由哪些费用组成？列表说明各项费用的计算方法。

(3) 世界银行工程造价的构成与我国现阶段工程造价的构成有哪些不同？

(4) 简述建筑安装工程造价的组成。

(5) 设备购置费由哪些费用组成？应如何计算国产标准设备的购置费？

(6) 简述抵离岸价的构成及计算方法。

(7) 什么是工程建设其他费？它由哪三类费用组成？

(8) 简述预备费的概念及计算方法。

(9) 简述建设期利息的计算方法。

(10) 某项目总投资为 2000 万元，项目建设期为 3 年，第一年投资为 500 万元，第二年投资为 1000 万元，第三年投资为 500 万元，建设期内年利率为 10%，则建设期应付利息为多少万元？

(11) 某项目的静态投资为 3750 万元，按进度计划，项目建设期为 2 年，2 年的投资分年使用，比例为第一年 40%，第二年 60%，建设期内平均价格变动率预测为 6%，则该项目建设期的涨价预备费为多少万元？

(12) 某项目进口一批工艺设备，其银行财务费为 2.5 万元，外贸手续费为 18.9 万元，关税税率为 20%，增值税税率为 17%，抵岸价格为 1792.19 万元。该批设备无消费税、海关监管手续费，则进口设备的到岸价格为多少万元？

第 3 章　工程造价的计价依据

学习目标

(1) 了解工程造价的计价依据。

(2) 熟悉工程造价的资料管理。

本章导读

目前我国工程造价的计价依据主要如下。

(1) 定额：为完成规定计量单位的分项工程所必需的人工、材料、施工机械台班实物消耗量的标准。它由政府主管部门制定、发布和管理。

(2) 价格：包括人工、材料、施工机械台班价格，由工程造价管理部门依据本地区市场价格行情，定期发布市场指导价格及各相关的指数和信息。目前，有主要材料和次要材料两种。对于前者，每月由定额规定中准价加百分比的浮动幅度，例如钢材、木材暂定为±5%，其余均为±8%；对于次要材料，每半年或一年由定额总站发布一次调整系数。

(3) 费用：由建设部制定统一建设项目总造价及建安工程费用项目组成(包括利润和税金)，由地区行业主管部门测算费率，分别为指令性和指导性费率，供承发包双方执行。

项目案例导入

某工业架空层热力管道工程，由型钢支架工程和管道工程两项工程内容组成。由于现行预算定额中没有适用的定额子目，需要根据现场实例数据，结合工程所在地的人工、材料、机械台班价格，编制每 10 吨型钢支架工程单价。

案例中提到的预算定额是施工工程造价中的一个计价依据，工程造价的计价依据是建设管理科学化的产物，它能反映一定的社会生产水平。那么工程造价的依据主要包括什么呢？它在工程造价中有着什么样的作用？这些都将在本章介绍。

3.1　工程造价计价依据概述

本节主要介绍工程造价计价依据方面的知识，其中包括工程造价计价依据的概念、工程造价计价依据的种类及工程造价计价依据的管理原则。

3.1.1　工程造价计价依据的概念

1. 工程造价计价依据的含义

工程造价计价依据的含义有广义与狭义之分，广义上是指从事建设工程造价管理所需各类基础资料的总称；狭义上是指用于计算和确定工程造价的各类基础资料的总称。

由于影响工程造价的因素很多，每一项工程的造价都要根据工程的用途、类别、规模尺寸、结构特征、建设标准、所在地区、建设地点、市场造价信息以及政府的有关政策具体计算。因此需要确定与上述各项因素有关的各种量化的基本资料作为计算和确定工程造价的计价基础。

计价依据反映的是一定时期的社会生产水平，它是建设管理科学化的产物，也是进行工程造价科学管理的基础。计价依据主要包括建设工程定额、工程造价指数和工程造价资料等内容，其中建设工程定额是工程计价的核心依据。

2. 工程造价计价依据的基本特征

1) 科学性

工程造价计价依据的科学性首先表现在用科学的态度和方法，揭示工程建设过程中资源消耗的客观规律；其次表现在计价依据制定时必须符合国家的有关法律、法规和技术标准，反映一定时期各地生产力发展水平，并充分考虑相关企业生产技术和管理的条件；再次表现在制定计价依据的技术方法上，必须以现代管理科学的理论为指导，通过严密的测定、统计和分析整理进行编制。

2) 权威性

工程计价依据的权威性是指计价依据是由国家或授权部门通过一定程序审批颁发的在一定范围内有效的建设生产消费指标，具有经济法规的性质，所以具有很强的权威性，凡是属于执行范围内的建设、设计、监理、施工等单位，都必须严格遵照执行。权威性的客观基础是其科学性。只有科学的才具有权威性。

应该注意的是，在当前建筑市场不规范的情况下，赋予计价依据权威性是十分重要的，但不利于竞争机制下的工程建设。随着我国建筑市场的逐步完善与规范，计价依据的权威性与政府强制性将逐步削弱，政府的工作核心转移到宏观调控与监督服务上，但对于企业内部制定的企业定额作为一种企业标准，在企业内部坚持其权威性。

3) 统一性

计价依据的统一性，是由国家对经济发展的有计划的宏观调控职能决定的，它是指按照计价依据的执行范围可以划分为全国统一的、行业统一的和地方统一的等各类计价依据；同时，计价依据的制定、颁布和执行有统一的程序、统一的原则、统一的要求和统一的用途。

4) 系统性

计价依据的系统性是指计价依据相互之间相互作用、相互联系形成了一个完整的系统。这是由工程建设特点决定的，工程建设是一个庞大的系统工程，种类多、层次多，与此相适应，以工程建设为服务对象的计价依据也必然是多种类、多层次的。

5) 稳定性和时效性

计价依据反映了一定时期的社会生产力水平和技术管理水平，因而在这一时期具有相对稳定性。保持计价依据的稳定性是维护其权威性以及贯彻和落实计价依据所必需的前提条件。但是，随着生产力水平的发展，计价依据的内容和水平需要不断进行修改、调整和更新，即计价依据具有一定的时效性。

一般情况下，在各种计价依据中，工程量计算规则等比较稳定，能保持十年以上基本不变；基础定额能相对稳定 5～10 年；预算定额一般能稳定 3～5 年；价格信息和工程造价指数等稳定的时间较短，一般只有几个月的时间。

3. 工程造价计价依据的主要作用

计价依据是确定和控制工程造价的基础资料，它依照不同的建设管理主体，在不同的工程建设阶段，针对不同的管理对象具有不同的作用。

1) 是编制计划的基本依据

无论是国家建设计划、业主投资计划、资金使用计划，还是施工企业的施工进度计划、年度计划、月旬作业计划以及下达生产任务单等，都是以计价依据来计算人工、材料、机械、资金等需要数量，合理地平衡和调配人力、物力、财力等各项资源，以保证提高投资与企业经济效益，落实各种建设计划。

2) 是计算和确定工程造价的依据

工程造价的计算和确定必须依赖定额等计价依据。如估算指标用来计算和确定投资估算，概算定额用于计算和确定设计概算，预算定额用于计算和确定施工图预算，施工定额用于计算确定施工项目成本。

3) 是企业实行经济核算的依据

经济核算制是企业管理的重要经济制度，它可以促使企业以尽可能少的资源消耗，取得最大的经济效益，定额等计价依据是考核资源消耗的主要标准。如对资源消耗和生产成果进行计算、对比和分析，就可以发现改进的途径，采取措施加以改进。

4) 有利于建筑市场的良好发育

计价依据既是投资决策的依据，又是价格决策的依据。对于投资者来说，可以利用定额等计价依据有效地提高其项目决策的科学性，优化其投资行为；对于施工企业来说，定额等计价依据是施工企业适应市场投标竞争和企业进行科学管理的重要工具。

计价依据的公开、公平和合理有助于各类建筑市场主体之间展开公平竞争，充分优化市场资源的有效利用。同时，各类计价依据是对大量市场信息的加工、传递和反馈等一系列工作的总和。因此，计价依据的可靠性、完善性与灵敏性是市场成熟和市场效率的重要标志，加强各类计价依据的管理有利于完善建筑市场管理信息系统和提高我国工程造价管理的水平。

3.1.2　工程造价计价依据的种类

1. 工程造价计价依据的种类

工程造价计价依据有很多，概括起来有以下六大类。

1) 计算工程量的依据

(1) 建设项目可行性研究资料。

(2) 初步设计、扩大初步设计、施工图设计等设计图纸和资料。

(3) 工程量计算规则。

2) 计算分部分项工程人工、材料、机械台班消耗量及费用的依据

(1) 企业定额、预算定额、概算定额、概算指标和估算指标等各种定额指标。

(2) 人工、材料、机械台班等资源要素价格。

3) 计算建筑安装工程费用的依据
(1) 措施费费率。
(2) 间接费费率。
(3) 利润率。
(4) 税率。
(5) 工程造价指数。
(6) 计价程序。
4) 计算设备费的依据
计算设备费的依据有设备价格和运杂费率等。
5) 计算工程建设其他费用的依据
(1) 建设工程用地指标。
(2) 各项工程建设其他费用定额。
6) 与计算造价相关的法规和政策依据
(1) 包含在工程造价内的税费等相关税率。
(2) 与产业政策、能源政策、环境政策、技术政策和土地等资源利用政策有关的取费标准。
(3) 利率和汇率。
(4) 其他计价依据。

2. 工程造价计价依据的基本内容

工程造价计价依据的基本内容如下。

(1) 工程定额。包括施工定额、预算定额、概算定额、概算指标与投资估算指标及费用定额。

(2) 工程造价指数。

(3) 工程造价资料。

工程造价资料的内容很多，在这里主要指各类价格资料，如施工资源(如人工、材料、机械台班)单价、工程单价(如工料单价、综合单价)等。

3.1.3 工程造价计价依据的管理原则

1. 工程造价计价依据的管理原则

1) 集中领导与分级管理相结合

工程造价计价依据管理的集中领导，主要体现在统一政策、统一规划、统一组织、统一思想。统一政策就是各部门和地区在大的政策上应该统一；统一规划就是指随着经济发展的要求制定出和国民经济发展计划相适应的发展规划；统一组织就是统一规划和安排部署管理工作，统一分工，组织落实；统一思想就是随着国家经济形势的发展和需要，管理思想要不断转换观念，积极开展工程造价基本理论和基本方法的探讨。

集中领导不意味着管死，它是和分级管理相辅相成的。

分级管理，是指管理的权限划分，按执行范围，分部门、分地区、分级分层的管理。分级管理是由计价依据本身的多种类、多层次决定的，也是由各部门、各地区和企业的具

体情况不同所决定的。

2) 标准化原则

标准化是指为制定和贯彻工程标准而进行的有组织的活动过程。工程建设中物质消耗、时间消耗和资金消耗的尺度，本身就是一种技术经济标准，因此在计价依据管理中贯彻标准化原则尤为重要。

3) 技术与经济相统一

工程建设定额既不是技术定额，也不是单纯的经济定额，而是一种经济技术定额，因为它直接受技术条件、技术因素的约束和影响。所以在管理中应该密切注意研究技术条件和技术因素的状态、影响程度、变化及发展趋势，同时还应注意贯彻国家有关的技术政策，并且鼓励和推动技术的发展。

2. 工程造价计价依据管理的内容

工程造价计价依据管理的内容主要是制定有关法规，制订各类造价依据的编制和修订计划，组织编制和修订，组织造价信息的收集、整理和发布，监督造价依据的正确实施，调查和分析造价依据的利用情况和存在问题，提出改善的对策等。

在我国，造价依据管理始终是工程造价管理的工作重点之一，尤其是各种定额和指标的管理更是重中之重。

3. 工程造价计价依据管理的程序

工程造价计价依据的管理主要是信息收集、信息加工、信息传递和反馈的过程，具体的管理程序如下。

(1) 由管理部门制定和发布有关政策、法规、制度。

(2) 制定造价依据的编制计划和编制方案。

(3) 积累、收集和分析整理基础资料。

(4) 编制或修订造价依据。

(5) 征询和分析对编制初稿的意见。

(6) 调整和修改。

(7) 审批和发行。

(8) 组织实施，解释和答疑。

(9) 承担咨询业务。

(10) 监督执行情况，仲裁纠纷处理。

(11) 收集、储存和反馈工程造价新的信息。

4. 工程造价计价依据在投标中的作用

计价依据的地位主要体现在它的权威性和指导性上。所谓权威性是指由于计价依据涉及参与工程建设各方面的经济关系和利益关系，因此，对于某些相对较稳定的计价依据，如工程量计算规则等，就要赋予其一定的强制性，使其无论对于使用者还是执行者都必须依照计价依据行事。所以，计价一定要规范，应实现数据管理的现代化、标准化和自动化，充分利用计算机管理的系统和高效使技术资料转化为计算机信息进行有效的存贮、管理和利用。同时借鉴国外先进的信息管理经验，依托计算机和互联网这两种现代信息技术，为参加建设项目的各方提供全方位的信息服务。

3.2 工程造价资料的积累与管理

本节将介绍工程造价资料的积累与管理，分别从工程造价资料的积累、工程造价资料的管理两方面进行讲述。

3.2.1 工程造价资料的积累

1. 工程造价资料的概念

工程造价资料是指已建成和在建的有代表性的工程设计概算、施工图预算、工程竣工结算、工程竣工决算、单位工程施工成本以及新材料、新工艺、新设备和新结构等建筑安装分部分项工程的单价资料等。特别是已建成工程的竣工结算和竣工决算资料的积累、分析和运用，对于制定工程宏观管理政策、研究工程造价变化规律、招标投标定价、固定资产价值评估、计算类似工程造价和编制有关定额等具有重要作用。

2. 工程造价资料积累的概念

工程造价资料的积累是指对上述资料的收集、整理与应用等诸项工作的总称。工程造价资料的积累是建设工程造价管理的一项基础工作，全面系统地积累和利用工程造价资料，建立稳定的造价资料积累制度，对加强工程造价管理、合理确定和有效控制工程造价具有十分重要的意义。

3. 工程造价资料积累的内容

工程造价资料积累的内容包括“量”(如主要工程量、材料用量、设备量等)和“价”，还要包括对造价有重要影响的技术经济条件，如工程概况、建设条件等。

1) 建设项目和单项工程造价资料

(1) 对造价有主要影响的技术经济条件。如项目建设标准、建设工期、建设地点等。

(2) 主要的工程量、主要的材料量和主要设备的名称、型号、规格、数量等。

(3) 投资估算、概算、预算、竣工决算及造价指数等。

2) 单位工程造价资料

单位工程造价资料包括工程的内容、建筑结构特征、主要工程量、主要材料的用量和单价、人工工日和人工费以及相应的造价。

3) 其他

有关新材料、新工艺、新设备、新技术分部分项工程的人工工日，主要材料用量，机械台班用量。

4. 工程造价资料的运用

工程造价资料的运用主要有以下几个方面。

(1) 作为编制固定资产投资计划的参考，进行建设成本分析。

(2) 进行单位生产能力投资分析。
(3) 编制投资估算的重要依据。
(4) 编制初步设计概算和审查施工图预算的重要依据。
(5) 确定标的和投标报价的参考资料。
(6) 进行技术经济分析的基础资料。
(7) 编制各类定额的基础资料。
(8) 测定调价系数、编制造价指数的依据。
(9) 研究同类工程造价变化规律的依据。

3.2.2　工程造价资料的管理

1. 建立工程造价资料积累制度

1991 年 11 月，国家建设部印发了关于《建立工程造价资料积累制度的几点意见》的文件，标志着我国的工程造价资料积累制度正式建立起来。工程造价资料积累的目的是为了使不同的用户都可以使用这些资料，从而达到工程造价管理的目的。工程造价资料积累的工作量大、牵涉面广，国外主要是由单位和个人进行有关资料的积累，我国主要是依靠政府有关部门如造价管理站、统计部门等进行有关资料的积累，但也需要有关单位与个人的支持与配合，特别是要让有关单位充分认识到工程造价资料积累的重要意义，促使其主动投入到有关资料的积累活动中去。工程造价资料积累的基础在于广大的建设单位、咨询单位和施工企业等。

2. 资料数据库的建立和网络化管理

为了便于工程造价资料的传输、储存和使用，应积极推广使用计算机建立工程造价的资料数据库，开发通用的工程造价资料管理信息系统，以提高工程造价资料的适用性与可靠性。首先，必须设计出一套科学、系统的工程分类与编码体系；其次，必须开发出一套适用于企业内部与外部、不同的职能部门、不同功能的工程管理软件之间数据共享和协同工作的工程造价管理集成系统，从而实现对人、财、物的统一管理和分级控制，实现造价资料信息的相互交流，从而形成对工程造价资料数据库的网络化管理。

本 章 小 结

工程造价计价依据的含义有广义与狭义之分，广义上是指从事建设工程造价管理所需各类基础资料的总称；狭义上是指用于计算和确定工程造价的各类基础资料的总称。它有着科学性、权威性、统一性、系统性、稳定性和时效性的特征。它的作用：是编制计划的基本依据；是计算和确定工程造价的依据；是企业实行经济核算的依据；有利于建筑市场的良好发育。

工程造价资料的积累是指对上述资料的收集、整理与应用等诸项工作的总称。工程造价资料的积累是建设工程造价管理的一项基础工作，全面系统地积累和利用工程造价资料，

建立稳定的造价资料积累制度，对加强工程造价管理、合理确定和有效控制工程造价具有十分重要的意义。

思考与练习

(1) 工程造价的计价依据是什么？

(2) 工程造价计价依据的基本特征是什么？

(3) 工程造价计价依据应该遵循怎样的管理原则？

(4) 工程造价资料有哪些运用方式？

第4章　建设项目决策阶段的造价管理

学习目标

(1) 了解建设项目决策对工程造价的影响、投资估算的内容、编制依据。

(2) 重点掌握建设方案的选择方法及投资估算的编制方法并能编制投资估算。

本章导读

建设项目决策阶段是对工程造价影响度最高的阶段，这一阶段造价管理的主要工作之一是编制建设项目投资估算并对不同的建设方案进行比选，为决策者提供决策依据。本章主要介绍了寿命期相同和寿命期不同的建设项目方案比选方法及建设项目投资估算的编制方法。

项目案例引入

某城市欲投资建设一个酒店，为此组织开会，就选址、建设规模、装修等问题进行了讨论。最后决定，在市中心经济发达地区投资建设一个中等偏上档次的酒店。会上还讨论了建设方案、项目投资所需要的费用以及建成后的使用费。

案例中所讨论的问题都是建设项目决策期所进行的造价管理。在建筑工程项目管理过程中，投资决策阶段控制工程造价具有十分重要的意义。投资决策阶段控制工程造价，是正确确定建设项目计划投资数额的关键，对项目投资者正确控制投资目标值具有重大意义。不论何种项目，其前期工作的核心是编制符合实际的投资估算值，而正确确定投资估算值，对于以后控制初步设计概算、施工图预算，实现投资者预期的投资效果有着重大的影响。并且，相对于建设项目的其他后续工作来说，投资决策阶段控制造价，对建设项目经济效果好坏的影响最大。因此，在此阶段控制工程造价，对整个建设项目来说，节约投资的可能性最大。在项目的建设过程当中，节约投资的可能性是随着建设过程的进展而不断减少的。一般来说，决策阶段控制造价对项目经济性的影响高达95%～100%，说明建筑工程项目投资决策阶段造价控制的重要性。

4.1　造价管理概述

本节对建设项目决策阶段造价管理进行概述，其中包括建设项目决策对工程造价管理的影响、建设项目决策阶段造价管理的主要内容、建设项目决策方案选择的方法。

4.1.1　建设项目决策对工程造价管理的影响

1. 项目决策的正确性是工程造价合理性的前提

项目决策正确，意味着对项目建设做出科学的决断，选出最合理的投资方案，达到资

源的合理配置。这样才能比较准确地估算出工程造价，并且在投资方案实施过程中，有效地控制工程造价。项目决策失误，主要体现在不该建设的项目进行投资建设，或者项目建设地点的选择错误，或者产品方案不合理、工艺技术不合适等。诸如此类的任何一个决策失误，都会直接带来不必要的资金投入和人力、物力及财力的浪费，由于建设项目的不可逆转性，甚至还会造成不可挽回的损失。在这种情况下，准确合理地计算工程造价与科学地控制造价已经无意义了。因此，要达到工程造价的合理性，事先就要保证项目决策的正确性，避免决策失误。

2. 项目决策的内容是决定工程造价的基础

工程造价的计价与控制贯穿于项目建设的全过程，但决策阶段各项技术经济决策，对该项目的工程造价有重大影响，特别是建设规模的确定、建设地点的选择、工艺的评选、设备的选用等，直接关系到工程造价的高低。据有关资料统计，在项目建设的各大阶段中，投资决策阶段影响工程造价的程度最高，可达到80%～90%。因此，决策阶段项目决策的内容是决定工程造价的基础，直接影响着决策阶段之后的各个建设阶段工程造价的计价与控制是否科学、合理的问题。

3. 项目决策的深度影响投资估算的精确度，也影响工程造价的控制效果

投资决策过程，是一个由浅入深、不断深化的过程，依次分为若干工作阶段，不同阶段决策的深度不同，投资估算的精确度也不同。如投资机会及项目建议书阶段，是初步决策的阶段，投资估算的误差率在±30%左右；而详细可行性研究阶段是最终决策阶段，投资估算误差率在±10%以内。在建设项目的决策阶段、初步设计阶段、技术设计阶段、施工图设计阶段、工程招投标及承发包阶段、施工阶段以及竣工验收阶段，通过工程造价的计价与控制，相应形成投资估算、设计概算造价、修正设计概算造价、施工图预算造价、承包合同价、结算价及实际造价。

这些造价形式之间存在着前者控制后者，后者补充前者这样的相互作用关系。因此，投资估算对其后面的各种形式造价起着制约作用，作为下一阶段投资控制的目标。由此可见，只有提升项目决策阶段的研究深度、采用科学的估算方法和可靠的数据资料、提高投资估算的精度，才能保证其他阶段的造价被控制在合理范围，实现投资控制目标，避免“三超”现象的发生。

4.1.2　建设项目决策阶段造价管理的主要内容

建设项目决策阶段各项技术经济决策，对拟建项目的工程造价有着重大影响，特别是建设标准的确定、建设地点的选择、生产工艺的选定、设备的选用等，对工程造价的高低有着直接、重大影响。在项目建设各阶段中，决策阶段对工程造价的影响度最高，是决定工程造价的基础阶段，直接影响着以后各阶段工程造价管理的有效性与科学性。因此，在建设项目决策阶段，应加强以下对工程造价影响较大因素的管理，为有效控制工程造价管理打下基础。

1. 项目建设规模的选择

项目建设规模也称生产规模，是指项目设定的正常生产运营年份可能达到的生产或者服务能力。合理的项目建设规模要根据市场、技术、资源、资金、环境、技术进步、管理水平、规模经济性等因素来确定。选择建设项目规模时，要考虑以下的制约因素。

1) 市场因素

市场因素是制约项目规模的首要因素。拟建项目的市场需求状况是确定项目建设规模的前提。因此，首先应根据市场调查和预测得出的有关产品市场信息来确定项目建设规模。除此之外，还应考虑原材料、能源、人力资源、资金的市场供求状况，这些因素也对项目建设规模的选择起着不同程度的制约作用。

2) 技术因素

生产技术决定着主导设备的技术经济参数。先进的生产技术及技术装备是实现项目预期经济效益的物质基础，而技术人员的管理水平则是实现项目预期经济效益的保证。如果与经济规模生产相适应的技术及装备的来源没有保障，或获取技术的成本过高，或技术管理水平跟不上，则不仅预期的规模效益难以实现，而且还会给拟建项目带来生存和发展危机。因此，在研究确定项目建设规模时，应综合考虑拟选技术对应的标准规模、主导设备制造商的水平、技术管理水平等因素。

3) 环境因素

项目的建设、生产、经营离不开一定的自然环境和社会经济环境。在确定项目规模时不仅要考虑可获得的自然环境条件，还要考虑产业政策、投资政策、技术经济政策等政策因素，以及国家、地区、行业制定的生产经济规模标准。为了取得较好的经济效益，国家对部分行业的新建规模作了下限规定，在选择拟建项目规模时应遵照执行，并尽可能地使项目达到或接近经济规模，以提高项目的市场竞争能力。

2. 生产技术方案的选择

生产技术方案的选择主要包括生产工艺方案的选择和设备的选用两方面。

1) 生产工艺方案的选择

生产工艺方案选择的标准主要有先进适用和经济合理两项。

(1) 先进适用。先进适用是评定工艺方案的最基本标准。工艺技术的先进性决定项目的市场竞争力，因而在选择工艺方案时，首先要满足工艺技术的先进性。但是不能只强调工艺的先进性而忽视其适用性。就引进技术而言，世界上最先进的工艺，往往因为对原材料的要求比较高、国内设备不配套或技术不容易掌握等原因而不适合我国的实际需要。因此，拟采用的工艺技术应与我国的资源条件、经济发展水平和管理水平相适应，还应与项目建设规模、产品方案相适应。

(2) 经济合理。经济合理是指所采用的工艺技术能以较低的成本获得较大的经济收益。不同的技术方案的技术报价、原材料消耗量、能源消耗量、劳动力需要量和投资额等各不相同，产品质量和单位产品成本等也不同，因而应计算、分析、比较各方案的各项财务指标，进行综合比较分析，选出技术上可行、经济上合理的工艺方案。

2) 主要设备的选择

设备的选择是根据工艺方案的要求以及经济技术比较分析而选定的，在选择时应注意

以下问题。

(1) 要尽量选用国产设备。凡国内能够制造，并能保证质量、数量和按期供货的设备，或者进口一些技术资料就能仿制的设备，原则上必须国内生产，不必从国外进口；凡只进口关键设备就能同国产设备配套使用的，就不必进口成套设备。

(2) 要注意引进设备的衔接配套问题。有时一个项目从国外引进设备时，由于考虑各设备制造商的技术特长及价格问题，可能分别向几家制造商购买不同的设备，这时，就必须考虑各厂商所提供设备之间的技术、效率等衔接配套问题。为避免这类问题的发生，在引进设备时，最好采用总承包采购方式，让总承包商负责协调解决设备的技术衔接配套问题。还有些项目，一部分为进口设备，另一部分为国产设备，这时就要考虑进口设备与国产设备之间的衔接配套问题。对于技术改造项目，要考虑进口设备与原有设备、厂房之间的配套问题。

(3) 要注意进口设备所需的原材料、备品备件的供应及维修问题。一般情况下应尽量避免进口主要原材料需要进口的设备。在备品备件的供应方面，随机供应的备品备件数量有限，有些备品备件在厂家输出技术或设备之后不久就被淘汰，因此，在选择进口设备时就要注意备品备件的供应时间、国内的研发及生产能力、价格问题；另外，在进口设备时，还要注意设备的维修技术学习和维修费用问题，以保证设备在寿命期内能正常运行，同时尽可能降低维修费用。

3. 建设地区及建设地点的选择

一般情况下，确定某个建设项目的具体地址(或厂址)，需要经过建设地区选择和建设地点选择(厂址选择)这样两个不同层次的选择。建设地区选择是指拟建项目适宜投资在哪个地区的选择；建设地点选择是指对项目具体坐落位置的选择。

1) 建设地区的选择

建设地区选择得合理与否，在很大程度上决定着拟建项目的命运，不仅影响着工程造价的高低，还影响到项目建成后的运营成本。因此，建设地区的选择要充分考虑各种因素的制约，遵循以下三原则。

(1) 符合国民经济发展战略规划、国家工业布局总体规划和地区经济发展规划的要求。

(2) 靠近原材料、能源提供地和市场。满足这一要求，在项目建成投产后，可以避免原料、燃料和产品的长期远途运输，减少费用，降低产品的生产成本；并且缩短流通时间，加快流动资金的周转速度。对于大量消耗原材料项目，如农产品、矿产品的初步加工项目，应尽可能靠近原料产地，以减少原材料长途运输的损耗和费用；对于能耗高的项目，如电解铝厂，应尽量靠近电厂，以取得廉价电能和减少电能运输损失所获得的利益；而对于技术密集型的建设项目，其选址宜在大中城市，以充分利用大中城市工业和科学技术力量雄厚，协作配套条件完备、信息灵通的有利条件。

(3) 工业项目聚集规模适当。在工业布局中，通常是一系列相关的项目聚成适当规模的工业基地和城镇，从而有利于发挥“集聚效益”。选择在工业项目聚集规模适当的地方投资拟建项目，可以分享“集聚效益”：第一，现代化生产是一个复杂的分工合作体系，只有相关企业集中配置，才能对各种资源和生产要素充分利用，便于形成综合生产能力；第二，企业布点适当集中，才可能统一建设比较齐全的基础设施，避免重复建设，节约投资，提高这些设施的效益；第三，企业布点适当集中，能获得各种高质量的劳动力、各种各样的服务、地方物质和大量的信息。

但是，工业布局的聚集程度并非越高越好。当工业聚集超越客观条件时，也会带来许多弊端，如运输成本增加、水源不足、环境污染等，从而促使项目投资增加，经济效益下降。当工业集聚带来的“外部不经济性”的总和超过生产集聚带来的利益时，综合经济效益反而下降，这就表明集聚程度已超过经济合理的界限。

2) 建设地点(厂址)的选择

建设地点的选择直接影响到项目建设投资、建设速度和施工条件，以及未来企业的运营费用。因此，必须从建设项目的全局出发，进行系统分析和决策。建设地点的选择应尽量满足以下要求。

(1) 符合项目拟建地区城镇规划和工业布局的要求。

(2) 应尽可能节约土地，尽量把厂址放在荒地和不可耕种的地点，避免大量占用耕地，以减少土地的使用费，节约项目建设投资。

(3) 应尽量选在工程地质、水文地质条件较好的地段。地基承载力应满足拟建厂的要求，严防选在断层、熔岩、流沙层与有用矿床上以及洪水淹没区、已采矿坑塌陷区、滑坡区上建厂。厂址的地下水位应尽可能低于地下建筑物的基准面。

(4) 厂区的土地面积与外形能满足厂房与各种构筑物的需要，适合于按科学的工艺流程布置厂房与构筑物，并留有一定的发展余地。

(5) 厂区的地形力求平坦而略有坡度 (一般 5%～10%为宜)，以减少平整土地的土方工程量，既节约投资，又便于地面排水。

(6) 应靠近铁路、公路、水路，以缩短运输距离，减少建设投资及运营费用。

(7) 应便于供电、供热和其他协作条件的取得。

(8) 应尽量减少对环境的污染。对于大量排放有害气体和烟尘的项目，不能建在城市的上风口，以免对整个城市造成污染；对于噪声大的项目，厂址应选在距离居民集中地区较远的地方；同时，要设置一定宽度的绿带，以减弱噪声的干扰。

4.1.3 建设项目决策方案选择的方法

1. 生命期相同的方案比选

对于生命期相同的方案，计算期通常设定为其生命，这样能满足在时间上可比性的要求。生命期相同的互斥方案的比选方法一般有净现值(FNPV，Financial Net Present Value)法、内部收益率法、最小费用法等。

1) 净现值法

净现值法就是通过计算各个备选方案的净现值并比较其大小而判断方案的优劣。它是多方案比选中最常用的一种方法。

净现值法的基本步骤如下。

(1) 分别计算各方案的净现值，剔除 FNPV＜0 的方案。

(2) 比较所有 FNPV ≥ 0 的方案的净现值，净现值最大的方案为最佳方案。

净现值法是对寿命期相同的互斥方案进行比选时最常用的方法。有时我们采用不同评价指标对方案进行比选时，会得出不同的结论，这时往往以净现值指标为最后衡量的标准。

2) 差额内部收益率法

差额内部收益率法实质上是分析投资大的方案所增加的投资能否用其增量收益来补偿，即对增量的现金流量的经济合理性做出判断。通过计算增量净现金流量的财务内部收益率来比选方案，这样就能保证方案比选结论的正确性。其计算公式为

$$\sum_{t=0}^{n}[(\mathrm{CI}-\mathrm{CO})_2-(\mathrm{CI}-\mathrm{CO})_1]_t(1+\Delta\mathrm{FIRR})^{-t}=0 \tag{4-1}$$

式中 $(\mathrm{CI}-\mathrm{CO})_2$：投资大的方案年净现金流量；

$(\mathrm{CI}-\mathrm{CO})_1$：投资小的方案年净现金流量；

$\Delta\mathrm{FIRR}$：差额投资财务内部收益率。

差额内部收益率法的计算步骤如下。

(1) 计算各备选方案的 FIRR，设 $\mathrm{FIRR}\geqslant i_c$。方案按投资额由小到大依次排序。

(2) 计算排在最前面的两个方案的差额内部收益率 $\Delta\mathrm{FIRR}$，若 $\Delta\mathrm{FIRR}\geqslant i_c$，则投资大的方案优于投资小的方案；反之，则投资小的方案优。

(3) 将选出的方案集中与相邻方案两两比较，直至全部方案比较完毕，最后保留的方案就是最优方案。

【例 4.1】某建设项目有三个设计方案，其寿命期均为 10 年，各方案的初始投资和年净收益如表 4-1 所示，且 $i_c=10\%$。

表 4-1　各方案的净现金流量表　　单位：万元

方案＼年份	0	1～10
A	−170	44
B	−260	59
C	−300	68

解：

$$\left(\frac{P}{A},\mathrm{FIRR}_A,10\right)=0,\rightarrow \mathrm{FIRR}_A=22.47\%$$

$$-260+59\left(\frac{P}{A},\mathrm{FIRR}_B,10\right)=0,\rightarrow \mathrm{FIRR}_B=18.49\%$$

$$-300+68\left(\frac{P}{A},\mathrm{FIRR}_C,10\right)=0,\rightarrow \mathrm{FIRR}_C=18.52\%$$

三个方案的内部收益率均大于基准收益率。

根据差额内部收益率公式：

$$-(260-170)+(59-44)\left(\frac{P}{A},\Delta\mathrm{FIRR}_{B-A},10\right)$$
$$=0,\rightarrow \Delta\mathrm{FIRR}_{B-A}=10.43\%>i_c=10\%$$

方案 B 优于方案 A，保留 B 方案，继续进行比较。

将方案 B 与方案 C 进行比较：

$$-(300-260)+(68-59)\left(\frac{P}{A},\mathrm{FIRR}_{\mathrm{C-B}},10\right)$$

$$=0,\rightarrow \mathrm{FIRR}_{\mathrm{C-B}}=18.68>i_{\mathrm{c}}=10\%$$

方案 C 优于方案 B，方案 C 为最佳方案。

3) 最小费用法

在实际工作中，我们常会遇到这样一类问题，两个或几个方案的产出效果相同或基本相同而且难以进行具体估算，如环保、教育、国防等项目，其产生的效益很难用货币量化，因此得不到项目预期的现金量情况。在这种情况下，就不可能用净现值法或差额内部收益率法进行比较选择，只假定各方案的收益是相同的，对各方案的费用进行比较，费用最小的方案最优。最小费用法包括总费用法和年费用法。

2. 寿命期不同的方案比选

1) 年值(AV)法

年值法是对寿命期不相等的互斥方案进行比选时用到的一种最简明的方法。年值法的计算步骤如下。

(1) 分别计算各方案净现金流量。

(2) 计算各净现金流量的等额年值(AV)并进行比较，以 AV ≥0，且 AV 最大者为最优。

其计算公式为

$$\mathrm{AV}=\sum_{t=0}^{n}[(\mathrm{CI}-\mathrm{CO})_t(1+i_{\mathrm{c}})^{-t}]\left(\frac{P}{A},i_{\mathrm{c}},n\right)=\mathrm{FNPV}\left(\frac{P}{A},i_{\mathrm{c}},n\right) \tag{4-2}$$

【例 4.2】某建设项目有 A、B 两个方案，其净现金流量情况如表 4-2 所示，若 i_{c}=10% ，试用年值法对方案进行比选。

表 4-2　A，B 两方案的净现金流量表　　单位：万元

年份 方案	1	2～5	6～9	10
A	−400	80	80	110
B	−120	60		

解：

$$\mathrm{FNPV_A}=-400\left(\frac{P}{F},10\%,1\right)+80\left(\frac{P}{A},10\%,8\right)\left(\frac{P}{F},10\%,1\right)+110\left(\frac{P}{F},10\%,10\right)=667\,500$$

$$\mathrm{FNPV_B}=-120\left(\frac{P}{F},10\%,1\right)+60\left(\frac{P}{A},10\%,4\right)\left(\frac{P}{F},10\%,1\right)=631\,000$$

$$\mathrm{AV_A}=\mathrm{FNPV_A}\left(\frac{A}{P},i_{\mathrm{c}},n_{\mathrm{A}}\right)=667\,500\times0.163=108\,802$$

$$\mathrm{AV_B}=\mathrm{FNPV_B}\left(\frac{A}{P},i_{\mathrm{c}},n_{\mathrm{A}}\right)=631\,000\times0.264=1\,665\,840$$

由于 $\mathrm{AV_B}>\mathrm{AV_A}$，且均大于零，因此方案 B 优于方案 A。

2) 最小公倍数法

最小公倍数法又称方案重复法，是以各方案寿命期的最小公倍数作为进行方案比选的共同计算期，并假设各方案均在这样一个共同的计算期内重复进行，对各方案计算期内各自的净现金流量进行重复计算，直至与共同的计算期相等。计算的净现值最大的方案为最优方案。例如，某一项目的水泥混凝土路面方案预估寿命为 18 年，而沥青混凝土路面方案预估寿命期为 12 年，这两个方案可以在 36 年的计算期内进行比较。其中，水泥混凝土重复实施一次，而沥青混凝土重复实施两次。

因为年值法不需要调整费用或寿命期，所以对寿命期不等的方案进行经济分析时应优先选用年值法。

3) 研究期法

在用最小公倍数对互斥方案进行比选时，如果方案的最小公倍数比较大，就需要对计算期较短的方案进行多次的重复计算，而这与实际情况显然不符合；由于技术进步，同一个方案在较长一段时间内重复实施的可能性不大，因此，用最小公倍数法得出的评价结论可信度就大大降低。为此，我们可采用研究期法进行方案评价。

研究期法的步骤如下。

(1) 对寿命期不相等的互斥方案，直接选取一个适当的分析期作为各个方案的共同计算期。

(2) 计算各方案在该计算期内的净现值，净现值最大的方案为最优方案。

【例 4-3】 A、B 两个项目的净现金流量如表 4-3 所示，若 i_c=10% ，试用研究期法对方案进行比较。

表 4-3 A、B 两个项目的净现金流量表　　单位：万元

项目 \ 年份	1	2	3～7	8	9	10
A	-580	-300	380	450		
B	-1300	-900	800	800	800	950

解：

$$\text{FNPV}_A = 6\,252\,600$$

$$\text{FNPV}_B = \left[-1300\left(\frac{P}{F},10\%,n\right) - 900\left(\frac{P}{F},10\%,2\right) + 800\left(\frac{P}{A},10\%,n\right)\left(\frac{P}{F},10\%,1\right) + 950\left(\frac{P}{F},10\%,10\right)\right]\left(\frac{A}{P},10\%,10\right)\left(\frac{P}{A},10\%,8\right) = 14\,326\,400$$

注意：计算 FNPV_B 时，要先计算 B 在其寿命期内的净现值，然后再计算 B 在共同计算期(8 年)内的净现值。

由于 $\text{FNPV}_B > \text{FNPV}_A > 0$，所以 B 方案优于 A 方案。

4.2　建设项目投资估算的编制

本节主要介绍建设项目投资估算的编制，其中包括投资估算的内容及编制依据、投资估算的编制等内容。

4.2.1　投资估算的内容及编制依据

1. 投资估算的内容

按照《投资项目可行性研究指南》的划分，建设项目总投资由建设投资(也称固定资产投资)和流动资金两部分构成。在编制投资估算时，需对建设投资(也称固定资产投资)和流动资金分别进行估算。

固定资产投资构成中(固定资产投资方向调节税暂停征收)的建筑安装工程费、设备及工器具购置费、建设期利息在项目交付使用后形成固定资产；预备费一般也按形成固定资产考虑。按照有关规定，工程建设其他费用将分别形成固定资产、无形资产及其他资产。

固定资产投资可分为静态部分和动态部分。静态投资部分由建筑安装工程费、设备及工器具购置费、工程建设其他费用、基本预备费构成；动态投资部分由涨价预备费、建设期利息构成。

流动资金是指生产经营性项目投产后，用于购买原材料燃料、支付工资及其他经营费用等所需的周转资金。它是伴随着固定资产投资而发生的长期占用的流动资产投资。流动资金=流动资产−流动负债。其中，流动资产主要考虑现金、应收账款和存货；流动负债主要考虑应付账款。因此，流动资金的概念，实际上就是财务中的营运资金。

2. 投资估算的编制依据

(1) 项目建议书(或建设规划)、可行性研究报告(或设计任务书)、建设方案。

(2) 估算指标、概算指标、概预算定额、技术经济指标、造价指标、类似工程概预算。

(3) 专门机构发布的建设工程造价费用构成、工程建设其他费用、间接费、税金的取费标准及计算方法、物价指数。

(4) 设计参数，包括各种建筑面积指标、能源消耗指标等。

(5) 现场情况，如地理位置、地质条件、交通、供水、供电条件等。

(6) 其他经验数据，如材料、设备运杂费率、设备安装费率等。

以上资料越具体、越完备，编制的投资估算就越准确。

4.2.2　投资估算的编制

1. 固定资产投资简单估算法

静态投资估算编制方法如下。

(1) 资金周转率法。这是一种用资金周转率来推测投资额的简便方法。计算公式为：

$$投资额=年产量\times产品单价\div资金周转率 \tag{4-3}$$

拟建项目的资金周转率可以根据已建类似项目的有关数据进行测算，即资金周转率=年销售额÷总投资=年产量×产品单价÷总投资，然后按上式根据拟建项目设计的年产量及销售单价估算拟建项目的投资额。

(2) 生产能力指数法。这种方法是根据已建成的性质类似的建设项目或生产装置的投资额和生产能力及拟建项目或生产装置的生产能力估算拟建项目的投资额。其计算公式为：

$$C_2 = C_1\left(\frac{Q_2}{Q_1}\right)^n f \tag{4-4}$$

式中：C_1——拟建项目或装置的投资额；

C_2——已建类似项目或装置的投资额；

Q_1——已建类似项目或装置的生产能力；

Q_2——拟建项目或装置的生产能力；

f——不同时期、不同地点的定额、单价、费用变更等的综合调整系数；

n——生产能力指数，其取值范围为：$0 \leqslant n \leqslant 1$。

若已建类似项目或装置的规模和拟建项目或装置的规模相差不大，生产规模比值在0.5～2之间，则指数 n 的取值近似为1。

若已建类似项目或装置与拟建项目或装置的规模相差不大于50倍，且拟建项目规模的扩大仅靠增大设备规模来达到时，则 n 的取值在0.6～0.7之间；若拟建项目规模的扩大靠增加相同规格设备的数量达到时，n 的取值在0.8～0.9之间。

采用这种方法，要求类似工程的资料可靠，条件基本相同，不需要较详细的工程设计资料，只知道工艺流程及生产规模即可快速估算出拟建项目的投资额。对于总承包商而言，可以采用这种方法估价。

【例 4.4】已知1992年在某地建设年产30万吨合成氨工厂的投资额为25 000万元，试估算1998年在同一地区建设年产45万合成氨的工厂需要投资多少。假定从1992到1998年平均工程造价指数为1.10，合成氨的生产能力指数为0.9。

解：

$$C_2 = C_1\left(\frac{Q_2}{Q_1}\right)^n f = 25\,000\times\left(\frac{45}{30}\right)^{0.9}\times(1.10)^6 = 63\,776.2 \quad (万元)$$

(3) 比例估算法。

① 以拟建项目或装置的设备费为基数，根据已建成的同类项目或装置的建筑安装费和其他工程费用等占设备价值的百分比，求出相应的建筑安装费及其他工程费用等，再加上拟建项目的其他有关费用，其总和即为项目或装置的投资。其计算公式为：

$$C = E(1 + f_1p_1 + f_2p_2 + f_3p_3 + \cdots) + I \tag{4-5}$$

式中：C——拟建项目或装置的投资额；

E——根据拟建项目或装置的设备清单按当时当地价格计算的设备费(包括运杂费)的总和；

p_1、p_2、p_3、…——已建项目中建筑、安装及其他工程费用等占设备费的百分比；

f_1、f_2、f_3、…——由于时间因素引起的定额、价格、费用标准等变化的综合调整系数；

I——拟建项目的其他费用。

② 以拟建项目中的最主要、投资比重较大并与生产能力直接相关的工艺设备的投资(包括运杂费及安装)为基数，根据已建同类项目的有关统计资料，计算出已建项目的各专业工程(如总图、土建、暖通、给排水、管道、电气及电信、自控及其他工程费用等)占工艺设备投资的百分比，据以求出各专业的投资，然后把各部分投资费用(包括工艺设备费)相加求和，再加上工程其他有关费用，即为项目的总投资。计算公式为：

$$C = E(1 + f_1 p_1 + f_2 p_2 + f_3 p_3 + \cdots) + I \tag{4-6}$$

式中：p_1、p_2、p_3、…——各专业工程费用占工艺设备费用的百分比；其他符号的含义同上。

(4) 系数法。

① 朗格系数法。这种方法是以设备费为基数，乘以其他各系数来估算拟建项目的建设费用。计算公式为：

$$D = C \times (1 + \sum K_i) \times K_{\mathrm{c}} \tag{4-7}$$

式中：D——总建设费用；

C——主要设备费用；

K_i——管线、仪表、建筑物等项费用的估算系数；

K_{c}——管理费、合同费、应急费等间接费在内的总估算系数。

总建设费用与设备费用之比为朗格系数 K_{L}，即：

$$K_{\mathrm{L}} = (1 + \sum K_i) \times K_{\mathrm{c}} \tag{4-8}$$

这种方法比较简单，各估算系数的取值主要来源于已建同类项目的经验数据及积累的工程造价资料。由于没有考虑设备规格、材质的差异，所以精确度不高。

② 设备与厂房系数法。对于一个生产性项目，如果设计方案已确定了生产工艺，而且初步选定了工艺设备并进行了工艺布置，就有了工艺设备的重量及厂房的高度和面积，则工艺设备投资和厂房土建的投资就可分别估算出来。项目的其他费用，与设备关系较大的按设备投资系数(占设备投资的百分比)计算，与厂房土建关系较大的则按厂房土建投资系数计算，两类投资加起来就得出整个项目的投资。

例如，一个轧钢车间的工艺设备投资和厂房土建投资已经估算出来，则起重运输设备、加热炉及烟囱烟道、汽化冷却、余热锅炉、供电及传动、自动化仪表等的投资费用就可按制备投资系数(这些系数可按已建项目的有关数据计算出来，或从积累的工程造价资料中取得)估算出来；给排水工程、采暖通风、工业管道、电气照明等可按厂房土建投资系数估算出来，这样整个车间的投资就可估算出来，以此估算出所有车间的投资即可得出拟建项目的投资估算。

③ 主要车间系数法。对于生产性项目，在设计中若主要考虑了主要生产车间的产品方案和生产规模，可先采用合适的方法计算出主要车间的投资，然后利用已建类似项目的投资比例计算出辅助设施、总图运输、行政及生活福利设施等占主要生产车间投资的系数，估算出总的投资。

(5) 指标法。即采用投资估算指标、概算指标、技术经济指标、造价指标等来编制投资估算。这些指标的表现形式较多，如元/km、元/m^2、元/m^3、元/t、元/kw 等。根据这些指标，乘以相应的长度、面积、体积、产量、容量等，就可以估算出土建工程、给排水工程、照明工程、采暖工程、变配电工程等各单位工程的投资，在此基础上汇总成某一单项工程

的投资，再估算工程建设其他费用及基本预备费，即可得出所需投资的估算。

在项目建议书阶段，也可以根据建设项目综合指标或单项工程指标直接估算出项目或各单项工程的投资。

采用指标法估算拟建项目的投资时，要根据国家有关部门、协会颁布的各种指标，结合工程的具体情况编制。如果套用的指标与具体工程之间的标准或条件有差异时，就作必要的调整或换算；还要根据不同地区、时间进行调整。

就工业建筑项目而言，目前各专业部如钢铁、轻工业、纺织工业部等，针对不同规模的年生产能力(如年产钢若干吨、造纸若干吨、织布若干米)编制了投资估算指标，其中包括工艺设备购置费、建筑安装工程费、工程建设其他费用等的实物消耗量指标、编制年度的造价指标、取费标准及价格水平等内容。根据年生产能力套用相应的指标，对某些应调整的内容进行调整后，即可编制出拟建项目固定资产投资估算。

辅助项目及构筑物等则一般以 100 m^2 建筑面积或“座”“m^3”等指标，包括的内容、指标的套用方法、调整方法与上述主要项目相同。

民用建筑项目的各种指标大都是以 100 m^2 建筑面积为单位，指标内容包括工程特征、主要工程量指标、主要材料及人工实物消耗量指标及造价指标，其使用方法与工业建筑相同。民用建筑的各种指标目前大都以单项工程编制，其中包括配套的土建、水、暖、空调、电气等单位工程内容。

目前各地对各类建筑都编有每平方米建筑面积的有一定幅度 (在一定范围内)的工程造价指标(土建、水、暖、空调、电气)，编制投资估算时，只要按结构类型套用，并对时间、地点的差异作调整即可。

(6) 民用建筑快速投资估算编制法。使用这种方法编制投资估算的前提是积累和掌握了大量的各种单位造价指标、速估工程量指标(见表 4-4)和设计参数，如各类民用建筑的单位耗热、耗冷(见表 4-5)、耗电量指标等，根据各单位工程的特点，分别以不同的合理的计量单位(改变采用单一的以建筑面积为计量单位的不合理性)，结合拟建工程的具体特点，灵活快速地算出所需投资。

表 4-4　每平方米建筑面积冷负荷指标估算表

序　号	项　目	单　位	速估指标
1	钢筋混凝土桩基础(长 10 m 内)	m^3 /基础 m^2	0.45～0.6
2	钢筋混凝土单层地下室 (1) 底板厚内	m^3 /基础 m^2	1.00～1.10 其中，底板 50%，顶板 15%，其余为内外墙、柱等
	(2) 底板厚内	m^3 /基础 m^2	1.50～1.60 其中顶板 10%,其余同上
	(3) 底板厚内	m^3 /基础 m^2	0～2.20 顶板 8%，其余同上

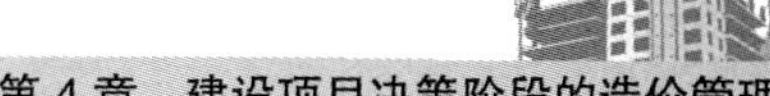

续表

序号	项目	单位	速估指标
3	上部结构为现浇框架	m^3/上部建筑 m^2	0.3～0.45 其中柱 16%，框架梁 22%，梁板 23%，内墙板 1%，电梯井壁 7%，其他 2%
4	上部结构为全现浇剪力 墙(高层住宅为主)	m^3/上部建筑 m^2	0.35～0.4 其中墙体 60%，板 30%，电梯井壁 4%，楼梯、阳台、挑檐 5%，其他 1%
5	上部结构，砖混(多层住宅为主)	m^3/上部建筑 m^2	0.2～0.25 其中板梁 8%，构造柱 8%，圈梁 10%，过梁 5%，墙 6%，其他(楼梯、阳台、挑檐等)13%
6	无黏结预应力楼板	m^3/楼板 m^2	0.2～0.25 预应力钢丝束双向 6～7 kg/m^2 单向 3～4 kg/m^2，一般配件 24 kg/m^2

注：序号 5 指标中，圈梁、过梁如已综合在砖墙内，可将指标减少为 0.17～0.21 m^3/m^2。构造柱如按 m 计算时，可按 0.092 m^3/m 折算，墙是预制薄隔墙板。

表 4-5　各建筑类别指标表

建 筑 类 别	指标(W)	附　注	说　明
旅馆	70～81		1．建筑物总面积＜5000 ㎡时取上限值，＞10 000 ㎡时，取下限值。 2．按本表确定的指标即是制冷机的容量，不再加系数。 3．本表除注明情况外，不论是否局部有空调，均按全部建筑面积计算。 本表选自《民用建筑采暖通风设计技术》
办公楼	84～98		
图书馆	35～41	博物馆可供参考	
商店	56～65	只营业厅有空调	
体育馆	209～244	按比赛面积计算	
体育馆	105～122	按总建筑面积计算	
影剧院	84～98	只电影厅有空调	
大剧院	105～128		
医院	58～81		
星级饭店	105～116		

这种方法的特点是快速、准确，能密切结合具体工程的实际情况，利用各种设计参数以及合理的计量单位，弥补了名目繁多的建筑工程缺乏的各种估算指标、概算指标的不足，而且避免了直接套用各估算指标要做调整和换算的繁琐性，是一种比较实用的方法。

2. 固定资产投资分类估算法

这种方法是按照固定资产投资的构成，分别估算设备及工器具购置费、建筑工程费、安装工程费、工程建设其他费用、基本预备费、涨价预备费、建设期利息，然后再把各项汇总，估算出固定资产投资额。

1) 设备、工器具购置费的估算

2) 建筑工程费的估算

建筑工程费是指为建造永久性和大型临时性建筑物和构筑物所需要的费用。

建筑工程费估算一般可采用以下三种方法。

(1) 单位建筑工程投资估算法。单位建筑工程投资估算法，是以单位建筑工程量的投资乘以建筑工程总量来估算建筑工程投资费用的方法。一般工业与民用建筑以单位建筑面积(m^2)的投资，工业窑炉砌筑以单位容积(m^3)的投资，水库以水坝单位长度 (m)的投资，铁路路基以单位长度(km)的投资，矿山掘进以单位长度(m)的投资，乘以相应的建筑工程总量计算建筑工程费。

(2) 单位实物工程量投资估算法。单位实物工程量投资估算法，是以单位实物工程量的投资乘以实物工程总量来计算建筑工程投资费用的方法。土石方工程按每立方米投资，矿井巷道衬砌工程按每延长米投资，路面铺设工程按每平方米投资，乘以相应的实物工程总量计算建筑工程费。

(3) 概算指标投资估算法。在估算建筑工程费时，对于没有上述估算指标，或者建筑工程费占建设投资比例较大的项目，可采用概算指标估算法。建筑安装工程概算指标通常是以整个建筑物为对象，以建筑面积、体积或成套设备安装的台或组为计量单位而规定的劳动、材料和机械台班的消耗量标准和造价指标。采用这种估算法，应占有较为详细的工程资料、建筑材料价格和工程费用指标。采用该方法投入的时间和工作量较大，具体方法参照专门机构发布的概算编制办法。

3) 安装工程费的估算

安装工程费通常按行业有关安装工程定额、取费标准和指标估算投资额。其计算公式如下：

$$\text{安装工程费}=\text{设备原价}\times\text{安装费率} \tag{4-9}$$

$$\text{安装工程费}=\text{设备重量}\times\text{每吨安装费} \tag{4-10}$$

$$\text{安装工程费}=\text{安装工程实物量}\times\text{安装费用指标} \tag{4-11}$$

3. 流动资金估算

流动资金估算通常有分项详细估算法和扩大指标估算法两种方法。

1) 分项详细估算法

分项详细估算法也称定额估算法，是对流动资金构成的各项流动资产和流动负债分别进行估算。为简化起见，在可行性研究阶段仅对存货、现金、应收及预付账款四项内容进行估算。其具体计算公式如下：

$$\text{流动资金}=\text{流动资产}-\text{流动负债} \tag{4-12}$$

$$\text{流动资产}=\text{应收账款}+\text{存货}+\text{现金} \tag{4-13}$$

$$\text{流动负债}=\text{应付账款} \tag{4-14}$$

$$\text{流动资金本年增加额}=\text{本年流动资金}-\text{上年流动资金} \tag{4-15}$$

流动资金估算的具体步骤是：首先计算存货、现金、应收账款和应付账款的年周转次数，然后分项估算资金占用额，再代入公式(5-11)，即可求出拟建项目所需的流动资金总额。

(1) 周转次数计算。

$$\text{周转次数}=360\div\text{最低周转天数} \tag{4-16}$$

存货、现金、应收账款和应付账款的最低周转天数，可参照类似企业的平均周转天数

并结合项目特点确定，或按部门(行业)规定计算。

(2) 应收账款估算。应收账款是指企业对外销售商品、提供劳务尚未收回的资金，包括很多科目。在编制流动资金投资估算时，应收账款的周转额一般按达到拟建项目设计生产能力的全年销售收入计算。其计算公式为：

应收账款=年销售收入÷应收账款周转次数　　(4-17)

(3) 存货估算。存货是企业为销售或耗用而储备的各种货物，主要有原材料、辅助材料、燃料、低值易耗品、维修备件、包装物、在产品、自制半成品和产成品等。为简化计算，仅考虑外购原材料、外购燃料、在产品和产成品，并分项进行计算。具体计算公式为：

存货=外购原材料+外购燃料+在产品+产成品　　(4-18)

外购原材料=年外购原材料÷按种类分项周转次数　　(4-19)

外购燃料=年外购燃料÷按种类分项周转次数　　(4-20)

在产品= (年外购原材料+年外购燃料+年工资及福利费+年修理费+年其他制造费用)÷在产品周转次数　　(4-21)

产成品=年经营成本÷产成品周转次数　　(4-22)

(4) 现金需要量估算。项目流动资金中的现金是指货币资金，即企业生产运营活动中停留于货币形态的那一部分资金，包括企业库存现金和银行存款。其计算公式为：

现金需要量= (年工资及福利费+年其他费用)÷现金周转次数　　(4-23)

年其他费用=制造费用+管理费用+销售费用−(以上三项费用中所含的工资及福利费、折旧费、摊销费、修理费)　　(4-24)

(5) 流动负债估算。流动负债是指在一年或超过一年的一个营业周期内，需要偿还的各种债务。一般流动负债的估算只考虑应付账款一项。计算公式为：

应付账款= (年外购原材料+年外购燃料)÷应付账款周转次数　　(4-25)

2) 扩大指标估算法

扩大指标估算法是一种简化的流动资金估算方法，是按照流动资金占某种基数的比率来估算流动资金。一般可参照同类企业的实际资料，求得各种流动资金比率指标，也可依据行业或部门给定的参考值或经验来确定流动资金比率，再将各类流动资金乘以相应的费用基数来估算流动资金。一般常用的基数有销售收入、经营成本、总成本费用和固定资产投资额等，究竟采用何种基数依行业习惯而定。扩大指标估算法简便易行，但准确度不高，一般适用于项目建议书阶段的流动资金估算或小型项目的流动资金估算。

(1) 产值(或销售收入)资金率估算法。具体计算公式如下：

流动资金额 = 年产值(年销售收入额)×产值(销售收入)资金率　　(4-26)

【例 4.5】某项目投产后的年产值为 1.8 亿元，其同类企业的百元产值流动资金占用额为 17.5 元，则该项目的流动资金估算额为多少？

解：18 000×17.5÷100=3150(万元)

(2) 经营成本(或总成本)资金率估算法。经营成本是一项反映物质、劳动消耗和技术水平、生产管理水平的综合指标。一些工业项目，尤其是采掘工业项目常用经营成本 (或总成本)资金率估算流动资金额。其计算公式为：

流动资金额=年经营成本(总成本)×经营成本资金率(总成本资金率)　　(4-27)

(3) 固定资产投资资金率估算法。固定资产投资资金率是流动资金占固定资产投资的百

分比。如化工项目流动资金占固定资产投资的 15%～20%，一般工业项目流动资金占固定资产投资额的 5%～12%。其计算公式为

$$流动资金额=固定资产\times固定资产投资资金率 \tag{4-28}$$

(4) 单位产量资金率估算法。即每单位产量占用流动资金的数额。具体计算公式为：

$$流动资金额=年生产能力\times单位产量资金率 \tag{4-29}$$

4. 流动资金估算应注意的问题

(1) 在采用分项详细估算法时，应根据项目实际情况分别确定现金、应收账款、存货和应付账款的最低周转天数，并考虑一定的保险系数。因为最低周转天数减少，将增加周转次数，从而减少流动资金需用量，因此，必须切合实际地选用最低周转天数，以防安排的流动资金量不能满足生产经营的需要。对于存货中的外购原材料和燃料，要分品种和来源，考虑运输方式和运输距离，以及占用流动资金的比重大小等因素确定其最低周转天数。

(2) 在不同生产负荷下的流动资金，应按不同生产负荷所需的各项费用金额，分别按照上述的计算公式进行估算，而不能直接按照 100%生产负荷来确定流动资金的需要量。

(3) 流动资金属于长期性(永久性)流动资产，流动资金的筹措可通过长期负债和资本金的方式解决。流动资金一般要求在投产前一年开始筹措，为简化计算，一般在投产的第一年开始按预计的生产负荷安排流动资金需用量。流动资金借款部分按全年计算利息，流动资金利息应计入生产期间财务费用，项目计算期末收回全部流动资金(不含利息)。

本 章 小 结

建设项目决策是选择和决定投资方案的过程。决策阶段是工程造价管理的关键性阶段。建设项目投资决策正确与否不仅直接关系到工程造价的高低和投资效果的好坏，而且还关系到项目建设的成败，因而正确的投资决策是工程造价有效管理的前提。在这一阶段，造价管理人员和投资者通过对拟建项目的不同建设方案进行经济、技术分析论证，编制工程投资估算，从而确定项目的建设方案。

思考与练习

(1) 影响建设项目规模选择的因素有哪些？

(2) 选择建设地区应遵循的原则是什么？

(3) 投资估算包括哪些内容？

(4) 估算流动资金时应注意哪些问题？

(5) 某项目达到设计生产能力以后，年销售收入 25 200 万元；生产存货占用流动资金估算为 9500 万元；全厂定员为 1000 人，工资与福利费按每人每年 12 000 元估算，每年的其他费用为 960 万元；年外购原材料、燃料及动力费估算为 19 800 万元；各项流动资金的最低周转天数分别为：应收账款 30 天，现金 40 天，应付账款 30 天。估算该项目的流动资金额。

第 5 章　建设项目设计阶段的造价管理

学习目标

(1) 了解设计阶段造价管理的过程。

(2) 能较熟练地掌握和应用如价值工程、限额设计、标准设计等几种提高设计方案经济合理性的方法。

本章导读

工程设计阶段的造价控制与管理是整个建设工程造价管理的重点，设计是否经济合理，对控制工程造价具有十分重要的意义。本章首先分析了设计阶段影响工程造价的主要因素，接着重点阐述了提高设计方案经济合理性的几种途径，最后介绍了设计概算的编制与审查。

项目案例引入

深圳某展览馆工程项目，建筑面积约 4.2 万 m^2，项目决策阶段，投资估算 5.9 亿元。在设计阶段，实行设计招标制度，进行设计招标的专业工程有主设计、智能化系统设计、幕墙工程设计、室内装饰设计、建筑泛光设计、景观设计；并且对幕墙工程设计、室内装饰工程设计和景观设计实施了限额设计；对于智能化系统设计和建筑泛光设计成果的评价，聘请了设计顾问公司实施设计监理工作，对设计的成果进行按质计费。由于采取了一系列的设计管理措施，对项目造价进行了有效控制，使项目造价控制到 4.9 亿元。

设计阶段的造价控制虽然并不那么轻松，但它确实真正体现了事前控制的思想，确实能取得事半功倍的效果，达到花小钱办大事的目的。在设计一开始就将控制投资的思想根植于设计人员的头脑中，通过在设计阶段开展限额设计、进行设计招标和设计方案竞选、推广标准设计及运用价值工程原理等优化设计方案，提高设计质量，做到技术与经济的统一。工程造价管理人员在设计过程中与设计人员要密切配合，及时对项目投资进行分析对比，反馈造价信息，能动地影响设计、优化设计，以保证有效地控制投资。只有当业主(建设单位)真正把控制造价的关键阶段确立在设计阶段时，才能收到投资省、进度快、质量好的效果。通过上面的分析我们可以看到，建设项目设计阶段的管理在工程造价中起到了很大的作用。本章将具体介绍设计阶段的管理过程以及提高设计方案经济合理性的方法。

5.1　设计阶段影响造价的因素

设计是在技术和经济上对拟建工程的实施意图进行的具体描述，也是对工程建设进行规划的过程。工程设计包括工业建筑设计和民用建筑设计。工业建筑设计包括总平面图设计、工艺设计和建筑设计。总平面图设计即通常所说的总图运输设计和总平面配置；工艺设计是指根据企业拟生产的产品要求，合理选择工艺流程和设备种类、型号、性能并合理地布置工艺流程的设计；建筑设计是指按照已设计的工艺流程和选定的设备要求，采用先

进、科学的方案，完整地表达建筑物、构筑物的外型、空间布置、结构以及建筑群体组成的设计。一般的公用工程和住宅的设计就是民用建筑设计。民用工程设计是只有建筑设计，是根据使用者或投资者对功能、建筑标准的要求，具体确定结构形式、建筑物的空间和平面布置以及建筑群体合理安排的设计。

设计阶段的工程造价控制是建设工程造价控制的重点。在拟建项目做出投资决策以后，设计就成为工程造价控制的关键阶段。在这个阶段，设计者的灵活性很大，修改、变更设计方案的成本比较低，而对造价的影响度却是仅次于决策阶段。对一个已做出投资决策的项目而言，这个阶段对造价的高低起着能动的、决定性的作用。

5.1.1 工业建筑设计影响造价的因素

在工业建筑设计中，影响工程造价的主要因素有总平面图设计、空间平面设计、建筑材料与结构的选择、工艺技术方案的选择、设备的选型和设计等。

1. 总平面图设计

总平面图设计是指按照工艺流程和防火安全距离、运输道路的曲率等要求，结合厂区的地形、地质、气象及外部运输等自然条件，把要兴建的各种建筑物、构筑物或配套设施有机地、紧密地、因地制宜地在平面上和空间上合理组合、配置起来的工作。

厂区总平面图设计方案是否经济合理，关系到整个企业设计和施工以及投产后的生产、经营。正确合理的总平面设计可以大大减少建筑工程量，节约建设用地，节省建设投资，降低工程造价和投产后的使用成本，加快建设速度，并为企业创造良好的生产组织、经营条件和生产环境。

1) 总平面图设计的基本要求

(1) 尽量节约用地，少占或不占农田。一般来讲，生产规模大的建设项目的单位生产能力占地面积比生产规模小的建设项目要小，为此要合理确定拟建项目的生产规模，妥善处理好建设项目长远规划与近期建设的关系。近期建设项目的布置应集中紧凑，并适当地留有发展余地；在符合防火、卫生和安全生产并满足工艺要求和使用功能的前提下，应尽量减少建筑物、生产区之间的距离；应尽可能地设计外形规整的建筑物以增加场地的有效使用面积。

(2) 结合地形、地质条件，因地制宜、依山就势地合理布置车间及设施。总平面图设计在满足生产工艺要求和使用功能的条件下，应利用厂区道路将厂区按功能划分为生产区、辅助生产区、动力区、仓库区、厂前区等，各功能区的建筑物、构筑物，力求工艺流程顺畅、生产系统完整；力求物料运输简便、线路短捷，总平面布置紧凑、安全卫生、美观；避免大填大挖，防止滑坡与塌方，减少土石方量和节约用地，降低工程造价。

(3) 合理布置厂内运输和选择运输方式。运输设计应根据工厂生产工艺的要求以及建设场地等具体情况，正确布置运输线路，做到运距短、无交叉、无反复，因地制宜地选择建设投资少、运费低、载运量大、运输迅速、灵活性大的运输方式。

(4) 合理组织建筑群体。工业建筑群体的组合设计，在满足生产功能的前提下，力求使厂区建筑物、构筑物组合设计整齐、简洁、美观，并与同一工业区相邻厂房在外形、色彩

等方面相互协调。注意建筑群体的整体艺术和环境空间的统一安排，美化城市。

2) 评价厂区总平面图设计的主要技术经济指标

(1) 建筑系数(即建筑密度)。建筑系数是指厂区内(一般指厂区围墙内)建筑物的布置密度，即建筑物、构筑物和各种露天仓库及堆积场、操作场地等占地面积与整个厂区建设占地面积之比。它是反映总平面图设计用地是否经济合理的指标。

(2) 土地利用系数。土地利用系数是指厂区内建筑物、构筑物、露天仓库及堆积场、操作场地、铁路、道路、广场、排水设施及地上地下管线等所占面积与整个厂区建设用地面积之比，它综合反映出总平面布置的经济合理性和土地利用效率。

(3) 工程量指标。它是反映企业总平面图及运输部分建设投资的经济指标，包括场地平整土石方量、铁路、道路和广场铺砌面积、排水工程、围墙长度及绿化面积等。

(4) 经营条件指标。它是反映企业运输设计是否经济合理的指标，包括铁路、无轨道路每吨货物的运输费用及其经营费用等。

2. 空间平面设计

新建工业厂房的空间平面设计方案是否合理和经济，不仅影响建筑工程造价和使用费用的高低，而且还直接影响到节约用地和建筑工业化水平的提高。要根据生产工艺流程合理布置建筑平面，控制厂房高度，充分利用建筑空间，选择合适的厂内起重运输方式，尽可能把生产设备露天或半露天布置。

1) 合理确定厂房建筑的平面布置

平面布置应满足生产工艺的要求，力求创造良好的工作条件和采用最经济合理的建造方案，其主要任务是合理确定建筑物的平面与组合形式。尽量采用统一的结构方案，减少构件类型和简化构造，使建筑物得到最有效的利用。

2) 工业厂房建筑层数的选择

选择工业厂房层数应考虑生产性质和生产工艺的要求。

(1) 单层厂房。对于工艺上要求跨度大和层高高、拥有重型生产设备和起重设备、生产时常有较大震动和散发大量热与气体的重工业厂房，采用单层厂房是经济合理的。

(2) 多层厂房。对于工艺过程紧凑、采用垂直工艺流程和利用重力运输方式、设备与产品重量不大，并要求恒温条件的各种轻型车间，可采用多层厂房。多层厂房的优点是占地少，可减少基础工程量，缩短运输线路以及厂区围墙的长度等，可以降低屋盖和基础的单方造价，缩小传热面，节约热能，经济效果显著等。

3) 合理确定建筑物的高度和层高

在建筑面积不变的情况下，高度和层高增加，工程造价也随之增加。这是因为，层高增加，墙的建造费用、粉刷费用、装饰费用都要增加；水电、暖通的空间体积与线路的增加，使造价增加；楼梯间与电梯间及其设备费用也会增加；起重运输设备及有关费用都会提高。层高和单位面积造价是成正比的，据有关资料分析，单层厂房层高每增加 1 m，单位面积造价增加 1.8%～3.6%，年度采暖费约增加 3%；多层厂房的层高每增加 0.6 m，单位面积造价就提高 8.3%左右。因此在满足工艺流程和设备正常运转与操作方便及工作环境良好的条件下，应力求降低层高。

4) 尽量减少厂房的体积和面积

在不影响生产能力的条件下，要尽量减少厂房的体积和面积。为此，要合理布置设备，

使生产设备向大型化和空间化发展。

3. 建筑材料与结构的选择

建筑材料与建筑结构的选择是否合理，对建筑工程造价的高低有直接影响。这是因为建筑材料费用一般占工程直接费的 70%左右，设计中采用先进实用的结构形式和轻质高强的建筑材料能更好地满足功能要求，提高劳动生产率，经济效果明显。

1) 建筑材料的选择

选择建筑材料时，要在满足各项技术指标要求的前提下，尽量选择经济合理和质量轻强度高的材料。

2) 建筑结构的选择

建筑结构按所用的材料可分为砖混结构、钢筋混凝土结构和大跨度结构等。建筑结构的选择要考虑建筑物的用途、地质条件、荷载的大小、建筑材料及建筑的工艺等因素；同时还要考虑当地的气候条件、施工条件及建筑造型等，在满足使用要求的前提下，尽量降低工程造价。

4. 工艺技术方案的选择

选择工艺技术方案时，应从我国实际出发，以提高投资的经济效益和企业投产后的运营效益为前提，有计划、有步骤地采用先进的技术方案和成熟的新技术、新工艺。一般而言，先进的技术方案投资大，劳动生产率高，产品质量好。最佳的工艺流程方案应在保证产品质量的前提下，用较短的时间和较少的劳动消耗完成产品的加工和装配过程。

5. 设备的选型和设计

设备的选型与设计是根据所确定的生产规模、产品方案和工艺流程的要求，选择设备的型号和数量，并按上述要求对非标准设备进行设计。在工业建设项目中，设备投资比重较大，因此，设备的选型与设计对控制工程造价具有重要的意义。

设备选型与设计应满足以下要求。

(1) 尽量选择标准化、通用化和系列化生产设备。

(2) 选用高效低能耗的先进设备时，要按照先进适用、稳妥可靠、经济合理的原则进行。

(3) 设备选择必须首先考虑国内可供的产品，对于需要进口的设备应注意与工艺流程相适应和与有关设备配套，避免重复引进。

(4) 设备选型与设计应结合企业所在地区的实际情况确定，包括动力、运输、资源、能源等具体情况。

5.1.2 民用建筑设计影响造价的因素

居住建筑是民用建筑中最主要的建筑，在居住建筑设计中，影响工程造价的主要因素主要有小区建设规划的设计、住宅平面布置、层高、层数、结构类型等。

1. 小区建设规划设计

小区规划设计必须满足人们居住和日常生活的基本需要。在节约用地的前提下，既要

为居民的生活和工作创造方便、舒适、优美的环境，又要体现独特的城市风貌。在进行小区规划时，要根据小区基本功能和要求确定各构成部分的合理层次与关系。据此安排住宅建筑、公共建筑、管网、道路及绿地的布局，确定合理的人口与建筑密度、房屋间距与建筑物层数，合理布置公共设施项目、规模以及水、电、热、燃气的供应等，并划分包括土地开发在内的上述各部分的投资比例。

评价小区规划设计的主要技术经济指标有用地面积指标、密度指标和造价指标。小区用地面积指标，反映小区内居住房屋和非居住房屋、绿化园地、道路等占地面积及比重，是考察建设用地利用率和经济性的重要指标。用地面积指标在很大程度上影响小区建设的总造价。小区的居住建筑面积密度、居住建筑密度、居住面积密度和居住人口密度也直接影响小区的总造价。在保证小区居住功能的前提下，密度越高，越有利于降低小区的总造价。

2. 住宅建筑的平面布置

在建筑面积相同时，由于住宅建筑平面形状不同，住宅的建筑周长系数(即每平方米建筑面积所占的外墙长度)也不相同。一般来讲，正方形和矩形的住宅既有利于施工，又能降低工程造价，而在矩形住宅建筑中，又以长宽比为 1∶2 最佳。

在多层住宅建筑中，墙体所占比重大，是影响造价高低的主要因素。衡量墙体比重大小，常用墙体面积系数(墙体面积÷建筑面积)。尽量减少墙体面积系数，能有效地降低工程造价。住宅层高不宜超过 2.8 m，这是因为住宅的层高和净高，直接影响工程造价。层高和净高增加，使得整体面积增加，柱体积增加，同时使基础、管线、采暖等因素随之增加，因此使工程造价增加。据某地区测算，当住宅层高从 3 m 降到 2.8 m 时，平均每套住宅综合造价下降 4%～4.5%，并可节约材料、能源，并有利于抗震。另外根据对室内微小气候温度、湿度、风速的测定，从室内空气洁净度要求，住宅的起居室、卧室的净高不应低于 2.4 m。

3. 住宅建筑结构方案的选择

目前我国住宅工业化建筑体系结构形式多样，如全装配式(预制装配式)结构、工具式模板机械化现浇结构等。这些工业化建筑体系的结构形式各有利弊，各地区各部门要结合实际，因地制宜，就地取材，采用适合本地区本部门的经济合理的结构形式。如北京市用内浇外砌大模板住宅体系替代传统砖混住宅建筑体系，使每平方米工程造价降低 1.5%左右。

4. 装饰标准

装饰标准的高低对住宅造价的影响很大，这要看住宅的市场定位是怎样的再来确定装饰标准。我国住宅目前的装饰一般由住户自行设计、施工，在这种情况下，建筑物设计的装饰标准可以低一些，这样可以避免重复，降低工程造价；但也有些精装修的公寓式和酒店式住宅相应装饰标准就高一些，工程造价也就较高。

5.2　提高设计方案经济合理性的途径

本节主要介绍提高设计方案经济合理性的途径，其中包括设计招投标和设计方案竞选、设计方案的技术经济评价、价值工程在设计阶段的作用、限额设计及标准设计等内容。

5.2.1 设计招投标和设计方案竞选

1. 建设工程设计招标投标

建设工程设计招标投标是对工程项目的设计方案或可行性研究方案进行招投标，是指招标单位就拟建工程的设计任务，发布招标公告或发出投标邀请书，以吸引设计单位参加竞争，经招标单位审查符合投标资格的设计单位，按照招标文件要求在规定的时间内向招标单位填报投标文件，从而择优确定设计中标单位来完成工程设计任务的过程。

1) 工程设计招标

(1) 招标单位编制招标文件。招标文件的主要内容应有：招标须知、经批准的设计任务书及有关文件的复制件；项目说明书包括项目概述、设计内容和深度、图纸规格、要求和份数、建设周期和设计进度的要求、工程投资规模等；合同的主要条件；提供设计资料的方式和内容；设计文件的审查方式；组织现场踏勘和解释招标文件、标前会议的时间与地点。招标文件本身质量的高低直接影响招标的成败。好的招标文件应该体现国家有关方针政策，符合有关规范和法律规定，所提的技术要求应该科学合理，评标标准应具体明确、操作性好。

(2) 发布招标广告或发出邀请投标函。招标分为公开招标和邀请招标两种方式。无论采用何种形式招标，投标人都不能少于 3 个，否则要重新招标。不论哪种方式，投标单位都必须是符合国家认证等级并有信誉的设计单位。

(3) 对投标单位进行资格审查。投标单位提出申请并报送申请书，建设单位或委托的咨询公司进行审查。审查内容包括单位性质和隶属关系、勘察设计证书号码和开户银行账号、单位成立时间、近期设计的主要工程情况、技术人员的数量、技术装备及专业情况等。凡在整顿期间的设计单位不得投标。

(4) 向合格的设计单位发售或发送招标文件。

(5) 组织投标单位踏勘工程现场，解答招标文件中的问题。

(6) 接受投标单位按规定时间密封报送的投标书。

民用项目的方案设计一般应包括总体布置、单体建筑的平面立面图、主要项目的剖面图(重要公共建筑还需彩色透视图或模型)、文字说明、建设工期、主要施工技术要求与施工组织方案、投资估算与经济分析、设计进度和设计费用报价等。

工业项目一般应提出达到主要技术经济的方案设计，包括实用的工艺流程，技术，设备材料，总体布置，主要车间的平面、立面、剖面，主要经济指标，设计费和设计周期等。

工业项目方案设计着重于工艺流程、技术、设备的先进性，具体应反映每一生产产品的经济指标和原材料消耗是否较低，其他如设计费用和设计周期也同样是设计方案、投标方案是否有竞争力的重要方面。

为确保公平竞争、确保设计招标的公正性，应坚持保密制度和回避制度。例如，投标标书的方案部分不得写出投标单位名称和个人姓名，由招标单位予以编号，评委名单在中标前必须保密等。

(7) 开标，评标、决标，发出中标通知。招标单位当众开标后，应在一定时间内(我国

规定一般不得超过一个月)进行评标，确定中标单位。评标由招标单位邀请有关部门的代表和专家，组成评标小组或委员会来进行，评标成员应有较高的技术水平和较丰富的实践经验，要能秉公办事，专家组成结构要合理，以技术型为主，其中勘察设计部门的专家应占40%以上。评标机构应根据设计方案的优劣(技术是否先进，工艺是否合理，功能是否符合使用要求以及建筑艺术水平等)、投入产出、经济效益好坏、设计进度快慢、设计费报价高低、设计资历和社会信誉等条件，提出综合评价报告，推荐候选的中标单位。

招标单位可根据评标报告在自己的职权范围内做出决策，确定中标单位。除重大项目的中标单位按规定须经上级主管部门批准外，一般情况下其他单位或个人不应对招标单位的决策进行干预。定标后，招标单位应立即向中标单位发出中标通知书。

(8) 签订合同。中标单位接到中标通知书后应按规定在一个月内与建设单位签订设计合同。设计合同应符合我国有关的法律和法规文件。

2) 工程设计投标

设计投标的过程其实就是对以上招标过程的回应，招标和投标同时存在，才构成一个完整的招投标程序。在投标中，要注意以下几点。

(1) 参加设计投标的单位可以独立，也可以联合申请参加投标。

(2) 具备相应的设计资质等级并经过招标单位审查选定后，才可以领取招标文件参加投标。

(3) 投标单位的投标文件(标书)应按照招标文件规定的内容编制。

3) 设计招投标的优点

(1) 有利于设计方案的选择和竞争。

(2) 有利于控制项目建设投资。

(3) 有利于缩短设计周期，降低设计费。

2. 设计方案竞选

设计方案竞选是指由组织竞选活动的单位发布竞选公告，吸引设计单位参加方案竞选，参加竞选的设计单位按照竞选文件和国家关于《城市建筑方案设计文件编制深度规定》，做好方案设计和编制有关文件，经具有相应资格的注册建筑师签字，并加盖单位法人或委托的代理人的印鉴，在规定日期内，密封送达组织竞选单位。竞选单位邀请有关专家组成评定小组，采用科学方法，综合评定设计方案的优劣，择优确定中选方案，最后双方签订合同。实践中，建筑工程特别是大型建筑设计的发包习惯上多采用设计方案竞选的方式。

1) 设计方案竞选的组织

有相应资格的建设单位或其委托的有相应工程设计资格的中介机构代理有权按照法定程序组织方案设计竞选活动，有权选择竞选方式和确定参加竞选的单位，主持评选工作，公正确定中选者。参加竞选的设计单位在规定期限内向竞赛主办单位提交参赛设计方案。

2) 设计方案竞选方式和文件内容

(1) 设计方案竞选可采用公开竞选，即由组织竞选活动的单位通过报刊、广播、电视或其他方式发布竞选公告，也可采用邀请竞选，由竞选组织单位直接向有承担该项工程设计能力的三个及以上设计单位发出设计方案竞选邀请书。

(2) 设计方案竞选文件应包括下列内容。

① 工程综合说明，包括工程名称、地址、竞选项目、占地范围、建筑面积等。

② 经批准的项目建议书或设计任务书及其他文件的复印件。

③ 项目说明书。

④ 合同的重要条件和要求。

⑤ 提供设计基础资料的内容、方式和期限。

⑥ 踏勘现场及竞选文件答疑的时间和地点。

⑦ 截止日期和评定时间。

⑧ 文件评定要求及评定原则。

⑨ 其他需要说明的问题。

竞选文件一经发出，组织竞选活动的单位不得擅自变更其内容或附加条件，确需变更和补充的，应在截止日期 7 天前通知所有参加竞选的单位。

3) 设计竞选方案的评定

竞选主办单位聘请专家组成评审委员会，一般为 7～11 人，其中技术专家人数应占 2/3 以上，参加竞选的单位和方案设计者不得进入评审委员会。评审委员会当众宣布评定方法，启封各参加竞选单位的文件和补充文件，公布其主要内容。

评定须按是否能满足设计要求；是否符合规划管理的有关规定；是否技术先进、功能全面、结构合理、安全适用，是否满足建筑节能及环境要求、经济实用、美观的原则，综合设计方案优劣、设计进度快慢以及设计单位和注册建筑师的资历信誉等因素考虑，提出评价意见和候选名单，最后由建设单位负责人做出评选决策。

确定中选单位后，应于 7 天内发出中选通知书，同时抄送各未中选单位。对未中选的单位，建设单位一般应付给工作补偿费。中选通知书发出 30 天内，建设单位与中选单位应依据有关规定签订工程设计承发包合同。中选单位使用未中选单位的方案成果时，须征得该单位的同意，并实行有偿转让，转让费由中选单位承担。

设计竞选的第一名往往是设计任务的承担者，但有时也以优胜者的竞赛方案作为确定设计方案的基础，再以一定的方式委托设计，商签设计合同。由此可见设计竞选与设计招标的区别。

5.2.2 设计方案的技术经济评价

1. 多指标评价法

多指标评价法是指通过对反映建筑产品功能和成本特点的技术经济指标的计算、分析、比较，评价设计方案的经济效果的方法。该方法可分为多指标对比法和多指标综合评分法。

1) 多指标对比法

多指标对比法是指使用一组适用的指标体系，将对比方案的指标值列出，然后一一进行对比分析，根据指标值的高低分析判断方案的优劣。它是目前采用比较多的一种方法。

这种方法首先将指标体系中的各个指标按其在评价中的重要性，分为主要指标和辅助指标。主要指标是指能够比较充分地反映工程的技术经济特点的指标，它是确定工程项目经济效果的主要依据。辅助指标是指在技术经济分析中处于次要地位，是主要指标的补充的指标，当主要指标不足以说明方案的技术经济效果优劣时，辅助指标就成为了进一步进行技术经济分析的依据。在进行多指标对比分析时，要注意参选方案在技术经济方面的可比性，即在功能、价格、时间、风险等方面的可比性。如果方案不完全符合对比条件，要加以调整，使其满足对比条件后再进行对比，并在综合分析时予以说明。

这种方法的优点是：指标全面、分析确切，能通过各种技术经济指标定性或定量地直接反映方案技术经济性能的主要方面。其缺点是：容易出现某一方案有些指标较优，另一些指标较差；而另一方案则可能有些指标较差，另一些指标较优，使分析工作复杂化。有时，也会因方案的可比性而产生客观标准不统一的现象。因此在进行综合分析时，要特别注意检查对比方案在使用功能和工程质量方面的差异，并分析这些差异对各指标的影响，避免导致错误的结论。

2) 多指标综合评分法

这种方法首先对需要进行分析评价的设计方案设定若干评价指标，并按照其重要程度分配各指标的权重，确定评分标准，并就各设计方案对各指标的满足程度打分，最后计算各方案的加权得分，以加权得分高者为最优设计方案。其计算公式为：

$$S=\sum_{i=1}^{n}S_i\times W_i \tag{5-1}$$

式中：S——设计方案总得分；

S_i——某方案某评价指标得分；

W_i——某评价指标的权重；

n——评价指标数；

i——评价指标数，$i=1,2,3,\cdots,n$。

这种方法的优点在于避免了多指标对比法指标间可能发生相互矛盾的现象，评价结果是唯一的。但是在确定权重及评分过程中存在主观臆断成分，同时由于分值是相对的，因而不能直接判断各方案的各项功能的实际水平。

【例 5.1】某建筑工程有 4 个设计方案，选定评价指标为实用性、平面布置、经济性、美观性四项，各指标的权重及各方案的得分(10 分制)如表 5-1 所示，试选择最优设计方案。

表 5-1　多指标综合评分法计算表

评价指标	权重	甲方案		乙方案		丙方案		丁方案	
		得分	加权得分	得分	加权得分	得分	加权得分	得分	加权得分
实用性	0.4	9	3.6	8	3.2	7	2.8	6	2.4
平面布置	0.2	8	1.6	7	1.4	8	1.6	9	1.8
经济性	0.3	9	2.7	7	2.1	9	2.7	8	2.4
美观性	0.1	7	0.7	9	0.9	8	0.8	9	0.9
合计			8.6		7.6		7.9		7.5

由表 5-1 可知，甲方案的加权得分最高，所以甲方案最优。

2. 静态经济评价指标

1) 投资回收期法

设计方案的比选往往是比选各方案的功能水平及成本。实施功能水平先进的设计方案一般效益比较好，但所需的投资一般也较多。因此，如果考虑用方案实施过程中的效益回收投资，那么通过反映初始投资补偿速度的指标，衡量设计方案优劣也是非常必要的。

用投资回收期法评价某一方案的经济效益时，因为方案各年的收益可能相等也可能不等，所以计算方法也有区别。

(1) 年收益相等。方案的投资为 K (元)，方案实施后的年收益为 B (元/年)，则投资回收期 τ(年)为：

$$\tau=\frac{K}{B} \tag{5-2}$$

只有求出的投资回收期 τ 不大于标准投资回收期 τ_0 时，才认为该项投资是合理的。

(2) 年收益不等。从方案投资之日算起，累计提供收益累计额达到投资额之日为止所经历的年数，就是投资回收期。

【例 5.2】某项投资、收入如表 5-2 所示，求投资回收期。

表 5-2　投资、收入表　　单位：万元

年份	0	1	2	3	4	5	6	7	…	11	12
投资	10	30	40								
纯收入				5	10	20	20	20	…	20	20

解：为便于计算，通过简单累计制成表 5-3

表 5-3　累计投资、收入表　　单位：万元

年份	0	1	2	3	4	5	6	7	8	….
累计投资	10	40	80							
累计收入	5	15	35	55	75	95				

由表可知，回收投资的时间应在第 7 年和第 8 年之间，第 7 年尚未回收的资金为 5 万元，第 8 年的纯收入为 20 万元，用插值法计算回收期为：

$$\tau=7+\frac{5}{20}=7.25\ (\text{年})$$

投资回收期法的最大优点是直观、简单，便于衡量风险，一定程度上反映了投资效果的优劣；但也存在一定的缺点和局限，如不能反映回收后的情况、反映的效果有片面性等。所以投资回收期法一般用于粗略评价，常和其他指标结合起来使用。

2) 计算费用法

建筑工程的全生命是指建筑工程从勘察、设计、施工、建成后使用直至报废拆除所经历的时间。全生命费用包括工程建设费、使用维护费和拆除费。评价设计方案的优劣应考虑工程的全生命费用。但是初始投资和使用维护费是两类不同性质的费用，二者不能直接相加。因此计算费用法是用一种合乎逻辑的方法将一次性投资与经常性的经营成本统一为

一种性质的费用。

(1) 年计算费用法。年计算费用是计算各对比方案在标准投资回收期内每年的平均费用，这是选择费用最小而又达到预定效果的方法。其计算公式为：

$$J_i = C_i + K\frac{1}{\tau_0} \tag{5-3}$$

式中：J_i——第 i 个方案的年计算费用；

C_i——第 i 个方案的年成本(或年经营费用)；

K——投资额；

τ_0——投资标准回收期。

【例 5.3】某投资有 3 个方案，其投资、成本如表 5-4 所示。投资标准回收期为 5 年，试比较哪个方案最佳。

表 5-4　3 个方案的投资与成本表

方　案	投资/万元	年成本/(万元/年)
甲	1000	1100
乙	1100	1000
丙	1150	900

解：计算方案的年计算费用如下。

$$J_{甲}=1100+1000\times0.2=1300(万元)$$

$$J_{乙}=1000+1100\times0.2=1220(万元)$$

$$J_{丙}=900+1150\times0.2=1130(万元)$$

结论：方案丙最优，方案甲最差。

年计算费用法在实际工作中应用广泛，但应注意以下几点。

① 年计算费用法只计算投资和成本两项费用，没有计算收益，因此所比较的各方案产出必须相同。

② 一般只适用于集中一次投资，年成本基本不变的情况。

③ 只适用于多方案的优选，只能在可行方案中比较。

(2) 总计算费用法。总计算费用是计算各对比方案在投资回收期年限内的总费用。计算公式为：

$$S_i = K + \tau_0 \times C_i \tag{5-4}$$

式中：S_i——总计算费用；

K——投资额；

τ_0——投资标准回收期；

C_i——第 i 个方案的年成本(或年经营费用)。

静态经济评价指标简单直观，易于接受，但是没有考虑时间价值以及各方案寿命的差异。

3. 动态经济评价指标

动态经济评价指标是考虑时间价值的指标，比静态指标更全面、更科学。对于寿命期

相同的设计方案，可以采用净现值法、净年值法、差额内部收益率法等评价其技术经济性的优劣。对于寿命期不同的设计方案比选，可以采用净年值法评价其技术经济性的优劣。

5.2.3 价值工程在设计阶段的应用

1. 价值工程的基本原理

1) 价值工程的概念

价值工程又称价值分析，是通过集体智慧和有组织的活动，对所研究对象的功能与费用进行系统分析，不断创新，旨在提高研究对象价值的思想方法和管理技术。价值工程活动的目的是以研究对象的最低生命周期成本可靠地实现使用者的所需功能，获取最佳综合效益。其表达式为：

$$V = F - C \tag{5-5}$$

式中：V——价值系数；

F——功能系数；

C——成本系数。

2) 价值工程的一般程序

(1) 对象选择。这一步应明确研究目标、限制条件及分析范围。

(2) 组成价值工程领导小组，制订工作计划。

(3) 收集相关的信息资料并贯穿于全过程。

(4) 功能系统分析。这是价值工程的核心。

(5) 功能评价。

(6) 方案创新及评价。

(7) 由主管部门组织审批。

(8) 方案实施与检查。

3) 价值工程的特点

(1) 以提高价值为目标。研究对象的价值着眼于寿命周期成本。寿命周期成本指产品在其寿命期内所发生的全部费用，包括生产成本和使用费用。提高产品价值就是以最小的资源消耗获取最大的经济效果。

(2) 以功能分析为核心。功能是指研究对象能够满足某种需求的一种属性，也即产品的具体用途。功能可分为必要功能和不必要功能，其中，必要功能是指用户所要求的功能以及与实现用户所需求功能有关的功能。价值工程的功能，一般是指必要功能。

(3) 以创新为支柱。价值工程强调“突破、创新、求精”，充分发挥人的主观能动作用，发挥创造精神。能否创新及其创新程度是关系到价值工程成败与效益的关键。

(4) 技术分析与经济分析相结合。价值工程是一种技术经济方法，研究功能和成本的合理匹配，是技术分析与经济分析的有机结合。分析人员必须具备相应技术和经济知识，紧密合作，做技术经济分析，努力提高产品价值。

4) 价值工程的工作步骤

价值工程的工作步骤可分为分析问题、综合研究、方案评价三个阶段，有选择对象、搜集资料、功能分析、功能评价、改进方案、选择方案、试验证明、实施方案这样八个具体步骤。

价值工程主要回答和解决下列有针对性的七个问题：价值工程的对象是什么？它是干什么的？其成本是多少？其价值是多少？有无其他方案实现同样的功能？新方案成本是多少？新方案能满足要求吗？

5) 提高产品价值的途径

尽管在产品形成的各个阶段都可以应用价值工程提高产品的价值，但在不同的阶段进行价值工程活动，其经济效果的提高幅度却是大不相同的。应用价值工程的重点是在产品的研究设计阶段，以提高产品价值为中心，其价值的大小取决于功能和费用。从价值与功能、费用的关系中可以看出有五条基本途径可以提高产品的价值。

(1) 提高功能的同时，降低产品成本。这可使价值大幅度提高，是最理想的途径。

(2) 成本不变，提高功能。

(3) 功能不变，降低成本。

(4) 成本稍有提高，带来功能大幅度提高。

(5) 功能稍有下降，发生的成本大幅度降低。

2. 价值工程在工程设计中的应用

1) 在设计阶段实施价值工程的意义

在工程寿命周期的各个阶段都可以实施价值工程，但在设计阶段实施价值工程意义重大：不仅可以保证各专业的设计符合国家和用户的要求，而且可以解决各专业设计的协调问题，得到全局合理优良的方案。

(1) 可以使建筑产品的功能更合理。工程设计实质上是对建筑产品的功能进行设计，而价值工程的核心就是功能分析。通过实施价值工程，可以使设计人员更准确地了解建筑产品各功能之间的比重，使设计更加合理。

(2) 可以更有效地控制目标成本。工程设计决定建筑产品的目标成本，目标成本是否合理直接影响产品的经济效益。目标成本的确定主要取决于有关信息情报的完全程度。通过价值工程，在设计阶段收集和掌握先进技术和大量信息，追求更高的价值目标，设计出优秀的产品。

(3) 可以提高投资效益，节约社会资源。建筑工程成本的 70%～90%决定于设计阶段。当设计方案确定或设计图纸完成后，其结构、施工方案、材料等也就限制在一定的条件内了。设计水平的高低，直接影响投资效益。同时，工程设计本身就是一种创造性的活动，而价值工程作为有组织的创新活动，强调创新，鼓励创造出更多更好的设计方案。通过应用价值工程，在工程设计阶段就可以发挥设计人员的创新精神，设计出物美价廉的建筑产品，提高投资效益。

2) 工程设计领域

一切发生费用的地方都可以应用价值工程。工程建设需要投入大量人、财、物，因而，价值工程在工程建设方面大有可为。作为一种相当成熟而又行之有效的管理方法，价值工程在许多国家的工程建设中得到广泛运用。

3. 价值工程在设计造价审查中的应用

价值工程的应用范围很广，除了可以有效地应用于工程设计、施工组织设计、工程选材、结构选型、设备选型等外，还可以应用于工程造价审查。为了提高投资效果，有效地控制工程造价，降低建设成本，就必须审查工程造价。

1) 运用价值工程审查工程造价的基本思路

(1) 分析分部分项工程的功能。

(2) 计算功能指数和成本指数。

(3) 比较功能指数与成本指数，计算价值指数。

(4) 确定理论成本。

(5) 修正投资。

2) 确定理论成本

每项工程都是由大量分部分项工程构成的，如果逐步分析各个分部分项工程，势必造成工作量增加，审查时间增长。因此，必须选择合适的分部分项工程进行成本核算，提高造价审查工作的效率。通常可以采用百分比分析法等方法，选择具体的分部分项工程作为重点审查对象，特别是对整个项目有较大影响的那部分价值较大的分部分项工程。然后进行功能评价，根据审查对象在整个项目中的重要程度进行定量评价。最后，确定基准成本(如项目的目标成本、分部分项工程的目标成本)，根据基准成本计算各分部分项工程的理论成本以及项目理论总成本。

3) 修正投资

理论成本是与功能相协调的成本，是工程投资的合理成本目标。比较各分部分项工程的理论成本与预算成本的差额，控制投资。

5.2.4 限额设计

所谓限额设计，就是按照批准的设计任务书及投资估算控制初步设计，按照批准的初步设计总概算控制施工图设计，同时各专业在保证达到使用功能的前提下，按分配的投资限额控制设计，严格控制技术设计和施工图设计的不合理变更，保证总投资限额不被突破。限额设计的控制对象是影响工程设计静态投资(或基础价)的项目。

在工程项目建设过程中采用限额设计是我国工程建设领域控制投资支出、有效使用建设资金的有力措施。为保证限额设计的工作能顺利开展，防止设计概算本身的失控现象，在设计单位内部，首先要使设计与概算形成有机整体，克服相互脱节的缺点。设计人员必须加强经济观念，在整个设计过程中，经常检查本专业的工程费用，切实做好控制造价工作，把技术与经济统一起来，改变目前设计过程中不算账，设计完了见分晓的现象。

1. 推行限额设计的意义

投资分解和工程量控制是实行限额设计的有效途径和主要方法。限额设计是将上阶段设计审定的投资额和工程量先行分解到各专业，然后再分解到各单位工程和分部工程而得出的，限额设计的目标体现了设计标准、规模、原则的合理确定及有关概预算基础资料的合理确定，通过层层限额设计，实现了对投资限额的控制与管理，也就同时实现了对设计

规模、设计标准、工程数量与概预算指标等各个方面的控制。

限额设计要正确处理在项目建设过程中技术与经济的对立统一关系。因此，在处理技术与经济这一矛盾时，应该把经济作为矛盾的主要方面，把节约建设资金提高到战略高度，克服长期以来重技术、轻经济的思想，树立设计人员的高度责任感。在设计中，从我国的国情出发，不盲目追求高标准、高水平，使建设标准根据客观条件的许可，体现“安全、适用、在适当的条件下注意美观”的原则，努力提高我国基本建设的投资效益。

推行限额设计的意义如下。

(1) 有利于控制工程造价。在设计中以控制工程量为主要内容，抓住了控制工程造价的核心，从而克服了“三超”。

(2) 有利于处理好技术与经济的对立统一关系，提高设计质量。限额设计并不是一味考虑节约投资，也绝不是简单地将投资砍一刀，而是把技术与经济统一起来，促使设计单位克服长期以来重技术、轻经济的思想，树立设计人员的责任感。

(3) 有利于强化设计人员的工程造价意识，增强设计人员实事求是地编好概预算的自觉性。

(4) 能扭转设计概算本身的失控现象。限额设计可促使设计单位内部使设计与概算形成有机的整体，克服相互脱节现象。设计人员自觉地增强了经济观念，在整个设计过程中，经常检查各自专业的工程费用，切实做好造价控制工作，改变了设计过程中不算账，设计完了见分晓的现象，由“画了算”变为“算着画”，能真正实现时刻想着“笔下一条线，投资万万千”。

2. 限额设计的主要内容

1) 限额设计目标设置

限额设计目标(指标)是在初步设计开始之前，根据批准的可行性研究报告及其投资估算确定的。限额设计指标，经项目经理或总设计师提出，经主管院长审批下达，其总额度一般只下达直接费的 90%，以便项目经理或总设计师和室主任留有一定的调节指标，用完后，必须经批准才能调整。专业之间或专业内部节约下来的单项费用，未经批准，不能互相平衡，自动调用，均得由费用控制工程造价师协助项目经理或总设计师控制掌握。

2) 优化设计

优化设计是以系统工程理论为基础，应用现代数学成就——最优化技术和借助计算机技术，对工程设计方案、设备选型、参数匹配、效益分析、项目可行性等方面进行最优化的设计方法。它是保证投资限额的重要措施和行之有效的重要方法。在进行优化设计时，必须根据最优化问题的性质，选择不同的最优化方法。一般来说，对于一些“确定型”问题，如投资、资源、时间等有关条件已经确定的，可采用运筹学中的线性规划、非线性规划、动态规划等理论和方法进行优化；对于一些“非确定型”问题，即在有关条件不能确定，只掌握随机规律的情况下，可应用排队论、对策论等方法进行优化；对于流量大、路途最短、费用不多的问题，可使用图和网络理论进行优化。

优化设计通常是通过数学模型进行的。一般工作步骤是：分析设计对象的综合数据，建立在对应约束条件下要达到一定目标的数学模型；选择合适的最优化方法；用计算机对问题求解；对计算结果进行分析和比较，并侧重分析实现的可行性。以上四步反复进行，

直至结果满意为止。

优化设计不仅可选择最佳方案，获得满意的设计产品，提高设计质量，而且能有效实现对投资限额的控制。

3. 限额设计的纵向控制

1) 初步设计阶段的限额设计

初步设计阶段要重视设计方案比选，把设计概算造价控制在批准的投资估算限额内。在初步设计开始时，项目总设计师应将可行性研究报告的设计原则、建设方针和各项控制经济指标向工作人员交底，对关键设备、工艺流程、主要建筑和各项费用指标要提出技术方案比选；要研究实现可行性研究报告中投资限额的可行性，特别要注意对投资影响较大的因素，将设计任务和投资限额分专业下达到设计人员，促使设计人员进行多方案相比较发生重要变化所增加的投资，应本着节约的原则，在概算静态投资不大于同年度估算投资的110%的前提下，经方案优化，报总工程师和主管院长批准后，才可列入工程概算。

控制概算不超过投资估算，主要是对工程量和设备、材质的控制。为此，初步设计阶段的限额设计工程量应以可行性研究阶段审定的设计工程量和设备、材质标准为依据，对可行性研究阶段不易确定的某些工程量，可参照参考设计和通用设计或类似已建工程的实物工程量确定。

在初步设计限额中，要鼓励专业设计人员增强工程造价意识，解放思想，开拓思路，激发创作灵感，使功能好、造价低、效益高、技术经济合理的设计方案脱颖而出。

2) 施工图设计阶段的限额设计

施工图设计阶段要认真进行技术经济分析，使施工图设计预算控制在设计概算造价内。施工图设计是设计单位的最终产品，是指导工程建设的重要文件，是施工企业实施施工的依据。设计单位发出的施工图及其预算造价要严格控制在批准的概算内，并有所节约。在施工图设计阶段必须注意以下几点。

(1) 施工图设计必须严格按批准的初步设计确定的原则范围、内容、项目和投资额进行。

(2) 由于初步设计深度不同和外部条件的变化，可以在已确认的设计概算造价允许范围内进行调整，但必须经设计院主管院长和建设单位许可。

(3) 当建设规模、产品方案、工艺流程或设计方案发生重大变更时，必须重新编制或修改初步设计及其概算，并报原主管审查部门审批。投资控制额以批准的修改或新编的初步设计概算造价为准。

3) 加强设计变更管理

对于非发生不可的设计变更，应尽量提前，变更发生得越早，损失越小；反之就越大。设计变更损失与时间的关系如图5-1所示。如在设计阶段变更，则只须修改图纸，其他费用尚未发生，损失有限；如果在采购阶段变更，不仅需要修改图纸，而且设备、材料还须重新采购；若在施工阶段变更，除上述费用外，已施工的工程还须拆除，势必造成重大变更损失。为此，必须加强设计变更管理，尽可能把设计变更控制在设计阶段初期，尤其对影响工程造价的重大设计变更，更要用先算账后变更的办法解决，使工程造价得到有效控制。

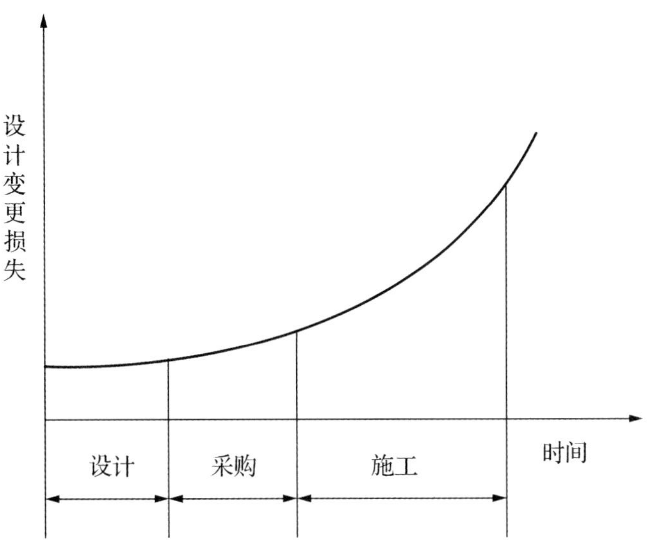

图 5-1 设计变更损失与时间的关系

要真正地发挥限额设计在工程造价控制方面的作用，还应在限额设计过程中树立动态管理的观念。长期以来，编制概算习惯于算死账，套定额，乘费率，只求合法，不求合理。基本上属于静态管理。为了在工程建设过程中体现物价指数变化引起的价差因素影响，应当在设计概预算中引入“原值”“现值”和“终值”三个不同的概念。所谓原值，是指在编制估算、概算时，根据当时的价格预计的工程造价，不包括价差因素。所谓现值，是指在工程批准开工年份，按当时的价格指数对原值进行调整后的工程造价，不包括以后年度的价差。所谓终值，是指工程开工后分年度投资各自产生的不同价差叠加到现值中去算得的工程造价。为了排除价格上涨对限额设计的影响和有利于政府的宏观管理，限额设计指标均以原值为准，设计概算、预算的计算均采用投资估算或造价指标所依据的同年价格。

4. 限额设计的横向控制

限额设计横向控制的主要工作就是健全和加强设计单位对建设单位以及设计单位内部的经济责任制，而经济责任制的核心则在于正确处理责、权、利三者之间的有机关系。在三者关系中，责任是核心，必须明确设计单位以及设计单位内部各有关人员、各专业科室对限额设计所负的职责和经济责任。建立设计部门内部专业投资分配考核制。在设计开始前按照设计过程的估算、概算、预算不同阶段，将工程投资按专业进行分配，并分段考核。下段指标不得突破上段指标。哪一专业突破控制造价指标时，首先分析突破原因，用修改设计的方法解决。问题发生在哪一阶段，就消灭在哪一阶段。责任的落实越接近个人，效果越明显。

1) 建立完善设计院内部三级管理制度

(1) 院级。由主管院长、总工程师(或总设计师)和总经济师若干人(一般 5～7 人)组成，对限额设计全面负责，批准下达限额设计指标，负责执行设计方案审定，并对重大方案变更及时组织研究和报请有关部门批准，定期检查限额设计执行情况和审批节奖超罚有关事项。

(2) 项目经理级。由限额设计的项目正、副经理和该项目总设计师等若干人(一般 3～5

人)组成，具体组织负责实施限额设计，认真编制设计计划和限额设计指标计划以及认真执行院长下达的执行计划；掌握控制设计变更，对重大设计变更经及时研究和方案论证后，报院级审批；及时了解、掌握各专业的限额设计执行情况并及时调整限额设计控制数，控制主要工程量；签发各专业限额设计任务书和变更通知单，做好总体设计单位的归口协调工作及其他有关事宜。

(3) 室主任级。由各设计室(处)正、副主任和主任工程师若干人(一般 3～5 人)组成，具体负责本专业内限额设计的落实，事先提交本专业限额设计指标意见，一经批准，认真在工程设计中贯彻执行，并对执行中出现的问题和意见及时向上级反映或书面报告；按照设计任务及其指标计划及时进行中间检查和验收图纸，力求将本专业投资控制在下达的限额指标范围内。

2) 建立和健全限额设计的奖惩制度

(1) 对设计单位节约投资的奖励。

设计单位在批准的投资限额内节省了投资，并保质保量按期完成了设计任务，应按有关规定或合同条款给予奖励。例如，原国家能源部、水利部 1990 年规定：

① 设计单位节约建筑工程投资，按节约投资额的 5%～12%提成。

② 设计单位节约永久设备及安装工程投资，按节约投资额的 2%～5%提成。

③ 在工程总投资节约已基本实现的前提下，设计单位经建设单位主管部门或投资方同意，可按单位工程或扩大单位工程总节约数的提成额预分成 20%～40%。

(2) 对设计单位导致的投资超支的处罚。

原国家发展计划委员会规定，自 1991 年起，凡因设计单位错误、漏项或扩大规模和提高标准而导致工程静态投资超支，要扣减设计费。

① 累计超过原批准概算 2%～3%的，扣减全部设计费的 3%。

② 累计超过原批准概算 3%～5%的，扣减全部设计费的 5%。

③ 累计超过原批准概算 5%～10%的，扣减全部设计费的 10%。

④ 累计超过原批准概算 10%以上的，扣减全部设计费的 20%。

⑤ 设计院对承担的设计项目，必须按合同规定，在施工现场派驻熟悉业务的设计人员，负责及时解决施工中出现的设计问题，否则，视情况的严重程度，扣罚全部设计费用的 5%～10%。

5. 限额设计的相关问题

1) 限额设计的不足

(1) 限额设计中投资估算、设计概算、施工图预算等，都是建设项目的一次性投资，对项目建成后的维护使用费、项目使用期满后的拆除费用考虑较少，这样可能出现限额设计效果较好，但项目全生命费用不一定经济的现象。

(2) 限额设计强调了设计限额的重要性，而忽视了工程功能水平的要求及功能与成本的匹配性，可能会出现功能水平过低而增加工程运营维护成本的情况，或在投资限额内没有达到最佳功能水平的现象。

(3) 限额设计目的是提高投资控制的主动性，所以贯彻限额设计，重要的一点是在设计和施工图设计前，对工程项目、各单位工程、各分部工程进行合理的投资分配，控制设计。

若在设计完成后发现概预算超了再进行设计变更，满足限额设计的要求，则会使投资控制处于被动地位，也会降低设计的合理性。

2) 限额设计的完善

限额设计要正确处理好投资限额与项目功能之间的对立统一关系，从如下方面加以改进和完善。

(1) 正确理解限额设计的含义，处理好限额设计与价值工程之间的关系。

(2) 合理确定设计限额。

(3) 合理分解和使用投资限额，为采纳有创新性的优秀设计方案及设计变更留有一定的余地。

5.2.5　标准设计

1. 标准的划分

目前我国常用的标准有如下四类。

1) 国家标准

国家标准是指为了在全国范围按统一的技术要求和国家需要控制的技术要求所制定的标准。它分为强制性标准(代号 GB)和推荐性标准(代号 GB/T)。工程建设国家标准由我国工程建设行政主管部门即建设部负责制订计划、组织草拟、审查批准和发布。

2) 行业标准

行业标准是指对没有国家标准而又需要在全国某个行业范围内统一的技术要求所制定的技术标准。行业标准由行业主管部门负责编制本行业标准的计划、组织草拟、审查批准和发布。如建工行业标准(代号 JG)、建材行业标准(代号 JC)、交通行业标准(代号 JT)等。

3) 地方标准

地方标准(代号 DB)是指对没有国家标准、行业标准而又需要在某个地区范围内按统一的技术要求所制定的技术标准。地方标准根据当地的气象、地质、资源等特殊情况的技术要求制定，由各省、自治区、直辖市建设主管部门负责编制本地区标准的计划、组织草拟、审查批准和发布。

4) 企业标准

企业标准(代号 QB)是指对没有国家标准、行业标准、地方标准而企业为了组织生产需要在企业内部按统一的要求所制定的标准。企业标准是企业自己制定的，只能适用于企业内部，作为本企业组织生产的依据，而不能作为合法交货、验收的依据。

标准的一般表示方法，是由标准名称、部门代号、编号和批准年份组成。例如：国家标准(强制性)《金属拉伸试验方法》GB 228—88；建材行业标准(推荐性)《建筑石灰》 JC/T 479—92。

对强制性国家标准，任何技术(或产品)不得低于其规定的要求；对推荐性国家标准，表示也可执行其他标准的要求。地方标准或企业标准所制定的技术要求应高于国家标准。

2. 设计标准和标准设计的意义

设计标准是国家的重要技术规范，是进行工程建设勘察设计、施工及验收的重要依据。

各类建设的设计都必须制定相应的标准规范，它是进行工程技术管理的重要组成部分，与项目投资控制密切相连。标准设计又称通用设计、定型设计，是工程建设标准化的组成部分，各类工程建设的构件、配件、零部件，通用的建筑物、构筑物、公用设施等，只要有条件的，都应该编制标准设计，推广使用。

制定或者修订设计标准规范和标准设计，必须贯彻执行国家的技术经济政策，密切结合自然条件和技术发展水平，合理利用能源、资源、材料和设备，充分考虑使用、施工、生产和维修的要求，做到通用性强、技术先进、经济合理、安全适用、确保质量、便于工业化生产。因此在编制时，一定要认真调查研究，及时掌握生产建设的实践经验和科研成果，按照统一、简化、协调、择优的原则，将其提炼上升为共同遵守的依据，并积极研究吸收国外编制标准规范的先进经验，鼓励积极采用国际标准(如 ISO 国际标准)。对于制定标准规范需要解决的重大科研课题，应当增加投入，组织力量进行攻关。随着生产建设和科学技术的发展，设计标准规范必须经常补充，及时修订，不断更新。

工程建设标准规范和标准设计，来源于工程建设实践经验和科研成果，是工程建设必须遵循的科学依据。大量成熟的、行之有效的实践经验和科技成果纳入标准规范和标准设计加以实施，就能在工程建设活动中得到最普遍有效的推广使用。这是科学技术转化为生产力的一条重要途径。另外，工程建设标准规范又是衡量工程建设质量的尺度，符合设计标准规范就是质量好，不符合设计标准规范就是质量差。抓设计质量，设计标准规范必须先行。设计标准规范一经颁发，就是技术法规，在一切工程设计工作中都必须执行。标准设计一经颁发，建设单位和设计单位都要因地制宜地积极采用，无特殊理由的，不得另行设计。

3. 设计标准可带来的经济效益

(1) 优秀的设计标准规范有利于降低投资、缩短工期。例如《工业与民用建筑地基基础设计规范》执行以来，收到了良好的技术经济效果。该设计规范规定允许基底残留冻土层厚度，使基础埋深可浅于冻深 (国外标准均规定基础埋深不得小于冻深)，从而节约了工程造价，缩短了工期；采用规范的挡土墙计算公式，可节省挡土墙造价 20%；对于单桩承载力，该设计规范结合我国国情把安全系数定为 2(日本取 3，美国亦取 2 以上)，这在沿海软土地地基可节约基础造价 30%以上。再如总结多年科研成果和借鉴国外先进经验基础上而编制的《工业与民用建筑灌注桩基础设计与施工规范》试行以来，加快了基础工程进度，降低了造价。同预制桩相比，每平方米建筑物降低投资 30%，节约钢材 50%，全国每年可节约投资 1.8 亿元，钢材 6 万吨，并避免了预制桩施工带来的振动、噪音污染以及对周围房屋的破坏性影响，社会效益非常明显。

(2) 有的好设计标准规范虽不直接降低项目投资，但能降低建筑物全生命费用。例如《工业循环冷却水处理设计规范》自施行以来，效果明显：南京某石化公司乙二醇装置，按此规范采用循环供水后与直流供水比，年节约用水 1.12 亿吨，年降低生产成本约 560 万元。又如在 40 项科研成果基础上编制的《工业建筑防腐蚀设计规范》，与过去的习惯做法比较，可以使工业建筑厂房的使用寿命提高 3～5 倍，也可以防止盲目提高防护标准，浪费贵重材料。

(3) 有利于保障生命财产安全，提高宏观投资效益。比如按《工业与民用建筑抗震设计规范》设计的建筑物，造价比原来增加了(7 度为 1%～3%，8 度为 5%，9 度为 10%)，但可大大减少地震引起的损失。

1981 年四川省道孚县发生 6.9 级地震，所调查的 14 栋按抗震规范设计的新建筑，无一倒塌，而不按抗震规范设计的房屋则倒塌严重。

4. 标准设计的推广

经国家或省、市、自治区批准的建筑、结构和构件等整套标准技术文件图纸，称为标准设计。各专业设计单位按照专业需要自行编制的标准设计图纸，称为通用设计。

1) 标准设计包括的范围

(1) 重复建造的建筑类型及生产能力相同的企业、单独的房屋构筑物，都应采用标准设计或通用设计。

(2) 不同用途和要求的建筑物，应按照统一的建筑模数、建筑标准、设计规范、技术规定等进行设计。

(3) 当整个房屋或构筑物不能定型化时，应把其中重复出现的部分，如房屋的建筑单元、节间和主要的结构节点构造，在构配件标准化的基础上定型化。

(4) 建筑物和构筑物的柱网、层高及其他构件参数尺寸应尽量统一化。

(5) 建筑物采用的构配件应力求统一，在满足使用要求和修建条件的情况下，尽可能地具有通用互换性。

2) 推广标准设计有利于较大幅度地降低工程造价

(1) 可以节约设计费用，大大加快提供设计图纸的速度(一般可加快设计速度 1～2 倍)，缩短设计周期。

(2) 可以在构件预制厂生产标准件，使工艺定型，容易提高工人的技术，而且易使生产均衡和提高劳动生产率以及统一配料、节约材料，有利于构配件生产成本的大幅度降低。例如，标准构件的木材消耗仅为非标准构件的 25%。

(3) 可以使施工准备工作和定制预制构件等工作提前，并能使施工速度大大加快，既有利于保证工程质量，又能降低建筑安装工程费用。据天津市统计，采用标准构配件可降低建筑安装工程造价 16%；上海市的调查材料说明，采用标准构件的建筑工程可降低费用 10%～15%。

(4) 标准设计是按通用性条件编制，按规定程序批准的，可以供大量重复使用，既经济又优质。标准设计能较好地贯彻执行国家的技术经济政策，密切结合自然条件和技术发展水平，合理利用能源、资源和材料设备，较充分地考虑施工、生产、使用和维修的要求，便于工业化生产。因而，标准设计的推广，一般都能使工程造价低于个别设计的工程造价。

在工程设计阶段，正确处理技术与经济的对立统一关系，是控制项目投资的关键环节。既要反对片面强调节约，因忽视技术上的合理要求而使建设项目达不到工程功能的倾向，又要反对重技术、轻经济、设计保守浪费、脱离国情的倾向。尤其在当前我国建设资金紧缺，各建设项目普遍概算超过估算，预算超过概算，竣工决算超过预算，此时，对设计单位和设计人员更要强调反对后一种倾向，必须树立经济核算的观念。设计人员和工程经济人员应密切配合，严格按照设计任务书规定的投资估算做好多方案的技术经济比较，在批准的设计概算限额以内，在降低和控制项目投资上下功夫。工程经济人员在设计过程中应及时地对项目投资进行分析对比，反馈造价信息，以保证有效地控制投资。

5.3　设计概算的编制与审查

本节主要介绍设计概算的编制与审查，其中包括设计概算的内容、设计概算的编制方法、设计概算的审查等内容。

5.3.1　设计概算的内容

设计概算是在投资估算的控制下，在初步设计阶段或技术设计阶段，由设计单位对工程造价进行的概略计算，它是初步设计文件的重要组成部分。

1. 概述

设计概算分为三级概算，即单位工程概算、单项工程综合概算和建设项目总概算。其构成如图 5-2 所示。

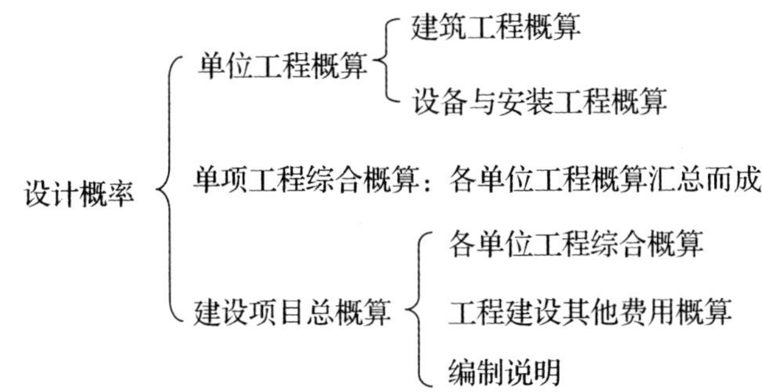

图 5-2　设计概算三级概算关系图

1) 单位工程概算

单位工程概算是确定各单位工程建设费用的文件，是编制单项工程综合概算的依据，是单项工程综合概算的组成部分。单位工程概算按其工程性质分为建筑工程概算和设备与安装工程概算两大类。建筑工程概算包括土建工程概算，给排水、采暖工程概算，通风、空调工程概算，电气照明工程概算，弱电工程概算，特殊构筑物工程概算等；设备与安装工程概算包括机械设备及安装工程概算，电气设备及安装工程概算等，以及工具、器具及生产家具购置费概算等。

2) 单项工程综合概算

单项工程综合概算是确定一个单项工程所需建设费用的文件，它是由单项工程中的各单位工程概算汇总编制而成，是建设项目总概算的组成部分。

3) 建设项目总概算

建设项目总概算是确定整个建设项目从筹建到竣工验收所需全部费用的文件，它是由各单项工程综合概算、工程建设其他费用概算、预备费和投资方向调节税概算等汇总编制而成的。

2. 设计概算的作用

(1) 设计概算是确定建设项目、单项工程及单位工程投资的依据。
(2) 设计概算是编制投资计划的依据。
(3) 设计概算是进行贷款和拨款的依据。
(4) 设计概算是实施投资包干的依据。
(5) 设计概算是考核设计方案的经济合理性和控制施工图预算的依据。

5.3.2　设计概算的编制方法

设计概算是由单位工程概算、单项工程综合概算和建设项目总概算三级组成，设计概算的编制，是从单位工程概算这一级开始编制，经过逐级汇总而成。

1. 单位工程概算的编制方法

1) 建筑工程概算的主要编制方法

(1) 概算定额法。概算定额法也叫扩大单价法。当初步设计达到一定的深度，建筑结构较明确能够准确计算工程量时，可采用这种方法编制建筑工程概算。

采用概算定额法编制概算，首先根据概算定额编制扩大单位估价表(概算定额单价)，然后用算出的扩大部分分项工程的工程量，乘以概算定额单价，进行具体计算。其中工程量的计算，必须根据定额中规定的各个扩大分部分项工程内容，遵守定额中规定的计量单位、工程量计算规则及方法来进行。

工程量计算的准确与否直接影响到设计概算的可靠性。但在目前的工程造价实践中，由于设计深度及概算人员的设计知识限制，不易确定扩大分部分项的工程量组成内容及计算，所以许多设计单位在计算该阶段的工程量时都相应地采取了弥补措施，表 5-5 为建设部建筑设计院拟定的“初步(扩初)设计概算用设计数据表”中的建筑专业表。

表 5-5　初步(扩初)设计概算用设计数据表(建筑专业)

序 号	部 位	要求提供内容	构造及用料标准(数量)
1	墙体(包括地下室、内外墙、隔断、厕所隔间、女儿墙等)	材质、厚度、保温等	
2	楼地面(包括楼梯、台阶、散水、踢脚线、楼梯栏杆等)	区分各种地面、楼面等各层做法	
3	屋面(包括屋面排水等)	防水、保温、找坡等做法及厚度、排水用料及规格等	

续表

序 号	部 位	要求提供内容	构造及用料标准(数量)
4	天棚(包括吊顶及抹灰等)	吊顶龙骨及面层、抹灰底面层、保温材质及厚度等	
5	门窗(包括窗台板、窗帘盒、筒子板、大五金等)	材质，单、双层或一玻一纱，尺寸、附件规格等	
6	墙面(包括内外墙、墙裙等抹灰及面层)		
7	电梯	电梯类别、载重量、产地及部数	
8	其他(包括地下室防水、挑檐、阳台、暖气罩、固定家具等) 材质、数量等		

采用扩大单价法编制建筑工程概算比较准确，但计算比较繁琐。只有具备一定的设计基本知识，熟悉概算定额，才能弄清分部分项的扩大综合内容，才能正确地计算扩大分部分项的工程量。同时在套用概算定额单价时，如果所在地区的工资标准及材料预算价格与概算定额不一致，则需要重新编制概算定额单价或测定系数加以调整。

(2) 概算指标法。当初步设计深度不够，不能准确地计算工程量，但工程采用的技术比较成熟而又有类似概算指标可以利用时，可采用概算指标来编制概算。

概算指标，是按一定计量单位规定的，比概算定额更综合扩大的分部工程或单位工程等人工、材料和机械台班的消耗量标准和造价指标。在建筑工程中，它往往按完整的建筑物、构筑物以 m^2 、 m^2 或座等为计量单位。

计算公式如下：

$$C = D \times V_D + M \times V_m + N \times V_n \tag{5-6}$$

$$V_1 = C(1 + K_1)(1 + K_2) + R \tag{5-7}$$

$$V_2 = \frac{V_1}{1000} \tag{5-8}$$

$$V_3 = V \times V_2 \tag{5-9}$$

式中：C——1000 m^2 建筑物体积的建筑工程直接费；

D——指标规定的人工工日数；

V_D——地区日工资标准；

M——指标规定的材料耗用量；

N——指标规定的机械台班数；

V_n——地区机械台班费；

V_m——相应的地区材料价格；

V_1——1000 m^2 建筑物的概算价值；

K_1——间接费率；

K_2——利润率；

R——税金；

V_2——每立方米单位工程概算价值；

V_3——单位工程概算造价(元)；

V——建筑物体积。

概算指标的计量单位是 m^2 时，套用方法相同。

当设计对象的结构特征与某个概算指标有局部不同时，则需要对该概算指标进行修正，然后用修正后的概算指标进行计算。

第一种修正方法如下。

单位造价修正指标=原指标单价−(换出结构构件价值)÷1000+(换入结构构件价值)÷1000 (5-10)

换出(入)结构单价=换出(入)结构构件工程量×相应的概算定额单价 (5-11)

另一种修正方法是从原指标的工料数量和机械使用费中减去与设计对象不同的结构构件的人工、材料数量和机械使用台班，再加上所需的结构构件的人工、材料数量和机械使用台班。换入和换出的结构构件的人工、材料数量和机械使用台班，是根据换入和换出的结构构件的工程量，乘以相应的定额中的人工、材料数量和机械使用台班计算出来的。这种方法不是从概算单价着手修正，而是直接修正指标中的工料数量。

(3) 类似工程预算法。当工程设计对象与已建或在建工程相类似，结构特征基本相同，或者概算定额和概算指标不全时，就可以采用这种方法编制单位工程概算。

类似工程预算法就是以原有的相似工程的预算为基础，按编制概算指标方法，求出单位工程的概算指标，再按概算指标法编制建筑工程概算。

利用类似预算，应考虑以下条件。

① 设计对象与类似预算的设计在结构上的差异。

② 设计对象与类似预算的设计在建筑上的差异。

③ 地区工资的差异。

④ 材料预算价格的差异。

⑤ 施工机械使用费的差异。

⑥ 间接费用的差异等。

对于结构及建筑上的差异，可参考概算指标法加以修正，其他则须编制修正系数。

修正系数的计算公式如下。

$$k_1 = \frac{V_D}{V'_D} \tag{5-12}$$

$$k_2 = \frac{\sum m_i \times V_{m_i}}{M} \tag{5-13}$$

$$k_3 = \frac{\sum f_i \times V_{f_i}}{F} \tag{5-14}$$

$$k_4 = \frac{C_R}{C'_R} \tag{5-15}$$

$$k_5 = \frac{Q_R}{Q'_R} \tag{5-16}$$

式中：k_1、k_2、…、k_5——分别为人工费、材料费、机械台班使用费、其他直接费和间接费修正系数；

V_D，V_D'——编概算地区和类似工程地区的人工工资标准；

m_i——类似工程各材料用量；

V_{m_i}——编概算地区各材料预算价格；

M——类似工程材料总费用；

f_i——类似工程各机械台班单价；

V_{f_i}——编概算地区机械台班单价；

F——类似工程机械使用费；

C_R，C_R'——编概算地区和类似工程地区其他直接费率；

Q_R，Q_R'——编概算地区和类似工程地区间接费率。

$$K = r_1k_1 + r_2k_2 + r_3k_3 + r_4k_4 + r_5k_5 \tag{5-17}$$

式中：K——造价总修正系数；

r_1、…、r_5——各费用在单位工程造价中的比重；

k_1、…、k_5——各费用修正系数。

修正后的类似工程预算单方造价为：

修正后的类似工程预算单方造价=类似工程预算造价÷类似工程面积×K　　(5-18)

拟建工程概算造价为：

拟建工程概算造价=修正后的类似工程预算单方造价×拟建项目面积(或体积)　(5-19)

以上三种方法以概算定额法误差最小，但程序繁琐，其应用直接受初步设计深度的影响；类似工程预算法的应用性介于其他两种方法之间。

2) 设备及安装工程概算的编制方法

(1) 设备购置费概算的编制方法。设备购置费由设备原价和运杂费两项组成。

国产标准设备原价可根据设备型号、规格、性能、材质、数量及附带的配件，向制造厂家询价或向设备、材料信息部门查询或按主管部门规定的现行价格逐项计算。非主要标准设备和工器具、生产家具的原价可按主要标准设备原价的百分比计算，百分比指标按主管部门或地区的有关规定执行。

设备运杂费按有关规定的运杂费率计算(具体计算公式见本书第 3 章)。

(2) 设备安装工程概算的编制方法。设备安装工程概算的编制方法有以下三种。

① 预算单价法。当初步设计较深，有详细的设备清单时，可直接按安装工程预算定额单价编制设备安装工程概算，概算程序与安装工程施工图预算基本相同，准确性较高。

② 扩大单价法。当初步设计深度不够，设备清单不详细或只有主体设备或仅有成套设备重量时，可采用主体设备、成套设备的综合扩大安装单价来编制概算。

③ 概算指标法。当无法采用以上两种方法时，可采用概算指标法编制概算。通常可采用的计算指标有以下几种。

按所占设备价值的百分比(安装费率)的概算指标计算。数学表达式为：

设备安装费=设备原价×安装费率(%)　　(5-20)

按单位(如吨、台、套、功率等)设备安装费的概算指标计算。数学表达式为：

设备安装费=设备吨重×每吨设备安装费指标　　(5-21)

按设备安装工程每平方米建筑面积的概算指标计算。数学表达式为：

设备安装费=设备安装工程建筑面积×每平方米设备安装指标　　(5-22)

2. 单项工程综合概算的编制方法

单项工程综合概算是以其所辖的建筑工程概算表和设备安装概算表为基础汇总编制的。当建设项目只有一个单项工程时，单项工程综合概算 (实为总概算)还应包括工程建设其他费用、预备费和固定资产投资方向调节税等的概算。

单项工程综合概算包括编制说明(如编制依据、方法、主要材料和设备的数量、其他问题等)和综合概算表两部分。后者由各单位工程概算等资料汇总而成。

3. 建设项目总概算的编制方法

建设项目总概算是设计文件的重要组成部分，是确定整个建设项目从筹建到竣工交付使用所预计花费的全部费用的文件。它一般包括编制说明和总概算表，有的还列出单项工程综合概算表和单位工程概算表等。

1) 编制说明

编制说明应包括以下内容。

(1) 工程概况。简述建设项目的性质、特点、生产规模、建设周期，项目要说明引进内容以及与国内配套工程等主要情况。

(2) 资金来源及投资方式。

(3) 编制依据及编制原则。

(4) 编制方法。说明设计概算是采用扩大单价法，还是采用概算指标法等。

(5) 投资分析。主要分析各项投资的比重、各专业投资的比重等经济指标。

(6) 其他需要说明的问题。

2) 总概算表

总概算表应反映静态投资和动态投资两个部分。静态投资是按设计概算编制期价格、费率、利率、汇率等确定的投资；动态投资是指概算编制期到竣工验收前的工程和价格变化等多种因素所需的投资。

当不编制总概算表时，需在单项工程综合概算中加入其他费用、预备费等部分。在进行总概算编制时，要按有关规定合理地预测概算从编制至竣工期的价格、利率、汇率等动态因素，严格资金管理，争取将概算控制在估算范围内。

5.3.3　设计概算的审查

1. 审查设计概算的意义

(1) 可以促进概算编制单位严格执行国家有关概算的编制规定和费用标准，提高概算的编制质量。

(2) 有助于促进设计技术先进性与经济合理性。设计概算是设计方案的技术经济效果的反映，通过对同一项工程中不同设计方案的经济效果比较，可选择经济合理的设计方案，达到节省国家投资的目的。

(3) 可以防止任意扩大建设规模和减少漏项的可能，从而避免投资缺口，缩小概算与预

算之间的差距。

(4) 可以正确地确定工程造价，合理地分配投资资金。为加强投资计划管理，编制基本建设计划，落实基本建设投资，提供了可靠的依据。

2. 设计概算审查的主要内容

1) 设计概算的编制依据

(1) 国家有关部门的文件。包括：设计概算编制办法、设计概算的管理办法和设计标准等有关规定。

(2) 国务院主管部门和各省、市、自治区根据国家规定或授权制定的各种规定及办法等。

(3) 建设项目的有关文件。如批准的可行性研究报告以及批准的有关文件等。

主要审查这些依据的合法性、时效性和适用范围，审查是否有跨部门、跨地区、跨行业应用依据的情况。

2) 概算书

主要审查概算书的编制深度，即是否按规定编制了“三级概算”，有无简化现象；审查建设规模及工程量，有无多算、漏算或重算；审查计价指标是否符合现行规定；审查初步设计与采用的概算定额或扩大结构定额的结构特征描述是否相符；概算书若进行了修正、换算，审查修正部分的增减量是否准确、换算是否恰当；对于用概算定额和扩大分项工程量计算的概算书，还要审查工程量的计算和定额套用有无错误。

3) 审查设计概算的构成

(1) 单位工程概算的审查。审查单位工程概算，首先要熟悉各地区和各部门编制概算的有关规定，了解其项目划分及其取费规定，掌握编制依据、编制程序和编制方法。其次，要从分析技术经济指标入手，选好审查重点，依次进行。

① 建筑工程概算的审查内容。

a. 审查工程量。根据初步设计文件进行审查。

b. 采用的定额或指标的审查。包括定额或指标的运用范围、定额基价或指标的调整、定额指标缺项的补充。进行定额或指标的补充时，要求补充定额的项目划分、内容组成、编制原则等，要与现行的定额精神相一致。

c. 材料预算价格的审查。要着重对材料原价和运输费用进行审查。在审查材料运输费的同时，要审查节约材料运输费用的措施，以努力降低材料费用。为了有效地做好材料预算价格的审查工作，要根据设计文件确定材料耗用量，以耗用量大的主要材料作为审查的重点。

d. 其他各项费用的审查。审查时，结合项目特点，搞清其他各项费用所包含的具体内容，避免重复计算或遗漏。取费标准根据国家有关部门或地方规定标准执行。一般要求：国务院各部局直属施工企业在地方承担工程任务，如主管部门有规定的，按其规定办理，无规定的，按地方规定标准执行；外省、市施工企业承担当地工程任务时，应执行当地标准；施工企业承担专业性工程时，地方已有规定的，按地方规定执行，地方无规定的，可执行有关主管部门规定的专业工程取费标准和相应的定额。另外，按规定调整材料预算价格以外的价差或议价材料的价差，不能计取各项费用(税金除外)。

② 设备及安装工程概算的审查内容。

审查设备及安装工程概算时，应把注意力集中在设备清单和安装费用的计算方面。

(2) 综合概算和总概算的审查。

① 审查概算的编制是否符合国家的方针、政策的要求。坚持实事求是，依据工程所在地的条件(包括自然条件、施工条件和影响造价的各种因素)，反对大而全、铺张浪费和弄虚作假，不许任意扩大投资额或留有缺口。

② 审查概算文件的组成。概算文件反映的设计内容必须完整，概算包括的工程项目必须按照设计要求确定，设计文件内的项目不能遗漏；概算所反映的建设规模、建筑结构、建筑面积、建筑标准、总投资是否符合可行性研究报告和设计文件的要求；非生产性建设项目是否符合规定的面积和定额，是否采用经济的结构和适用材料；概算投资是否完整地包括建设项目从筹建到竣工投产的全部费用等。

③ 审查总图设计和工艺流程。

(3) 审查经济效果。概算是设计的经济反映，对投资的经济效果要进行全面考虑。不仅要看投资的多少，还要看社会效果，并从建设周期、原材料来源、生产条件、产品销路、资金回收和盈利等因素综合考虑，全面衡量。

(4) 审查项目的“三废”治理。项目设计的同时必须安排“三废”(包括废水、废气、废渣)的治理方案和投资，对于未作安排或漏列的项目，应按国家规定要求列入项目内容和投资。

(5) 审查一些具体项目。

① 审查各项技术经济指标是否经济合理。

② 审查建筑工程费。生产性建设项目的建筑面积和造价指标，要根据设计要求和同类工程计算确定。做到主要生产项目与辅助生产项目相适应，建筑面积与工艺设备安装相吻合。对非生产性建设项目，要按照国家和所在地区的主管部门规定的建筑标准，审查建筑面积标准和造价指标。

③ 审查设备及安装工程费。审查设备数量是否符合设计要求，详细核对设备清单，防止采购计划外设备和设备的规格、数量、种类不对；审查设备价格的计算是否符合规定，标准设备的价格与国家规定的价格是否相符，非标准设备的价格计算依据是否合理；安装工程费要与需要安装的设备相符合。不能只列设备费而不列安装费，或只列安装费而不列设备费。安装工程费必须按国家规定的安装工程概算定额或概算指标计算。

④ 审查各项其他费用。这一部分费用包括的内容较多，要按照国家和地区的规定，逐项详细审查，不属于基建范围内的费用不能列入概算，没有具体规定的费用要根据实际情况核实后再列入。

3. 审查设计概算的形式和方法

1) 审查设计概算的形式

审查设计概算并不仅仅审查概算，同时还要审查设计。一般情况下，是由建设项目的主管部门组织建设单位、设计单位、建设银行等有关部门，采用会审的形式进行审查的。

2) 审查设计概算的方法

(1) 对比分析法。通过建设规模、标准与立项批文对比，工程量与设计图纸对比，综合范围、内容与编制方法、规定对比，各项取费与规定标准对比，材料、人工单价与统一信息对比，引进投资与报价要求对比，技术经济指标与同类工程对比等，容易发现存在的主

要问题和偏差，较好地判别设计概算的准确性。

(2) 主要问题复核法。根据审查中发现的主要问题，对偏差大的工程进行复核，复核时尽量按照编制规定或对照图纸进行详细核查，慎重、公正地纠正概算偏差。

(3) 查询核实法。查询核实法是对一些关键设备和设施、重要装置、引进工程图纸不全、难以核算的较大投资进行多方查询核对，逐项落实的方法。

(4) 联合会审法。联合会审前，先由设计单位自审，主管、设计、承包单位初审，工程造价咨询公司评审，邀请同行专家预审，审批部门复审等，经层层审查把关后，再由有关单位和专家进行会审。

经过审查、修改后的设计概算，提交审批部门复核后，正式下达审批概算。

本章小结

在工业建筑设计中，影响工程造价的主要因素有总平面图设计、工业建筑的平面和立面设计、建筑结构方案的设计、工艺技术方案的选择、设备的选型和设计等。居住建筑是民用建筑中最主要的建筑，在居住建筑设计中，影响工程造价的因素主要有小区建设规划的设计、住宅平面布置、层高、层数、结构类型等。设计概算是在投资估算的控制下，在初步设计阶段或技术设计阶段，由设计单位对工程造价进行的概略计算，它是初步设计文件的重要组成部分。

思考与练习

(1) 设计阶段影响造价的因素有哪些？

(2) 为什么要进行设计招投标？

(3) 什么是多指标综合评分法？有何优缺点？

(4) 在工程设计阶段实施价值工程的意义有哪些？

(5) 什么是限额设计？

(6) 推广标准设计对工程造价有何影响？

(7) 审查设计概算的方法有哪些？

(8) 某工程投资总额为150万元，按期建成投产，每年从销售收入中扣除成本、税金后盈利15 万元，几年可以收回全部投资？

(9) 某企业为扩大生产规模，有 3 个设计方案，方案 A 是改建现有厂房，一次性投资3000万元，年经营成本是900万元；方案B是建新厂房，一次性投资4500万元，年经营成本是600万元；方案C是扩建现在厂房，一次性投资4000万元，年经营成本是700万元。三个方案的寿命期相同，所在行业的标准投资效果系数为0.1，用计算费用法比较哪个方案最优？

第 6 章　建设项目招标与投标报价

学习目标

了解招投标程序、建设工程施工招投标与设备材料采购招投标的程序、标的的编制、投标报价、评标、定标等有关内容。

本章导读

建设项目招标是通过法定程序来选择合适的承包商完成招标标的的法律行为。按竞争的激烈程度，建设项目招标可分为无限竞争招标与有限竞争招标两种形式；按招标标的的不同，可分为建设项目总承包招标、勘察设计招标、施工招标、设备材料采购招标等。

项目案例导入

某工业项目厂房主体结构工程的招标公告中规定，投标人必须为国有一级总承包企业，且近 3 年内至少获得过 1 项该项目所在省优质工程奖；若采用联合体形式投标，必须在投标文件中明确牵头人并提交联合投标协议，若某联合体中标，招标人将与该联合体牵头人订立合同。该项目的招标文件中规定，开标前投标人可修改或撤回投标文件，但开标后投标人不得撤回投标文件；采用固定总价合同，每月工程款在下月末支付；工期不得超过 12 个月，提前竣工奖为 30 万元/月，在竣工结算时支付。承包商 C 准备参与该工程的投标。经造价工程师估算，总成本为 1000 万元，其中材料费占 60%。预计在该工程施工过程中，建筑材料涨价 10%的概率为 0.3，涨价 5%的概率为 0.5，不涨价的概率为 0.2。假定每月完成的工程量相等，月利率按 1%计算。

建设项目招标时应该按照怎样的法律程序进行招标，招标人应该存续什么样的原则，投标人应该怎样通过合法的手段参与竞标，这些都是本章将要介绍的内容。

6.1　建设项目招投标程序及其文件组成

本节主要介绍建设项目招投标程序及其文件组成，其中包括工程招投标程序、招投标文件组成等内容。

6.1.1　工程招投标程序

1. 招标

1) 招标的准备工作

项目招标前，招标人应当选择招标方式、划分标段以及办理有关的审批备案手续等工作。

(1) 选择招标方式。对于公开招标和邀请招标两种方式，按照中华人民共和国建设部第89 号令《房屋建筑和市政基础设施工程施工招标投标管理办法》的规定：“依法必须进行施工招标的工程，全部使用国有资金投资或者国有资金占控股或者主导地位的，应当公开招标，但经原国家发展计划委员会(现国家发展与改革委员会)或者省、自治区、直辖市人民政府依法批准可以进行邀请招标的重点建设项目除外；其他工程可以实行邀请招标。”按照国家七部委 30 号令《工程建设项目施工招标投标办法》的规定，“国务院发展计划部门(原计划发展委员会)确定的国家重点建设项目和各省、自治区、直辖市人民政府确定的地方重点建设项目，以及全部使用国有资金投资或者国有资金投资占控股或者主导地位的工程建设项目，应当公开招标；有下列情形之一的，经批准可以进行邀请招标：项目技术复杂或有特殊要求，只有少量几家潜在投标人可供选择的；受自然地域环境限制的；涉及国家安全、国家秘密或者抢险救灾，适宜招标但不宜公开招标的；拟公开招标的费用与项目的价值相比，不值得的；法律、法规规定不宜公开招标的。

国家重点建设项目的邀请招标，应当经国务院发展计划部门批准；地方重点建设项目的邀请招标，应当经各省、自治区、直辖市人民政府批准。

全部使用国有资金投资或者国有资金投资占控股或者主导地位的并需要审批的工程建设项目的邀请招标，应当经项目审批部门批准，但项目审批部门只审批立项的，由有关行政监督部门批准。”

(2) 标段的划分。招标项目需要划分标段的，招标人应当合理划分标段。一般情况下，一个项目应当作为一个整体进行招标。但是，对于大型的项目，作为一个整体进行招标将大大降低招标的竞争性，因为符合招标条件的潜在投标人数量太少。这样就应当将招标项目划分成若干个标段分别进行招标。但也不能将标段划分得太小，太小的标段将失去对实力雄厚的潜在投标人的吸引力。如建设项目的施工招标，一般可以将一个项目分解为单位工程及特殊专业工程分别招标，但不允许将单位工程肢解为分部、分项工程进行招标。招标人不得以不合理的标段限制或者排斥潜在投标人。标段的划分是招标活动中较为复杂的一项工作，应当综合考虑以下因素。

① 招标项目的各专业要求。如果招标项目的几部分内容专业要求接近或工程技术上紧密相连、不可分割的单位工程不得分割标段，则该项目可以考虑作为一个整体进行招标。如果该项目的几部分内容专业要求相差甚远，则应当考虑划分为不同的标段分别招标。如对于一个项目中的土建和设备安装两部分内容就应当分别招标。

② 招标项目的协调管理要求。有时一个项目的各部分内容相互之间干扰不大，方便招标人进行统一管理，这时就可以考虑对各部分内容分别进行招标。反之，如果各个独立的承包商之间的协调管理十分困难，则应当考虑将整个项目发包给一个承包商，由该承包商进行分包后统一进行协调管理。

③ 对工程投资中管理费的影响。标段划分对工程投资也有一定的影响。这种影响是由多方面的因素造成的，但直接影响是由管理费的变化引起的。一个项目作为一个整体招标，则承包商需要进行分包，分包的价格在一般情况下不如直接发包的价格低；但一个项目作为一个整体招标，有利于承包商的统一管理，人工、机械设备、临时设施等可以统一使用，又可能降低费用。因此，应当具体情况具体分析。

④ 工程各标段工作的衔接。在划分标段时还应当考虑到项目在建设过程中时间和空间

的衔接。应当避免产生平面或者立面交叉、工作责任的不清。如果建设项目的各项工作的衔接、交叉少，责任清楚，则可考虑分别发包；反之，则应考虑将项目作为一个整体发包给一个承包商，因为，此时由一个承包商进行协调管理容易做好衔接工作。

(3) 办理招标备案。招标人向建设行政主管部门办理申请招标手续。招标备案文件应说明：招标工作范围；招标方式；计划工期；对投标人的资质要求；招标项目的前期准备工作的完成情况；自行招标还是委托代理招标等内容。获得认可后才可以开展招标工作。

2) 招标公告和投标邀请书的编制与发布

招标公告是指采用公开招标方式的招标人(包括招标代理机构)向所有潜在的投标人发出的一种广泛的通告。招标公告的目的是使所有潜在的投标人都具有公平的投标竞争的机会。招标人采用公开招标方式的，应当发布招标公告。招标公告必须通过一定的媒介进行传播。投标邀请书是指采用邀请招标方式的招标人，向三个以上具备承担招标项目的能力、资信良好的特定法人或者其他组织发出的参加投标的邀请。

(1) 招标公告和投标邀请书的内容。按照国家七部委 30 号令《工程建设项目施工招标投标办法》的规定，招标公告或者投标邀请书应当至少载明下列内容：招标人的名称和地址；招标项目的内容、规模、资金来源；招标项目的实施地点和工期；获取招标文件或者资格预审文件的地点和时间；对招标文件或者资格预审文件收取的费用；对招标人的资质等级的要求。

(2) 公开招标项目招标公告的发布。为了规范招标公告发布行为，保证潜在投标人平等、便捷、准确地获取招标信息，国家发展计划委员会、招标人及指定媒介应按《招标公告发布暂行办法》的规定对公开招标项目的招标公告进行发布。

国家发展计划委员会根据国务院授权，对招标公告发布活动进行监督。

依法必须公开招标项目的招标公告必须在指定媒介发布。招标公告的发布应当充分公开，任何单位和个人不得非法限制招标公告的发布地点和发布范围。招标人或其委托的招标代理机构发布招标公告，应当向指定媒介提供营业执照(或法人证书)、项目批准文件的复印件等证明文件。招标人或其委托的招标代理机构在两个以上媒介发布的同一招标项目的招标公告的内容应当相同。

指定媒介应与招标人或其委托的招标代理机构就招标公告的内容进行核实，经双方确认无误后在规定的时间内发布。指定媒介应当采取快捷的发行渠道，及时向订户或用户传递。指定媒介发布的招标公告的内容与招标人或其委托的招标代理机构提供的招标公告文本不一致，并造成不良影响的，应当及时纠正，重新发布。

3) 资格预审

资格预审是指招标人在招标开始之前或开始初期，由招标人对申请参加投标的潜在投标人进行资质条件、业绩、信誉、技术、资金等多方面情况进行资格审查。只有在资格预审中被认定为合格的潜在投标人(或投标人)才可以参加投标。如果国家对投标人的资格条件有规定的，遵照其规定。资格预审的目的是为了排除那些不合格的投标人，进而降低招标人的采购成本，提高招标工作的效率。资格审查时，招标人不得以不合理的条件限制、排斥潜在投标人或者投标人，不得对潜在投标人或者投标人实行歧视待遇。任何单位和个人不得以行政手段或者其他不合理方式限制投标人的数量。

资格预审的程序如下。

(1) 发布资格预审通告。资格预审通告是指招标人向潜在投标人发出的参加资格预审的广泛邀请。就建设项目招标而言，可以考虑由招标人在一家全国或者国际发行的报刊和国务院为此目的指定的这类刊物上发表邀请资格预审的公告。资格预审公告至少应包括下述内容：招标人的名称和地址；招标项目名称；招标项目的数量和规模；交货期或者交工期；发售资格预审文件的时间、地点以及发放的办法；资格预审文件的售价；提交申请书的地点和截止时间以及评价申请书的时间表；资格预审文件送交地点、送交的份数以及使用的文字等。

(2) 发放资格预审文件。资格预审公告后，招标人向申请参加资格预审的申请人发放或者出售资格审查文件。资格预审的内容包括基本资格审查和专业资格审查两部分。基本资格审查是指对申请人的合法地位和信誉等进行的审查；专业资格审查是对已经具备基本资格的申请人履行拟定招标采购项目能力的审查。

(3) 对潜在投标人资格的审查和评定。招标人在规定时间内，按照资格预审文件中规定的标准和方法，对提交资格预审申请书的潜在投标人的资格进行审查。审查的重点是专业资格审查，内容包括：施工经历，包括以往承担类似项目的业绩；为承担本项目所配备的人员状况，包括管理人员和主要人员的名单和简历；为履行合同任务而配备的机械、设备以及施工方案等情况；财务状况，包括申请人的资产负债表、现金流量表等。

(4) 发出预审合格通知书。经资格预审后，招标人应当向资格预审合格的投标申请人发出资格预审合格通知书，告知获取招标文件的时间、地点和方法，并同时向资格预审不合格的投标申请人告知资格预审结果。在资格预审合格的投标申请人过多时，可以由招标人从中选择不少于 7 家资格预审合格的投标申请人。

4) 编制和发售招标文件

(1) 招标文件的编制。按照我国招标投标法的规定，招标文件应当包括招标项目的技术要求，对投标人资格审查的标准、投标报价要求和评标标准等所有实质性要求和条件以及拟签合同的主要条款。建设工程招标文件是由招标单位或其委托的咨询机构编制发布的。它既是投标单位编制投标文件的依据，也是招标单位与将来中标单位签订工程承包合同的基础，招标文件中提出的各项要求，对整个招标工作乃至承发包双方都有约束力。

按照国家建设部第 89 号令《房屋建筑和市政基础设施工程施工招标投标管理办法》，工程施工招标应当具备下列条件：按照国家有关规定需要履行项目审批手续的，已经履行审批手续；工程资金或者资金来源已经落实；有满足施工招标需要的设计文件及其他技术资料；法律、法规、规章规定的其他条件。

(2) 招标文件的发售与修改。招标文件一般发售给通过资格预审、获得投标资格的投标人。投标人在收到招标文件后，应认真核对，核对无误后应以书面形式予以确认。招标文件的价格一般等于编制、印刷这些招标文件的成本，招标活动中的其他费用 (如发布招标公告等)不应计入该成本。投标人购买招标文件的费用，不论中标与否都不予退还。其中的设计文件，招标人可以酌收押金。对于开标后将设计文件退还的，招标人应当退还押金。招标人对已发出的招标文件进行必要的澄清或者修改的，应当在招标文件要求提交投标文件截止时间至少 15 日前，以书面形式通知所有招标文件收受人。该澄清或者修改的内容为招标文件的组成部分。

5) 勘查现场

(1) 招标人组织投标人进行勘查现场的目的在于了解工程场地和周围环境情况，以获取投标人认为有必要的信息，便于编制投标书；同时投标人通过自己的实地考察确定投标的

原则和策略，避免合同履行过程中投标人以不了解现场情况为由推卸应承担的合同责任。为便于投标人提出问题并得到解答，勘查现场一般安排在投标预备会的前 1～2 天。

(2) 投标人在勘查现场中如有疑问，应在投标预备会前以书面形式向招标人提出，但应给招标人留有解答时间。

(3) 招标人应向投标人介绍有关现场的以下情况：施工现场是否达到招标文件规定的条件；施工现场的地理位置和地形、地貌；施工现场的地质、土质、地下水位、水文等情况；施工现场的气候条件，如气温、湿度、风力、年雨雪量等；现场环境，如交通、饮水、污水排放、生活用电、通信等；工程在施工现场中的位置或布置；临时用地、临时设施搭建等。

(4) 招标人根据招标项目的具体情况，可以组织潜在投标人踏勘项目现场，向其介绍工程场地和相关环境的有关情况。潜在投标人依据招标人介绍的情况做出的判断和决策，由投标人自行负责。招标人不得单独或者分别组织任何一个投标人进行现场踏勘。

6) 召开投标预备会

对投标人在领取招标文件、图纸和有关技术资料及勘查现场后提出的疑问，招标人应以书面形式进行解答，并将解答同时送达所有获得招标文件的投标人。或者通过投标预备会进行解答，并以会议记录形式同时送达所有获得招标文件的投标人。

召开投标预备会一般应注意以下几点。

(1) 投标预备会的目的在于澄清招标文件中的疑问，解答投标人对招标文件和勘查现场中所提出的疑问。投标预备会可安排在发出招标文件 7 日后 28 日内举行。

(2) 投标预备会在招标管理机构监督下，由招标单位组织并主持召开，在预备会上对招标文件和现场情况作介绍或解释，并解答投标单位提出的疑问或问题，包括书面提出的和口头提出的询问。

(3) 在投标预备会上还应对图纸进行交底和解释。

(4) 投标预备会结束后，由招标人整理会议记录和解答内容，尽快以书面形式将问题及解答同时发送到所有获得招标文件的投标人。

(5) 所有参加投标预备会的投标人应签到登记，以证明出席投标预备会。

(6) 不论是招标人以书面形式向投标人发放的任何资料文件，还是投标单位以书面形式提出的问题，均应以书面形式予以确认。

2. 投标

1) 投标前的准备

(1) 投标人及其资格要求。投标人是响应招标、参加投标竞争的法人或者其他组织。响应招标，是指投标人应当对招标人在招标文件中提出的实质性要求和条件做出响应。自然人不能作为建设工程项目的投标人。

(2) 调查研究，收集投标信息和资料。

(3) 建立投标机构。

(4) 投标决策。

(5) 准备相关的资料。

2) 投标文件的编制与递交

(1) 按照中华人民共和国建设部第 89 号令《房屋建筑和市政基础设施工程施工招标投

标管理办法》，投标人应当按照招标文件的要求编制投标文件，对招标文件提出的实质性要求和条件做出响应。招标文件允许投标人提供备选标的的，投标人可以按照招标文件的要求提交替代方案，并做出相应报价。

(2) 投标文件的递交。我国《招标投标法》规定，投标人应当在招标文件要求提交投标文件的截止时间前，将投标文件送达投标地点。招标人收到投标文件后，应当签收保存，不得开启。投标人少于 3 个的，招标人应当重新招标，在招标文件要求提交投标文件的截止时间后送达的投标文件，招标人应当拒收。投标人在招标文件要求提交投标文件的截止时间前，可以补充、修改或者撤回已提交的投标文件，并书面通知招标人。补充、修改的内容为投标文件的组成部分。

3. 开标

1) 开标的时间和地点

我国《招标投标法》规定，开标应当在招标文件确定的提交投标文件截止时间的同一时间公开进行。开标地点应当为招标文件中预先确定的地点。招标人应当在招标文件中对开标地点做出明确、具体的规定，以便投标人及有关方面按照招标文件规定的开标时间到达开标地点。

2) 开标会议的规定

开标由招标人或者招标代理人主持，邀请所有投标人参加。投标单位法定代表人或授权代表未参加开标会议的视为自动弃权。

3) 开标程序和唱标的内容

(1) 开标会议宣布开始后，应首先请各投标单位代表确认其投标文件的密封完整性，并签字予以确认。当众宣读评标原则、评标办法。由招标单位依据招标文件的要求，核查投标单位提交的证件和资料，并审查投标文件的完整性、文件的签署、投标担保等，但提交合格“撤回通知”和逾期送达的投标文件不予启封。

(2) 唱标顺序应按各投标单位报送投标文件时间先后的顺序进行。当众宣读有效标函的投标单位名称、投标价格、工期、质量、主要材料用量、修改或撤回通知、投标保证金、优惠条件，以及招标单位认为必要的内容。

(3) 开标过程应当记录，并存档备查。

4) 有关无效投标文件的规定

在开标时，投标文件出现下列情形之一的，应当作为无效投标文件，不得进入评标。

(1) 投标文件未按照招标文件的要求予以密封的。

(2) 逾期送达的或者未送达指定地点的。

(3) 投标文件中的投标函未加盖投标人的企业及企业法定代表人印章的，或者企业法定代表人委托代理人没有合法、有效的委托书(原件)及委托代理人印章的；投标人名称或组织结构与资格预审时不一致的。

(4) 投标文件未按规定的格式填写，内容不全或关键内容字迹模糊、无法辨认的。

(5) 投标人递交两份或多份内容不同的投标文件，或在一份投标文件中对同一招标项目报有两个或多个报价，且未声明哪一个有效，按招标文件规定提交备选投标方案的除外。

(6) 投标人未按照招标文件的要求提供投标保函或者投标保证金的。

(7) 组成联合体投标，投标文件未附联合体各方共同投标协议的。

4. 评标

评标是招投标过程中的核心环节。我国《招标投标法》对评标做出了原则的规定。为了更为细致地规范整个评标过程，2001 年 7 月 5 日，国家七部委联合发布了《评标委员会和评标方法暂行规定》。

1) 评标的原则

评标活动应遵循公平、公正、科学、择优的原则，招标人应当采取必要的措施，保证评标在严格保密的情况下进行。评标是招标投标活动中一个十分重要的阶段，如果对评标过程不进行保密，则影响公正评标的不正当行为就有可能发生。

评标委员会成员名单一般应于开标前确定，而且该名单在中标结果确定前应当保密。评标委员会在评标过程中是独立的，任何单位和个人都不得非法干预、影响评标过程和结果。

2) 评标委员会的组建与对评标委员会成员的要求

(1) 评标委员会的组建。评标委员会由招标人负责组建，负责评标活动，向招标人推荐中标候选人或者根据招标人的授权直接确定中标人。

评标委员会由招标人或其委托的招标代理机构熟悉相关业务的代表，以及有关技术、经济等方面的专家组成，成员人数为 5 人以上的单数，其中技术、经济等方面的专家不得少于成员总数的三分之二。评标委员会设负责人的，负责人由评标委员会成员推举产生或者由招标人确定，评标委员会负责人与评标委员会的其他成员有同等的表决权。

评标委员会的专家成员应当从省级以上人民政府有关部门提供的专家名册或者招标代理机构专家库内的相关专家名单中确定。确定评标专家，可以采取随机抽取或者直接确定的方式。一般项目，可以采取随机抽取的方式；技术特别复杂、专业性要求特别高或者国家有特殊要求的招标项目，采取随机抽取方式确定的专家难以胜任的，可以由招标人直接确定。

(2) 对评标委员会成员的要求。评标委员会中的专家成员应符合下列条件：从事相关专业领域工作满 8 年并具有高级职称或者同等专业水平；熟悉有关招标投标的法律、法规，并具有与招标项目相关的实践经验；能够认真、公正、诚实、廉洁地履行职责。

(3) 评标委员会成员的基本行为要求。评标委员会成员应当客观、公正地履行职责，遵守职业道德，对所提出的评审意见承担个人责任。

评标委员会成员不得与任何投标人或者与招标结果有利害关系的人进行私下接触，不得收受投标人、中介人、其他利害关系人的财物或者其他好处。

评标委员会成员和与评标活动有关的工作人员不得透露对投标文件的评审和比较、中标候选人的推荐情况以及与评标有关的其他情况。

3) 初步评审的内容

初步评审的内容包括对投标文件的符合性评审、技术性评审和商务性评审。

(1) 投标文件的符合性评审。投标文件的符合性评审包括商务符合性和技术符合性鉴定。投标文件应实质上响应招标文件的所有条款、条件，无显著的差异或保留。所谓显著的差异或保留包括以下情况：对工程的范围、质量及使用性能产生实质性影响；偏离了招标文件的要求，而对合同中规定的业主的权利或者投标人的义务造成实质性的限制；纠正

这种差异或者保留将会对提交了实质性响应要求的投标书的其他投标人的竞争地位产生不公正影响。

(2) 投标文件的技术性评审。投标文件的技术性评审包括：方案可行性评估和关键工序评估；劳务、材料、机械设备、质量控制措施评估以及对施工现场周围环境污染的保护措施评估。

(3) 投标文件的商务性评审。投标文件的商务性评审包括：投标报价校核，审查全部报价数据计算的正确性，分析报价构成的合理性，当设有标底时与标底价格进行对比分析。修正后的投标报价经投标人确认后对其起约束作用。

4) 投标文件的澄清、说明或者补正

评标委员会可以书面方式要求投标人对投标文件中含义不明确、对同类问题表述不一致或者有明显文字和计算错误的内容作必要的澄清、说明或者补正。澄清、说明或者补正应以书面方式进行并不得超出投标文件的范围或者改变投标文件的实质性内容。

投标文件中的大写金额和小写金额不一致的，以大写金额为准；总价金额与单价金额不一致的，以单价金额为准，但单价金额小数点有明显错误的除外；对不同文字文本投标文件的解释发生异议的，以中文文本为准。

5) 应当作为废标处理的情况

(1) 弄虚作假。在评标过程中，评标委员会发现投标人以他人的名义投标、串通投标、以行贿手段谋取中标或者以其他弄虚作假方式投标的，该投标人的投标应作废标处理。

(2) 报价低于其个别成本。在评标过程中，评标委员会发现投标人的报价明显低于其他投标报价或者在设有标底时明显低于标底，使其投标报价可能低于其个别成本的，应当要求该投标人做出书面说明并提供相关证明材料。投标人不能合理说明或者不能提供相关证明材料的，由评标委员会认定该投标人以低于成本报价竞标，其投标应作废标处理。

(3) 投标人不具备资格条件或者投标文件不符合形式要求。投标人不具备资格条件或者投标文件不符合形式要求，其投标也应当按照废标处理。包括：投标人资格条件不符合国家有关规定和招标文件要求的，或者拒不按照要求对投标文件进行澄清、说明或者补正的，评标委员会可以否决其投标。

(4) 未能在实质上响应的投标。评标委员会应当审查每一投标文件是否对招标文件提出的所有实质性要求和条件做出响应。未能在实质上响应的投标，应作废标处理。

6) 投标偏差

评标委员会应当根据招标文件，审查并逐项列出投标文件的全部投标偏差。投标偏差分为重大偏差和细微偏差。

(1) 重大偏差。属于重大偏差情况的有：没有按照招标文件的要求提供投标担保或者所提供的投标担保有瑕疵；投标文件没有投标人授权代表签字和加盖公章；投标文件载明的招标项目完成期限超过招标文件规定的期限；明显不符合技术规范、技术标准的要求；投标文件载明的货物包装方式、检验标准和方法等不符合招标文件的要求；投标文件附有招标人不能接受的条件；不符合招标文件中规定的其他实质性要求。

(2) 细微偏差。细微偏差是指投标文件在实质上响应招标文件的要求，但在个别地方存在漏项或者提供了不完整的技术信息和数据等情况，并且补正这些遗漏或者不完整不会对其他投标人造成不公平的结果。细微偏差不影响投标文件的有效性。

评标委员会应当书面要求存在细微偏差的投标人在评标结束前予以补正。拒不补正的，在详细评审时可以对细微偏差作不利于该投标人的量化，量化标准应当在招标文件中明确规定。

7) 有效投标过少的处理

投标人的数量是决定投标有竞争性的最主要因素。有时虽然投标人的数量很多，但有效投标很少，则仍然达不到增加竞争性的目的。因此，《评标委员会和评标方法暂行规定》中规定，如果否决不合格投标或者界定为废标后，因有效投标不足 3 个使得投标明显缺乏竞争的，评标委员会可以否决全部投标。投标人少于 3 个或者所有投标被否决的，招标人应当依法重新招标。

8) 详细评审标的

经初步评审合格的投标文件，评标委员会应当根据招标文件确定的评标标准和方法，对其技术部分和商务部分作进一步评审、比较。设有标底的招标项目，评标委员会在评标时应当参考标底。评标委员会完成评标后，应当向招标人提出书面评标报告，并推荐合格的中标候选人。招标人根据评标委员会提出的书面评标报告和推荐的中标候选人确定中标人，招标人也可以授权评标委员会直接确定中标人。

评标方法包括经评审的最低投标价法、综合评估法或者法律、行政法规允许的其他评标方法。

(1) 经评审的最低投标价法。采用经评审的最低投标价法，能够满足招标文件的实质性要求，并且经评审的最低投标价的投标，应当推荐为中标候选人。这种评标方法是按照评审程序，经初审后，以合理低标价作为中标的主要条件。合理的低标价必须是经过终审，进行答辩，证明是实现低标价的措施有力可行的报价。但不保证最低的投标价中标，因为这种评标方法在比较价格时必须考虑一些修正因素，因此也有一个评标的过程。

按照《评标委员会和评标方法暂行规定》的规定，经评审的最低投标价法一般适用于具有通用技术、性能标准或者招标人对其技术、性能没有特殊要求的招标项目。

采用经评审的最低投标价法的，评标委员会应当根据招标文件中规定的评标价格调整方法，对所有投标人的投标报价以及投标文件的商务部分作必要的价格调整。在这种评标方法中，需要考虑的修正因素包括：一定条件下的优惠；工期提前的效益对报价的修正；同时投多个标段的评标修正等。所有的这些修正因素都应当在招标文件中有明确的规定。对同时投多个标段的评标修正，一般的做法是，如果投标人的某一个标段已被确定为中标，则在其他标段的评标中按照招标文件规定的百分比乘以报价额后，在评标价中扣减此值。

采用经评审的最低投标价法的，中标人的投标应当符合招标文件规定的技术要求和标准，但评标委员会无须对投标文件的技术部分进行价格折算。

根据经评审的最低投标价法完成详细评审后，评标委员会应当拟定一份“标价比较表”，连同书面评标报告提交招标人。“标价比较表”应当载明投标人的投标报价、对商务偏差的价格调整和说明以及已评审的最终投标价。

(2) 综合评估法。不宜采用经评审的最低投标价法的招标项目，可采用综合评估法进行评审。根据综合评估法，最大限度地满足招标文件中规定的各项综合评价标准的投标，应当推荐为中标候选人。衡量投标文件是否最大限度地满足招标文件中规定的各项评价标准，可以采取折算为货币的方法、打分的方法或者其他方法。需量化的因素及其权重应当在招标文件中明确规定。

在综合评估法中，最常用的方法是百分法。这种方法是将评审各指标分别在百分之内所占比例和评标标准在招标文件内规定。开标后按评标程序，根据评分标准，由评委对各投标人的标书进行评分，最后以总得分最高的投标人为中标人。这种评标方法一直是建设工程领域采用较多的方法。在实践中，百分法有许多不同的操作方法，其主要区别在于：这种评标方法的价格因素的比较需要有一个基准价(或者被称为参考价)，主要的情况是以标底作为基准价；但是，为了更好地符合市场或者为了保密，基准价的确定有时加入投标人的报价。评标委员会对各个评审因素进行量化时，应当将量化指标建立在同一基础或者同一标准上，使各投标文件具有可比性。

对技术部分和商务部分进行量化后，评标委员会应当对这两部分的量化结果进行加权，计算出每一投标的综合评估价或者综合评估分。根据综合评估法完成评标后，评标委员会应当拟定一份“综合评估比较表”，连同书面评标报告提交招标人。“综合评估比较表”应当载明投标人的投标报价、所作的任何修正、对商务偏差的调整、对技术偏差的调整、对各评审因素的评估以及对每一投标的最终评审结果。

(3) 其他评标方法。在法律、行政法规允许的范围内，招标人也可以采用其他评标方法。

9) 评标中的其他问题

(1) 关于同时投多个单项合同(即多个标段)问题。对于划分有多个单项合同(即多个标段)的招标项目，招标文件允许投标人为获得整个项目合同而提出优惠的，评标委员会可以对投标人提出的优惠进行审查，以决定是否将招标项目作为一个整体合同授予中标人。将招标项目作为一个整体合同授予的，整体合同中标人的投标应当最有利于招标人。

(2) 关于投备选标的问题。如果招标项目中的技术问题尚不十分成熟或者某些要求尚不十分明确，则可以考虑允许投标人投备选标。但如果允许投备选标，必须在招标文件中做出规定。根据招标文件的规定，允许投标人投备选标的，评标委员会可以对中标人所投的备选标进行评审，以决定是否采纳备选标。不符合中标条件的投标人的备选标不予考虑。

(3) 关于评标的期限和延长投标有效期的处理。评标和定标应当在投标有效期结束日 30 个工作日前完成。不能在投标有效期结束日 30 个工作日前完成评标和定标的，招标人应当通知所有投标人延长投标有效期。拒绝延长投标有效期的投标人有权收回投标保证金。招标文件应当载明投标有效期。投标有效期从提交投标文件截止日起计算。同意延长投标有效期的投标人应当相应延长其投标担保的有效期，但不得修改投标文件的实质性内容。因延长投标有效期造成投标人损失的，招标人应当给予补偿，但因不可抗力需延长投标有效期的除外。

(4) 关于所有投标被否决的处理。评标委员会经评审，认为所有投标都不符合招标文件的要求，可以否决所有投标。当然，招标人不能轻易否决所有投标，这涉及招标人在社会公众(特别是投标人)中的信誉问题，也因为招标活动要有相当大的投入及时间消耗。如因下列原因之一将导致部分或全部完成了招标程序而无一投标人中标，造成招标人被迫宣告招标失败：无合格的投标人前来投标或投标单位数量不足法定数；标底在开标前泄密；各投标人的报价均成为不合理标；在定标前发现标底有严重漏误而无效；其他在招标前未预料到，但在招标过程中发生并足以影响招标成功的事由。

所有投标被否决的，招标人应当按照我国《招标投标法》的规定重新招标。在重新招标前一定要分析所有投标都不符合招标文件要求的原因，有时候导致所有投标都不符合招标文件要求的原因，往往是招标文件的要求过高(不符合实际)，投标人无法达到要求。在这种情况下，一般需要修改招标文件后再进行重新招标。

10) 编制评标报告

评标委员会经过对投标人的投标文件进行初审和终审以后，评标委员会要编制书面评标报告，并抄送有关行政监督部门。评标报告一般包括以下内容。

(1) 基本情况和数据表。

(2) 评标委员会成员名单。

(3) 开标记录。

(4) 符合要求的投标一览表。

(5) 废标情况说明。

(6) 评标标准、评标方法或者评标因素一览表。

(7) 经评审的价格或者评分比较一览表。

(8) 经评审的投标人排序。

(9) 推荐的中标候选人名单与签订合同前要处理的事宜。

(10) 澄清、说明、补正事项纪要。

评标报告由评标委员会全体成员签字。对评标结论持有异议的评标委员会成员可以书面方式阐述其不同意见和理由。评标委员会成员拒绝在评标报告上签字且不陈述其不同意见和理由的，视为同意评标结论。评标委员会应当对此做出书面说明并记录在案。

5. 定标

1) 中标候选人的确定

中标人的投标应当符合下列条件之一：能够最大限度满足招标文件中规定的各项综合评价标准；能够满足招标文件的实质性要求，并且经评审的投标价格最低，但是投标价格低于成本的除外。

经过评标后，就可确定出中标候选人(或中标单位)。评标委员会推荐的中标候选人应当限定在 1～3 人，并标明排列顺序。

对使用国有资金投资或者国家融资的项目，招标人应当确定排名第一的中标候选人为中标人。排名第一的中标候选人放弃中标、因不可抗力提出不能履行合同，或者招标文件规定应当提交履约保证金而在规定的期限内未能提交的，招标人可以确定排名第二的中标候选人为中标人。排名第二的中标候选人因前款规定的同样原因不能签订合同的，招标人可以确定排名第三的中标候选人为中标人。

招标人可以授权评标委员会直接确定中标人。需要注意的是，在确定中标人之前，招标人不得与投标人就投标价格、投标方案等实质性内容进行谈判。经评标委员会论证，认定该投标人的报价低于其企业成本的，不能推荐为中标候选人或者中标人。

招标人应当在投标有效期截止时限 30 日前确定中标人。依法必须进行施工招标的工程，招标人应当自确定中标人之日起 15 日内，向工程所在地的县级以上地方人民政府建设行政主管部门提交施工招标投标情况的书面报告。建设行政主管部门自收到书面报告之日起 5 日内未通知招标人在招标投标活动中有违法行为的，招标人可以向中标人发出中标通知书，

并将中标结果通知所有未中标的投标人。

2) 发出中标通知书并订立书面合同

(1) 中标人确定后，招标人应当向中标人发出中标通知书。中标通知书对招标人和中标人均具有法律效力。中标通知书发出后，招标人改变中标结果，或者中标人放弃中标项目的，应当依法承担法律责任。

(2) 招标人和中标人应当自中标通知书发出之日起 30 日内，按照招标文件和中标人的投标文件订立书面合同。招标人和中标人不得再行订立背离合同实质性内容的其他协议。国家建设部还规定，招标人无正当理由不与中标人签订合同，给中标人造成损失的，招标人应当给予赔偿。招标文件要求中标人提交履约保证金的，中标人应当提交。招标人应当同时向中标人提供工程款支付担保。中标人不与招标人订立合同的，投标保证金不予退还并取消其中标资格，给招标人造成的损失超过投标保证金数额的，应当对超过部分予以赔偿。

(3) 招标人与中标人签订合同后 5 个工作日内，应当向中标人和未中标的投标人退还投标保证金。

(4) 中标人应当按照合同约定履行义务，完成中标项目。中标人不得向他人转让中标项目，也不得将中标项目肢解后分别向他人转让。中标人按照合同约定或者经招标人同意，可以将中标项目的部分非主体、非关键性工程分包给他人完成。接受分包的人应当具备相应的资格条件。中标人应当就分包项目向招标人负责，接受分包的人就分包项目承担连带责任。

3) 依法必须进行施工招标的项目

依法必须进行施工招标的项目，招标人应当自发出中标通知书之日起 15 日内，向有关行政监督部门提交招标投标情况的书面报告，书面报告至少应包括下列内容：招标范围；招标方式和发布招标公告的媒介；招标文件中投标人须知、技术条款、评标标准和方法、合同主要条款等内容；评标委员会的组成和评标报告；中标结果。

6.1.2 招投标文件的组成

1. 招标文件的组成

1) 招标文件的内容

在国家建设部第 89 号令中指出，招标人应当根据招标工程的特点和需要，自行或者委托工程招标代理机构编制招标文件。招标文件应当包括下列内容。

(1) 投标须知，包括工程概况，招标范围，资格审查条件，工程资金来源或者落实情况(包括银行出具的资金证明)，标段划分，工期要求，质量标准，现场踏勘和答疑安排，投标文件编制，提交、修改、撤回的要求，投标报价要求，投标有效期，开标的时间和地点，评标的方法和标准等。

(2) 招标工程的技术要求和设计文件。

(3) 采用工程量清单招标的，应当提供工程量清单。

(4) 投标函的格式及附录。

(5) 拟签订合同的主要条款。

(6) 要求投标人提交的其他材料。

招标人应当在招标文件中规定实质性要求和条件，并用醒目的方式标明。

2) 招标文件编制的相关规定

根据《招标投标法》和国家建设部有关规定，在编制施工招标文件时还应遵循如下规定。

(1) 说明评标原则和评标办法。招标文件应当明确规定评标时除价格以外的所有评标因素，以及如何将这些因素量化或者据以进行评估。招标人可以要求投标人在提交符合招标文件规定要求的投标文件外，提交备选投标方案，但应当在招标文件中做出说明，并提出相应的评审和比较办法。在评标过程中，不得改变招标文件中规定的评标标准、方法和中标条件。

(2) 投标价格中，一般结构不太复杂或工期在 12 个月以内的工程，可以采用固定价格，考虑一定的风险系数。结构较复杂或大型工程，工期在 12 个月以上的，应采用可调整价格。价格的调整方法及调整范围应当在招标文件中明确。

(3) 在招标文件中应明确投标价格计算依据，主要有以下方面：工程计价类别；执行的概预算定额及费用定额；执行的人工、材料、机械设备政策性调整文件等；材料、设备计价方法及采购、运输、保管的责任；工程量清单。

(4) 质量标准必须达到国家施工验收规范合格标准，对于要求质量达到优良标准时，应计取补偿费用，补偿费用的计算方法应按国家或地方有关文件的规定执行，并在招标文件中明确。

(5) 招标文件中的建设工期应当参照国家或地方颁发的工期定额来确定，如果要求的工期比工期定额缩短 20%以上(含 20%)的，应计算赶工措施费。赶工措施费如何计取应在招标文件中明确。

(6) 由于施工单位原因造成不能按合同工期竣工时，计取赶工措施费的须扣除，同时还应赔偿由于误工给建设单位带来的损失。其损失费用的计算方法或规定应在招标文件中明确。

(7) 如果建设单位要求按合同工期提前竣工交付使用，应考虑计取提前工期奖，提前工期奖的计算方法应在招标文件中明确。

(8) 招标文件中应明确投标准备时间，即从开始发放招标文件之日起，至投标截止时间的期限。最短不得少于 20 天。

(9) 在招标文件中应明确投标保证金数额及支付方式。

(10) 中标单位应按规定向招标单位提交履约担保，履约担保可采用银行保函或履约担保书。履约担保比率为：银行出具的银行保函为合同价格的 5%；履约担保书为合同价格的 10%。

(11) 材料或设备采购、运输、保管的责任应在招标文件中明确，如建设单位提供材料或设备，应列明材料或设备名称、品种或型号、数量，及提供日期和交货地点等；还应在招标文件中明确招标单位提供的材料或设备计价和结算退款的方法。

(12) 关于工程量清单。招标单位按国家颁布的统一工程项目编码、统一工程项目名称、统一计量单位和统一的工程量计算规则，根据施工图纸计算工程量，提供给投标单位作为投标报价的基础。结算拨付工程款时以实际工程量为依据。

(13) 合同协议条款的编写。招标单位在编制招标文件时，应根据《中华人民共和国合同法》《建设工程施工合同管理办法》的规定和工程具体情况确定“招标文件合同协议条款”的内容。

(14) 投标单位在收到招标文件后，若有问题需要澄清，应于收到招标文件后以书面形式向招标单位提出，招标单位将以书面形式或投标预备会的方式予以解答，答复将送给所有获得招标文件的投标单位。

2. 投标文件组成

1) 投标文件的内容

投标文件应当包括下列内容。

(1) 投标函。

(2) 施工组织设计或者施工方案。

(3) 投标报价。

(4) 招标文件要求提供的其他资料。

投标人根据招标文件载明的项目实际情况，拟在中标后将中标项目的部分非主体、非关键性工作进行分包的，应当在投标文件中载明。

2) 投标文件编制的相关规定

(1) 做好编制投标文件准备工作。投标单位领取招标文件、图纸和有关技术资料后，应仔细阅读“投标须知”，投标须知是投标单位投标时应注意和遵守的事项。另外，还须认真阅读合同条件、规定格式、技术规范、工程量清单和图纸。如果投标单位的投标文件不符合招标文件的要求，责任由投标单位自负。实质上不响应招标文件要求的投标文件将被拒绝。投标单位应根据图纸核对招标单位在招标文件中提供的工程量清单中的工程项目和工程量；如发现项目或数量有误时应在收到招标文件 7 日内以书面形式向招标单位提出。

组织投标班子，确定参加投标文件编制人员，为编制好投标文件和投标报价，应收集现行定额标准、取费标准及各类标准图集。收集掌握有关法律、法规文件，以及材料和设备价格情况。

(2) 投标文件编制中，投标单位应依据招标文件和工程技术规范要求，并根据施工现场情况编制施工方案或施工组织设计。

投标单位应根据招标文件要求编制投标文件和计算投标报价，投标报价应按招标文件中规定的各种因素和依据进行计算；应仔细核对，以保证投标报价的准确无误。

按招标文件要求投标单位提交的投标保证金，应随投标文件一并提交招标单位。

投标文件编制完成后应仔细整理、核对，按招标文件的规定进行密封和标志，并提供足够份数的投标文件副本。

(3) 投标单位必须使用招标文件中提供的表格格式，但表格可以按同样格式扩展。

(4) 投标文件在“前附表”所列的投标有效期日历日内有效。

(5) 投标单位应提供不少于“前附表”规定数额的投标保证金，此投标保证金是投标文件的一个组成部分。对于未能按要求提交投标保证金的投标，招标单位将视为不响应投标而予以拒绝。

未中标的投标单位的投标保证金应尽快退还(无息)，最迟不超过规定的投标有效期期满

后的 14 天。

中标单位的投标保证金，按要求提交履约保证金并签署合同协议后，予以退还(无息)。如投标单位有下列情况，将被没收投标保证金：投标单位在投标有效期内撤回其投标文件；中标单位未能在规定期内提交履约保证金或签署合同协议。

(6) 投标文件的份数和签署。投标单位按招标文件所提供的表格格式，编制一份投标文件“正本”和“前附表”所述份数的“副本”，并由投标单位法定代表人亲自签署并加盖法人单位公章和法定代表人印鉴。

6.2　建设工程施工招标与标底的编制

本节主要介绍建设工程施工招标与标底的编制，其中包括标底编制的原则和依据、标底的编制方法等内容。

6.2.1　标底编制的原则和依据

1. 标底编制的原则

工程标底价是招标人控制投资，确定招标工程造价的重要手段，在计算时要求科学合理、计算准确。标底价应当参考建设行政主管部门制定的工程造价计价办法和计价依据以及其他有关规定，根据市场价格信息，由招标单位或委托有相应资质的招标代理机构和工程造价咨询单位以及监理单位等中介组织进行编制。

在标底的编制过程中，应该遵循以下原则。

(1) 根据国家公布的统一工程项目编码、统一工程项目名称、统一计量单位、统一计算规则以及施工图纸、招标文件，并参照国家、行业或地方批准发布的定额和国家、行业、地方规定的技术标准规范，以及要素市场价格确定的工程量编制标底价。

(2) 标底价作为建设单位的期望价格，应力求与市场的实际变化吻合，要有利于竞争和保证工程质量。

(3) 按工程项目类别计价。

(4) 标底价应由直接费、间接费、利润、税金等组成，一般应控制在批准的总概算(或修正概算)及投资包干的限额内。

(5) 标底价应考虑人工、材料、设备、机械台班等价格变化因素，还应包括不可预见费(特殊情况)、预算包干费、措施费(包括赶工措施费、施工技术措施费)、现场因素费用、保险以及采用固定价格的工程的风险金等。工程要求优良的还应增加相应的费用。

(6) 一个工程只能编制一个标底。

(7) 标底编制完成后，直至开标时，所有接触过标底价格的人员均负有保密责任，不得泄露。

2. 标底编制的依据

标底价格编制的依据主要有以下基本资料和文件。

(1) 国家的有关法律、法规以及国务院和省、自治区、直辖市人民政府建设行政主管部门制定的有关工程造价的文件和规定。

(2) 工程招标文件中确定的计价依据和计价办法，招标文件的商务条款，包括合同条件中规定由工程承包方应承担义务而可能发生的费用，以及招标文件的澄清、答疑等补充文件和资料。在标底价格计算时，计算口径和取费内容必须与招标文件中有关取费等的要求一致。

(3) 国家、行业、地方的工程建设标准，包括建设工程施工必须执行的建设技术标准、规范和规程。

(4) 工程设计文件、图纸、技术说明及招标时的设计交底，按设计图纸确定的或招标人提供的工程量清单等相关基础资料。

(5) 采用的施工组织设计、施工方案、施工技术措施等。

(6) 工程施工现场地质、水文勘探资料，现场环境和条件及反映相应情况的有关资料。

(7) 招标时的人工、材料、设备及施工机械台班等要素市场价格信息，以及国家或地方有关政策性调价文件的规定。

6.2.2 标底的编制方法

目前我国建设工程施工招标标底的编制，主要采用定额计价和工程量清单计价方法。

1. 以定额计价法编制标底

定额计价法编制标底采用的是分部分项工程量的直接费单价(或称为工料单价法)，仅仅包括人工、材料、机械费用。直接费单价又可以分为单价法和实物量法两种。

1) 单价法

单价法是利用消耗量定额中各分项工程相应的定额单价来编制标底价的方法。首先按施工图计算各分项工程的工程量，并乘以相应单价，汇总相加，得到单位工程的直接费；再加上按规定程序计算出来的间接费、利润和税金；最后还要加上材料调价系数和适当的不可预见费，汇总后即为标底价的基础。

单位估价法实施中，也可以采用工程概算定额，对分项工程子目作适当的归并和综合，使标底价格的计算有所简化。采用概算定额编制标底，通常适用于初步设计或技术设计阶段进行招标的工程。在施工图阶段招标，也可按施工图计算工程量，按概算定额和单价计算直接费，既可提高计算结果的准确性，又可减少工作量，节省人力和时间。

2) 实物量法

用实物量法编制标底，主要先计算出各分项工程的工程量，分别套取消耗量定额中的人工、材料、机械消耗指标，并按类相加，求出单位工程所需的各种人工、材料、施工机械台班的总消耗量即实物量，然后分别乘以当时当地的人工、材料、施工机械台班市场单价，求出人工费、材料费、施工机械使用费，再汇总求和。对于间接费、利润和税金等费用的计算则根据当时当地建筑市场的供求情况具体确定。

实物量编制法与单价法相似，最大的区别在于两者在计算人工费、材料费、施工机械费及汇总三者费用之和时方法不同。

(1) 实物量法计算人工、材料、施工机械使用费，是根据预算定额中的人工、材料、机

械台班消耗量与当时、当地人工、材料和机械台班单价相乘汇总得出。采用当时、当地的实际价格，能较好地反映实际价格水平，工程造价准确度较高。从长远角度看，人工、材料、机械的实物消耗量应根据企业自身消耗水平来确定。

(2) 实物量法在计算其他各项费用，如间接费、利润、税金等时将间接费、利润等相对灵活的部分，根据建筑市场的供求情况，浮动确定。

因此，实物量法是与市场经济体制相适应的并以消耗量定额为依据的标底编制方法。

2. 以工程量清单计价法编制标底

工程量清单计价的单价按所综合的内容不同，可以划分为以下两种形式。

1) FIDIC 综合单价法

FIDIC 综合单价即分部分项工程的完全单价，综合了直接费、间接费、利润、税金以及工程的风险等全部费用。

用 FIDIC 综合单价编制标底价格，要根据统一的项目划分，按照统一的工程量计算规则计算工程量，形成工程量清单。然后估算分项工程综合单价，该单价是根据具体项目分别估算的。FIDIC 综合单价确定以后，再与各部分分项工程量相乘得到合价，汇总之后即可得到标底价格。

2) 清单规范综合单价法

这种方法是目前我国《建设工程工程量清单计价规范》(GB 50500—2003)规定的方法。清单综合单价是除规费、税金以外的全部费用，该单价综合了完成单位工程量或完成具体措施项目的人工费、材料费、机械使用费、管理费和利润，并考虑一定的风险因素。

用清单规范综合单价编制标底价格，要依据工程量清单(分部分项工程量清单、措施项目清单和其他项目清单)，然后估算各工程量清单综合单价，再与各工程量清单相乘得到合价，最后按规定计算规费和税金，汇总之后即可得到标底价格。单位工程清单规范综合单价法及计价步骤如表 6-1 所示。

表 6-1　单位工程清单规范综合单价法及计价步骤

序号	名　称	计算方法	说　明
1	工程清单项目费(分部分项工程费)	清单工程量×综合单价	综合单价是指完成单位分部分项工程清单项目所需的各项费用。它包括完成该工程清单项目所发生的人工费、材料费、机械费、管理费和利润，并考虑风险因素
2	措施项目费	措施项目工程量×措施项目综合单价	措施项目费是指为完成工程项目施工，发生于该工程施工前和施工过程中技术、生活、安全等方面的非工程实体项目。 措施项目费根据“措施项目计价表”确定

续表

序号	名称		计算方法	说明
3	其他项目费	投标人部分的金额	预留金	招标人部分的金额可按估算金额确定
			材料购置费	
		投标人部分费用	总承包服务费	根据招标人提出的要求所发生的费用确定
			零星工作项目费	根据“零星工作项目计价表”确定(零星工作项目工程量×综合单价)
4	规费		(1+2+3)×费率	行政事业性收费是指经国家和省政府批准，列入工程造价的费用。根据规定计算，按规定足额上缴
5	不含税工程造价		1+2+3+4	
6	税金		5×税率	税金是指按照税收法律、法规的规定列入工程造价的费用
7	含税工程造价		5+6	

3. 编制标底需考虑的其他因素

编制一个合理、可靠的标底价格还必须考虑以下因素。

(1) 标底必须适应招标方的质量要求，优质优价，对高于国家施工及验收规范的质量因素有所反映。标底中对工程质量的反映，应按国家相关的施工及验收规范的要求，作为合格的建筑产品，按国家规范来检查验收。但招标方往往还要提出要达到高于国家施工及验收规范的质量要求，为此，施工单位要付出比合格水平更多的费用。

(2) 标底价必须适应目标工期的要求，对提前工期因素有所反映。应将目标工期对照工期定额，按提前天数给出必要的赶工费和奖励，并列入标底。

(3) 标底必须适应建筑材料采购渠道和市场价格的变化，考虑材料差价因素，并将差价列入标底。

(4) 标底必须合理考虑招标工程的自然地理条件和招标工程范围等因素。将地下工程及“三通一平”等招标工程范围内的费用正确地计入标底价格。由于自然条件导致的施工不利因素也应考虑计入标底。

(5) 标底价格应根据招标文件或合同条件的规定；按规定的工程发承包模式，确定相应的计价方式，考虑相应的风险费用。

6.3 建设工程施工投标与报价

本节主要介绍建设工程施工投标与报价的相关知识，其中包括我国投标报价模式、工程投标报价的影响因素、投标报价策略与决策等内容。

6.3.1 我国投标报价模式

我国工程造价改革的总体目标是形成以市场价格为主的价格体系，但目前尚处于过渡

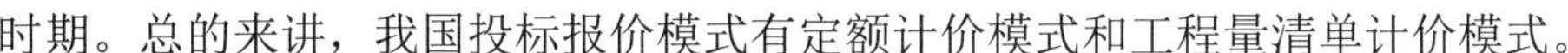

时期。总的来讲，我国投标报价模式有定额计价模式和工程量清单计价模式。

1. 以定额计价模式投标报价

一般是采用消耗量定额来编制，即按照定额规定的分部分项工程子目逐项计算工程量，套用定额基价或根据市场价格确定直接费，然后再按规定的费用定额计取各项费用，最后汇总形成标价。这种方法在我国大多数省市现行的报价编制中比较常用。

2. 以工程量清单计价模式投标报价

这是与市场经济相适应的投标报价方法，也是国际通用的竞争性招标方式所要求的。一般是由业主或受业主委托的工程造价咨询机构，将拟建招标工程全部项目和内容按相关的计算规则计算出工程量，列在清单上作为招标文件的组成部分，供投标人逐项填报单价，计算出总价，作为投标报价，然后通过评标竞争，最终确定合同价。工程量清单报价由招标人给出工程量清单，投标者填报单价，单价应完全依据企业技术、管理水平等企业实力而定，以满足市场竞争的需要。

在实践中，一般来说，工程项目投标报价方面存在着如表 6-2 所示的几种基本模式。

表 6-2　我国投标报价的模式及报价编制步骤

定额计价模式投标标价		工程量清单计价模式投标标价	
单价法	实物量法	FIDIC 综合单价法	清单规范综合单价法
1. 计算工程量 2. 查套定额单价 3. 计算直接费 4. 计算取费 5. 确定投标报价书	1. 计算工程量 2. 查套定额消耗量 3. 套用市场价格 4. 计算直接费 5. 计算取费 6. 确定投标报价书	1. 计算各清单工程资源消耗量 2. 套用市场价格 3. 计算直接费 4. 分摊间接费 5. 计算利润、税金 6. 考虑风险，得到清单综合单价 7. 计算各清单费用 8. 确定投标报价书	1. 计算各清单工程资源消耗量 2. 套用市场价格 3. 计算直接费 4. 计算管理费、利润并考虑风险得到清单综合单价 5. 计算各清单费用 6. 计算规费、税金 7. 确定投标报价书

6.3.2　工程投标报价的影响因素

调查研究主要是对投标和中标后履行合同有影响的各种客观因素、业主和监理工程师的资信以及工程项目的具体情况等进行深入细致的了解和分析。具体包括以下内容。

1. 政治和法律方面

投标人首先应当了解在招标投标活动中以及在合同履行过程中有可能涉及的法律，也应当了解与项目有关的政治形势、国家政策等，即国家对该项目采取的是鼓励政策还是限制政策。

2. 自然条件

自然条件包括工程所在地的地理位置和地形、地貌，气象状况，包括气温、湿度、主导风向、年降水量等，洪水、台风及其他自然灾害状况等。

3. 市场状况

投标人调查市场情况是一项非常艰巨的工作，其内容也非常多，主要包括：建筑材料、施工机械设备、燃料、动力、水和生活用品的供应情况、价格水平、物价指数以及今后的变化趋势和预测；劳务市场情况，如工人技术水平、工资水平、有关劳动保护和福利待遇的规定等；金融市场情况，如银行贷款的难易程度以及银行贷款利率等。

对材料设备的市场情况尤需详细了解，包括原材料和设备的来源方式，购买的成本，来源国或厂家供货情况；材料、设备购买时的运输、税收、保险等方面的规定、手续、费用；施工设备的租赁、维修费用；使用投标人本地原材料、设备的可能性以及成本比较。

4. 工程项目方面的情况

工程项目方面的情况包括工作性质、规模、发包范围；工程的技术规模和对材料性能及工人技术水平的要求；总工期及分批竣工交付使用的要求；施工场地的地形、地质、地下水位、交通运输、给排水、供电、通讯条件的情况；工程项目资金来源；对购买器材和雇佣工人有无限制条件；工程价款的支付方式、外汇所占比例；监理工程师的资历、职业道德和工作作风等。

5. 业主情况

包括业主的资信情况、履约态度、支付能力，在其他项目上有无拖欠工程款的情况，对实施的工程需求的迫切程度等。

6. 投标人自身情况

投标人对自己内部情况、资料也应当进行归纳管理。这类资料主要用于招标人要求的资格审查和本企业履行项目的可能性。

7. 竞争对手资料

掌握竞争对手的情况是投标策略中的一个重要环节，也是投标人参加投标能否获胜的重要因素。投标人在制定投标策略时必须考虑到竞争对手的情况。

6.3.3 投标报价策略与决策

1. 投标报价决策

投标报价决策是指投标人召集算标人和决策人、高级咨询顾问人员共同研究，就报价计算结果和报价的静态、动态风险分析进行讨论，做出调整报价的最后决定。在报价决策中应当注意以下问题。

1) 在可接受的最小预期利润和可接受的最大风险内做出决策

一般来说，报价决策并不仅限于具体的计算，而是应当由决策人与算标人员一起，对各种影响报价的因素进行恰当的分析，并做出果断的决策。除了对算标时提出的各种方案、费用系数等予以审定和进行必要的调整外，更重要的是决策人应从全局考虑期望的利润大小和承担风险的能力。

2) 报价决策的依据

决策的主要依据应当是算标人员的计算书和分析指标。收集与分析类似工程的造价资料，同时尽可能获得所谓“标底价格”或竞争对手的“标价情报”等，以此作为参考。参加投标的单位要尽最大的努力去争取中标，但更为主要的是中标价格应当基本合理，不应导致亏损。以自己的报价计算为依据，考虑本企业的技术水平，进行科学分析，在此基础上做出恰当的报价决策，能够保证不会导致将来的亏损。

3) 低报价不是得标的唯一因素

招标文件中一般明确申明“本标不一定授给最低报价者”。所以决策者可以提出某些合理的建议，或采用较好的施工方法，使业主能够降低成本、缩短工期，以达到战胜对手的目的。如果可能的话，还可以提出对业主优惠的支付条件等。总之，低报价是得标的重要因素，但不是唯一因素。

2. 报价技巧

报价技巧是指在投标报价中采用一定的手法或技巧使业主可以接受，而中标后又能获得更多的利润。常用的报价技巧主要有以下几种。

1) 根据招标项目的不同特点采用不同报价

投标报价时，既要考虑自身的优势和劣势，也要分析招标项目的特点。按照工程项目的不同特点、类别、施工条件等来选择报价策略。

(1) 遇到如下情况报价可高些：施工条件差的工程；专业要求高的技术密集型工程，而本公司在这方面又有专长，声望也高；总造价低的小工程，以及自己不愿意做、又不方便不投标的工程；特殊的工程，如港口码头、地下开挖工程等；工期要求急的工程；投标对手少的工程；支付条件差的工程。

(2) 遇到如下工程报价可低一些：施工条件好的工程，工作简单、工程量大而一般公司都可以做的工程；本公司目前急于打入某一市场、某一地区，或在该地区面临工程结束，机械设备等无工地转移时；本公司在附近有工程，而本项目又可以利用该工程的设备、劳务，或有条件短期内突击完成的工程；投标对手多，竞争激烈的工程；非急需工程；支付条件好的工程。

2) 不平衡报价法

这一方法是指一个工程项目总报价基本确定后，通过调整内部各个项目的报价，以期既不提高总报价、不影响中标，又能在结算时得到更理想的经济效益。一般可以考虑在以下几个方面采用不平衡报价。

(1) 能够早日结账的项目(如基础工程、土方开挖、桩基工程等)可适当提高报价。

(2) 预计今后工程量会增加的项目，单价适当提高，这样在最终结算时可多赚钱；将工程量可能减少的项目单价降低，则工程结算时损失不大。

(3) 设计图纸不明确，估计修改后工程量要增加的，可以提高单价；而工程内容解释不清楚的，则可把单价适当报低，待澄清后再要求提价。

(4) 暂定项目，又叫任意项目或选择项目，对这类项目要具体分析。因为这类项目要在开工后再由业主研究决定是否实施，以及由哪家承包商实施。如果工程不分标，另由一家承包商施工，则其中肯定要做的单价可高些，不一定做的则应低一些。如果工程分标，该暂定项目也可能由其他承包商施工时，则不宜报高价，以免抬高报价。

采用不平衡报价一定要建立在对工程量表中的工程量仔细核对分析的基础上，特别是对报低单价的项目，如执行时工程量增多将造成承包商的重大损失；不平衡报价过多和过于明显，可能会引起业主的反对，甚至导致废标。

3) 多方案报价法

对于一些招标文件，如果发现工程范围不很明确，条款不清楚或很不公正，或技术规范要求过于苛刻时，则要在充分估计投标风险的基础上，按多方案报价法处理。即是按原招标文件报一个价，然后再提出，如果某某条款作某些变动报价即可降低多少，由此可报出一个较低的价。这样可降低总造价，吸引业主。

4) 增加建议方案

有时招标文件中规定，可以提一个建议方案，即是可以修改原设计方案，提出投标者的方案。投标者这时应抓住机会，组织一批有经验的工程师，对原招标文件的设计和施工方案仔细研究，提出更为合理的方案以吸引业主，促成自己的方案中标。这种新建议方案可以降低总造价或缩短工期，或使工程运用更为合理。但要注意对原方案也一定要报价。

建议方案不要写得太具体，要保留方案的技术关键，防止业主将此方案交给其他承包商。同时要强调的是，建议方案一定要比较成熟，有很好的操作性。

5) 分包商报价的采用

由于现代工程的综合性和复杂性，总承包商不可能将全部工程内容完全独家包揽，特别是那些专业性较强的工程内容，须分包给其他专业工程公司施工。还有些招标项目，业主规定某些工程内容必须由他指定的几家分包商承担。因此，总承包商通常还应在投标前先取得分包商的报价，并增加总承包商摊入的一定的管理费，而后作为自己投标总价的一个组成部分一并列入报价单中。应当注意，分包商在投标前可能同意接受总承包商压低其报价的要求，但等到总承包商得标后，他们常以种种理由要求提高分包价格，这将使总承包商处于十分被动的地位。解决的办法是，总承包商在投标前找二三家分包商分别报价，而后选择其中一家信誉较好、实力较强和报价合理的分包商签订协议，同意该分包商作为本分包工程的唯一合作者，并将分包商的姓名列到投标文件中，但要求该分包商相应地提交投标保函。这种把分包商的利益同投标人捆在一起的做法，不但可以防止分包商事后反悔和涨价，还可能迫使分包商报出较合理的价格，以便共同争取得标。

6) 无利润算标

缺乏竞争优势的承包商，在不得已的情况下，只好在算标中根本不考虑利润去夺标。这种办法一般是处于以下条件时采用。

(1) 有可能在得标后，将大部分工程分包给索价较低的一些分包商。

(2) 对于分期建设的项目，先以低价获得首期工程，而后赢得机会创造第二期工程中的竞争优势，并在以后的实施中赚得利润。

(3) 较长时间内，承包商没有在建工程项目，如果再不得标，就难以维持生存。因此，虽然本工程无利可图，只要有一定的管理费维持公司的日常运转，就可以设法渡过暂时的困难，以图将来东山再起。

6.4　设备、材料招标与投标报价

本节主要介绍设备、材料招标与投标报价的相关知识，其中包括设备、材料采购方式，设备、材料采购的评标原则及主要方法，设备、材料采购合同价的确定等内容。

6.4.1　设备、材料采购方式

设备、材料采购是建设工程施工中的重要工作之一。采购货物质量的好坏和价格的高低，对项目的投资效益影响极大。《招标投标法》规定，在中华人民共和国境内进行与工程建设有关的重要设备、材料等的采购，必须进行招标。为了将这方面的工作做好，应根据采购的标的物的具体特点，正确选择设备、材料的招投标方式，进而正确选择好设备、材料供应商。

1. 公开招标(即国际竞争性招标、国内竞争性招标)

设备、材料采购的公开招标是由招标单位通过报刊、广播、电视等公开发表招标广告，在尽量大的范围内征集供应商。公开招标对于设备、材料采购，能够引起最大范围内的竞争。其主要优点如下。

(1) 可以使符合资格的供应商能够在公平竞争条件下，以合适的价格获得供货机会。

(2) 可以使设备、材料采购者以合理价格获得所需的设备和材料。

(3) 可以促进供应商进行技术改造，以降低成本，提高质量。

(4) 可以基本防止徇私舞弊的产生，有利于采购的公平和公正。

设备、材料采购的公开招标一般组织方式严密，涉及环节众多，所需工作时间较长，故成本较高。因此，一些紧急需要或价值较小的设备和材料的采购则不宜采用这种方式。

设备、材料采购的公开招标在国际上又称为国际竞争性招标和国内竞争性招标。

国际竞争性招标就是公开地广泛地征集投标者，引起投标者之间的充分竞争，从而使项目法人能以较低的价格和较高的质量获得设备或材料。我国政府和世界银行商定，凡工业项目采购额在 100 万美元以上的，均需采用国际竞争性招标。通过这种招标方式，一般可以使买主以有利的价格采购到需要的设备、材料，可引进国外先进的设备、技术和管理经验，并且可以保证所有合格的投标人都有参加投标的机会，保证采购工作公开而客观地进行。

国内竞争性招标适合于合同金额小，工程地点分散且施工时间拖得很长，劳动密集型生产或国内获得货物的价格低于国际市场价格，行政与财务上不适于采用国际竞争性招标等情况。国内竞争性招标亦要求具有充分的竞争性，程序公开，对所有的投标人一视同仁，并且根据事先公布的评选标准，授予最符合标准且标价最低的投标人。

2. 邀请招标(即有限国际竞争性招标)

设备、材料采购的邀请招标是由招标单位向具备设备、材料制造或供应能力的单位直

接发出投标邀请书，并且受邀参加投标的单位不得少于 3 家。这种方式也称为有限竞争性招标，是一种不需公开刊登广告而直接邀请供应商进行国际竞争性投标的采购方法。它适用于合同金额不大，或所需特定货物的供应商数目有限，或需要尽早地交货等情况。

有的工业项目，合同价值很大，也较为复杂，在国际上只有为数不多的几家潜在投标人，并且准备投标的费用很大，这样也可以直接邀请来自三四个国家的合格公司进行投标，以节省时间。但这样可能遗漏合格的有竞争力的供应商，为此应该从尽可能多的供应商中征求投标，评标方法参照国际竞争性招标，但国内或地区性优惠待遇不适用。

采用设备、材料采购邀请招标一般是有条件的，主要有以下几个。

(1) 招标单位对拟采购的设备在世界上(或国内)的制造商的分布情况比较清楚，并且制造厂家有限，又可以满足竞争态势的需要。

(2) 已经掌握拟采购设备的供应商或制造商及其他代理商的有关情况，对他们的履约能力、资信状况等已经了解。

(3) 建设项目工期较短，不允许拿出更多时间进行设备采购，因而采用邀请招标。

(4) 还有一些不宜进行公开采购的事项，如国防工程、保密工程、军事技术等。

3. 其他方式

(1) 设备、材料采购有时也通过询价方式选定设备、材料供应商。一般是通过对国内外几家供货商的报价进行比较后，选择其中一家签订供货合同。这种方式一般仅适用于现货采购或价值较小的标准规格产品。

(2) 在采购设备、材料时，有时也采用非竞争性采购方式——直接订购方式。这种采购方式一般适用于如下情况：增购与现有采购合同类似货物而且使用的合同价格也较低廉；保证设备或零配件标准化，以便适应现有设备需要；所需设备设计比较简单或属于专卖性质的；要求从指定的供货商采购关键性货物以保证质量；在特殊情况下急需采购的某些材料、小型工具或设备。

6.4.2　设备、材料采购的评标原则及主要方法

1. 设备、材料采购的评标原则与要求

根据有关规定，设备、材料采购评标、定标应遵循下列原则及要求。

(1) 招标单位应当组织评标委员会(或评标小组)负责评标定标工作。评标委员会应当由专家、设备需方、招标单位以及有关部门的代表组成，与投标单位有直接经济关系(财务隶属关系或股份关系)的单位人员不得参加评标委员会。

(2) 评标前，应当制定评标程序、方法、标准以及评标纪律。评标应当依据招标文件的规定以及投标文件所提供的内容评议并确定中标单位。在评标过程中，应当平等、公正地对待所有投标者，招标单位不得任意修改招标文件的内容或提出其他附加条件作为中标条件，不得以最低报价作为中标的唯一标准。

(3) 招标设备标底应当由招标单位会同设备需方及有关单位共同协商确定。设备标底价格应当以招标当年现行价格为基础，生产周期长的设备应考虑价格变化因素。

(4) 设备招标的评标工作一般不超过 10 天，大型项目设备招标的评标工作最多不超

过 30 天。

(5) 评标过程中，如有必要可请投标单位对其投标内容作澄清解释。澄清时不得对投标内容作实质性修改。澄清解释的内容必要时可做书面纪要，经投标单位授权代表签字后，作为投标文件的组成部分。

(6) 评标过程中有关评标情况不得向投标人或与招标工作无关的人员透露。凡招标申请公证的，评标过程应当在公证部门的监督下进行。

(7) 评标定标以后，招标单位应当尽快向中标单位发出中标通知，同时通知其他未中标单位。

另外，设备、材料采购应以最合理价格采购为原则，即评标时不仅要看其报价的高低，还要考虑货物运抵现场过程中可能支付的所有费用，以及设备在评审预定的寿命期内可能投入的运营、维修和管理的费用等。

2. 设备、材料采购评标的主要方法

设备、材料采购评标中可采用综合评标价法、全寿命费用评标价法、最低投标价法和百分评定法。

1) 综合评标价法

综合评标价法是指以设备投标价为基础，将评定各要素按预定的方法换算成相应的价格，在原投标价上增加或扣减该值而形成评标价格。评标价格最低的投标书为最优。采购机组、车辆等大型设备时，较多采用这种方法。评标时，除投标价格以外还需考察的因素和折算的主要方法，一般包括以下几个方面：运输费用、交货期、付款条件、零配件和售后服务、设备性能、生产能力。将以上各项评审价格加到投标价上去后，累计金额即为该标书的评标价。

2) 全寿命费用评标价法

采购生产线、成套设备、车辆等运行期内各种后续费用(备件、油料及燃料、维修等)较高的货物时，可采用以设备全寿命费用为基础评标价法。评标时应首先确定一个统一的设备评审寿命期，然后再根据各投标书的实际情况，在投标价上加上该年限运行期内所发生的各项费用，再减去寿命期末设备的残值。计算各项费用和残值时，都应按招标文件中规定的贴现率折成净现值。

这种方法是在综合评标价法的基础上，进一步加上一定运行年限内的费用作为评审价格。这些以贴现值计算的费用包括：估算寿命期内所需的燃料消耗费；估算寿命期内所需备件及维修费用；备件费可按投标人在技术规范附件中提供的担保数字，或过去已用过可作参考的类似设备实际消耗数据为基础，以运行时间来计算；估算寿命期末的残值。

3) 最低投标价法

采购技术规格简单的初级商品、原材料、半成品以及其他技术规格简单的货物，由于其性能质量相同或容易比较其质量级别，可把价格作为唯一尺度，将合同授予报价最低的投标者。

4) 百分评定法

这一方法是按照预先确定的评分标准，分别对各设备投标书的报价和各种服务进行评审打分，得分最高者中标。一般评审打分的要素包括：投标价格；运输费、保险费和其他

费用；投标书中所报的交货期限；偏离招标文件规定的付款条件；备件价格和售后服务；设备的性能、质量、生产能力；技术服务和培训；其他。

评审要素确定后，应依据采购标的物的性质、特点，以及各要素对采购方总投资的影响程度来具体划分权重和评分标准。

百分评定法的好处是简便易行，评标考虑因素全面，可以将难以用金额表示的各项要素量化后进行比较，从中选出最好的投标书；缺点是各评标人独立给分，对评标人的水平和知识面要求高，否则主观随意性较大。

6.4.3 设备、材料采购合同价的确定

在国内设备、材料采购招投标中的中标单位在接到中标通知后，应当在规定时间内由招标单位组织与设备需方签订合同，进一步确定合同价款。一般来说，国内设备材料采购合同价款就是评标后的中标价，但需要在合同签订中双方确认。按照国家经济贸易委员会 1996 年 11 月颁布的《机电设备招标投标管理办法》规定，合同签订时，招标文件和投标文件均为合同的组成部分，随合同一起有效。投标单位中标后，如果撤回投标文件拒签合同，可认定违约，应当向招标单位和设备需方赔偿经济损失，赔偿金额不超过中标金额的 2%。可将投标单位的投标保证金作为违约赔偿金。中标通知发出后，设备需方如拒签合同，应当向招标单位和中标单位赔偿经济损失，赔偿金额为中标金额的 2%，由招标单位负责处理。

合同生效以后，双方都应当严格执行，不得随意调价或变更合同内容；如果发生纠纷，双方都应当按照《中华人民共和国合同法》和国家有关规定解决。合同生效以后，接受委托的招标单位可向中标单位收取少量服务费，金额一般不超过中标设备金额的 1.5%。

设备、材料的国际采购合同中，合同价款的确定应与中标价相一致，其具体价格条款应包括单价、总价及与价格有关的运输费、保险费、仓储费、装卸费、各种捐税、手续费、风险责任的转移等内容。由于设备、材料价格的构成不同，价格条件也各有不同。设备、材料国际采购合同中常用的价格条件有离岸价格(FOB)、到岸价格(CIF)、成本加运费价格(CNF)。这些内容需要在合同签订过程中认真磋商，最终确认。

本 章 小 结

通过本章的学习，使学生掌握建设工程招投标的程序及其文件组成、建设工程施工招标与标底价的编制方法，了解目前我国投标报价的模式及其特点、工程投标报价的影响因素及报价策略及设备、材料招标与投标报价。

思考与练习

(1) 简述建设工程招投标的程序。
(2) 招标文件和投标文件分别有哪些内容？
(3) 简述标底价编制的原则和依据。
(4) 标底价的编制方法有哪些？
(5) 目前我国投标报价的模式有哪些？各有什么特点？
(6) 简述工程投标报价的影响因素。
(7) 简述工程投标报价的策略。
(8) 简述设备、材料的采购方式。

第 7 章　建设项目施工阶段的造价管理

学习目标

(1) 了解建设项目施工阶段全过程工程造价管理的特点、类型以及不同工程情况的处理方法。

(2) 掌握工程变更及其产生的原因、工程索赔的处理程序、工程价款的结算方式和方法。能够结合工程实际，熟练地进行工程变更价款的计算、索赔费用的计算、工程竣工结算、资金使用计划的编制及投资偏差分析。

本章导读

建设项目施工阶段工程造价管理的主要工作是工程变更和索赔的管理以及工程的计量和工程价款的结算。由于工程项目的建设周期长，涉及的经济、法律关系复杂，受自然条件和客观因素的影响大，变更与索赔等影响投资控制事件的发生在所难免，使得建设项目造价管理变得复杂。因此，本章主要介绍了建设项目实施过程中变更、索赔的管理及工程价款的结算、投资偏差分析与投资控制方法。

项目案例引入

某施工单位承包了一工程项目。按照合同规定，工程施工从 2005 年 7 月 1 日起至 2005 年 12 月 20 日止。在施工合同中，甲乙双方约定：该工程的工程造价为 660 万元人民币，工期 5 个月，主要材料与构件费占工程造价的 60%，预付备料款为工程造价的 20%，工程实施后，预付备料款从未施工工程尚需的主要材料及构件的价值相当于预付备料款数额时起扣，从每次结算工程款中按材料比重扣回，竣工前全部扣清。工程进度款采取按月结算的方式支付，工程保修金为工程造价的 5%，在竣工结算月一次扣留，材料价差按规定比上半年上调 10%，在结算时一次调增。双方还约定，乙方必须严格按照施工图纸及相关的技术规定要求施工，工程量由造价工程师负责计量。根据该工程合同的特点，造价工程师提出的工程量计量与工程款支付程序的要点如下：①乙方对已完工的分项工程在 7 天内向监理工程师认证，取得质量认证后，向造价工程师提交计量申请报告。②造价工程师在收到报告后 7 天核实已完工程量，并在计量 24 小时通知乙方，乙方为计量提供便利条件并派人参加。乙方不参加计量，造价工程师可按照规定的计量方法自行计量，结果有效。计量结束后造价工程师签发计量证书。③乙方凭计量认证与计量证书向造价工程师提出付款申请。造价工程师在收到计量申请报告后 7 天内未进行计量，报告中的工程量从第 8 天起自动生效，直接作为工程价款支付的依据。④造价工程师审核申报材料，确定支付款额，向甲方提供付款证明。甲方根据乙方的付款证明对工程款进行支付或结算。

建筑工程造价的管理，是指运用科学、技术原理和经济与法律手段，解决工程建设活动中的造价确定与控制、技术与经济、经营与管理等实际问题的工作，属于价格管理的范畴。上面的案例涉及了工程价款这个问题，那么到底什么是工程价款？它在项目工程施工阶段起着怎样的作用？这些将在本章做详细介绍。

7.1　工程变更控制与合同价款调整

本节主要介绍工程变更控制与合同价款调整的相关内容，其中包括工程变更的概念及产生的原因、工程变更的处理程序、工程变更价款的计算、FIDIC 合同条件下的工程变更等内容。

7.1.1　工程变更的概念及产生的原因

由于工程项目的建设周期长，涉及的经济、法律关系复杂，受自然条件和客观因素的影响大，导致项目的实际情况与项目招标投标时的情况相比往往会发生一些变化。工程变更包括工程量变更、工程项目的变更(如发包人提出增加或者删减原项目内容)、进度计划的变更、施工条件的变更等。如果按照变更的原因划分，变更的种类可以分为：发包人的变更指令(包括发包人对工程有了新的要求、发包人修改项目计划、发包人削减预算、发包人对项目进度有了新的要求等)；由于设计错误，必须对设计图纸作修改；由于新技术和知识的产生，有必要改变原设计方案或实施计划；工程环境的变化；法律、法规或者政府对建设项目有了新的要求、新的规定等。所有这些变更最终往往表现为设计变更，因为我国要求严格按图设计，所以如果变更影响了原来的设计，则首先应当变更原设计。考虑到设计变更在工程变更中的重要性，往往将工程变更分为设计变更和其他变更两大类。

在工程项目的实施过程中，主要有来自业主对项目要求的修改、设计方由于业主要求的变化或施工现场环境的变化、施工技术的要求而产生的设计变更。在施工过程中如果发生设计变更，将对施工进度产生很大的影响。因此，应尽量减少设计变更，如果必须对设计进行变更，必须严格按照国家的规定和合同约定的程序进行。

合同履行中其他变更如发包人要求变更工程质量标准或发生其他实质性变更，应由双方协商解决。

上述诸多的工程变更，一方面是由于主观原因，如业主的要求的变化、勘测设计工作粗糙，导致在施工过程中发现许多招标文件中没有考虑或者估算不准确的工程量，因而不得不改变施工项目或增减工程量；另一方面是由于客观原因，如发生不可预见的事故、自然或社会原因引起的停工和工期拖延等，而导致工程变更。

7.1.2　工程变更的处理程序

1. 工程变更的确认

由于工程变更会带来工程造价和施工工期的变化，为了有效地控制造价，无论任何一方提出工程变更，均需由工程师确认并签发工程变更指令。当工程变更发生时，要求工程师及时处理并且确认其合理性。一般过程是：提出工程变更→分析变更对项目目标的影响→分析有关的合同条款、会议和通信记录→初步确定处理变更所需要的费用、时间和质

量要求→确认工程变更。

2. 工程变更的处理原则

1) 尽快尽早变更

如果工程项目出现了必须变更的情况，应当尽快变更。变更越早，损失越小。如果工程变更是不可避免，不论是停止施工等待变更指令，还是继续施工，无疑都会增加损失。

2) 尽快落实变更

工程变更发生后，应当尽快落实变更。工程变更指令一旦发出，就应当全面修改各种相关的文件，迅速落实指令。承包人也应当抓紧落实，如果承包人不能全面落实变更指令，则扩大的损失应当由承包人承担。

3) 深入分析变更的影响

工程变更的影响往往是多方面的，影响持续的时间也往往较长，对此要有充分的思想准备和详尽的分析。对政府投资的项目变更较大时，应坚持先算后变的原则，即不得突破标准，造价不得超过批准的限额。

3. 工程变更的处理程序

1) 设计变更的处理程序

(1) 设计变更事项。能够构成设计变更的事项包括以下几项。

① 增减合同中约定的工程量。

② 更改工程有关部分的标高、基线、位置和尺寸。

③ 改变有关工程的施工顺序和时间。

④ 其他有关工程变更需要的附加工作。

从合同管理的角度来看，无论什么原因导致的设计变更，都可以分为发包人原因对原设计进行变更和承包人原因对原设计进行变更两种情况。

(2) 发包人原因对原设计进行变更。施工过程中发包人如果需要对原工程设计进行变更，应不迟于变更前 14 天以书面形式向承包人发出变更通知，承包人对于发包人的变更通知没有拒绝的权利。

(3) 承包人原因对原设计进行变更。施工中承包人应当严格按照图纸施工，不得随意变更设计。施工过程中承包人提出的合理化建议若涉及对工程设计图纸或者施工组织设计的更改以及对设备、原材料的更换，必须经工程师同意。承包人未经工程师同意不得擅自换用或更改，否则要承担由此而发生的一切费用，赔偿发包人的有关损失，延误的工期不予顺延。

2) 其他变更的处理程序

从合同管理的角度来看，除设计变更外，凡是能够导致合同内容变更的都属于其他变更。如双方对工期要求的变化、双方对工程质量要求的变化、施工条件和环境的变化引起的施工机械和材料的变化等。这些其他变更的处理，首先应当由一方提出，与对方协商一致签署补充协议后，方可进行变更。

在施工中不管是由什么原因导致发生工程变更，承包人均需按照发包人认可的变更设计文件，进行变更施工，其中，政府投资项目重大变更，需按基本建设程序报批后方可施工。

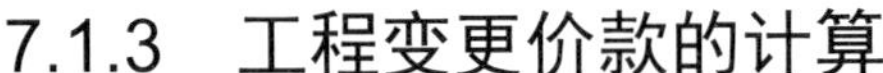

7.1.3　工程变更价款的计算

1. 变更后合同价款的计算方法

在工程设计变更确定后 14 天内，设计变更涉及工程价款调整的，由承包人向发包人提出，经发包人审核同意后调整合同价款。变更合同价款按照下列方法进行计算。

(1) 合同中已有适用于变更工程的价格，按合同已有的价格计算变更合同价款。

(2) 合同中只有类似于变更工程的价格，可以参照此价格确定变更合同价款。

(3) 合同中没有适用或类似于变更工程的价格，由承包人或发包人提出适当的变更价格，经双方确认后执行。

如果双方不能达成一致的，可提请工程所在地的工程造价管理机构进行咨询或按合同约定的争议或纠纷处理程序及方法进行解决。

2. 工程变更后合同价款的确定程序

设计变更发生后，承包人在工程设计变更确定后 14 天内，应提出变更工程价款的报告，经工程师确认后调整合同价款。若承包人未提出变更工程价款报告，则发包人可根据所掌握的资料决定是否调整合同价款和调整的具体金额。重大工程变更涉及工程价款变更报告和确认的时限由发承包双方协商确定。

工程师应在收到变更工程价款报告之日起 14 天内，予以确认或提出协商意见。自变更价款报告送达之日起 14 天内，工程师未确认也未提出协商意见，则视该工程变更价款报告已被确认。

确认增加或减少工程变更价款作为追加或减少合同价款与工程进度款同期支付。

7.1.4　FIDIC 合同条件下的工程变更

1. 工程变更的范围

FIDIC 合同条件授予工程师很大的工程变更权力，工程师可以根据施工进展的实际情况，在认为有必要对工程或其中任何部分的形式、质量或数量做出任何变更时，有权发出工程变更令，指示承包商进行下述任何工作。

(1) 增加或减少合同中所包括的任何工作的数量。

(2) 省略合同中所包括的任何工作(被省略的工作由业主或其他承包商实施者除外)。

(3) 改变合同中所包括的任何工作的性质或质量或类型。

(4) 改变工程任何部分的标高、基线、位置和尺寸。

(5) 实施工程竣工所必需的任何种类的附加工作。

(6) 改变工程任何部分的任何规定的施工顺序或时间安排。

当工程师决定更改由图纸所表现的工程以及更改作为投标基础的其他合同文件时，工程师指示承包商进行变更。没有工程师的指示，承包商不得作任何变更。当工程量的增减不是由上述变更指令造成的，而是由于工程量超出或少于工程量表中所规定者，则不必发出增加或减少工程量的指示。

在特殊情况下，由于承包商的违约或毁约或对此负有责任，使工程师必须发出变更指

示时，费用由承包商承担。

2. 变更程序

颁发工程接收证书前的任何时间，工程师可以通过发布变更指示或以要求承包商递交建议书的任何一种方式提出变更。

1) 指示变更

工程师在业主授权范围内根据施工现场的实际情况，在确属需要时有权发布变更指示。指示的内容应包括详细的变更内容、变更工程量、变更项目的施工技术要求和有关部门文件图纸，以及变更处理的原则。

2) 要求承包商递交建议书后再确定的变更

(1) 工程师将计划变更事项通知承包商，并要求他递交实施变更的建议书。

(2) 承包商应尽快予以答复。一种情况可能是通知工程师由于受到某些非自身原因的限制而无法执行此项变更，如无法得到变更所需的物资等，工程师应根据实际情况和工程的需要再次发出取消、确认或修改变更指示的通知。另一种情况是承包商依据工程师的指示递交实施此项变更的说明，内容包括：将要实施的工作的说明书以及该工作实施的进度计划；承包商依据合同规定对进度计划和竣工时间做出任何必要修改的建议，提出工期顺延要求；承包商对变更估价的建议，提出变更费用要求。

(3) 工程师做出是否变更的决定，尽快通知承包商说明批准与否或提出意见。

(4) 承包商在等待答复期间，不应延误任何工作。

(5) 工程师发出每一项实施变更的指示，应要求承包商记录支出的费用。

(6) 承包商提出的变更建议书，只是作为工程师决定是否实施变更的参考。除了工程师做出指示或批准以总价方式支付的情况外，每一项变更应依据计量工程量进行估价和支付。

3. 工程变更估价

(1) 如果工程师认为适当，应以合同中规定的费率及价格进行估价。

(2) 如果合同中未包括适用于该变更工作的费率或价格，则应在合理范围内使用合同中的费率或价格作为估价基础。如做不到这一点，工程师与业主和承包商适当协商之后，工程师和承包商应商定一个合适的费率或价格。当双方意见不一致时，由工程师确定他认为合适的费率或价格，并相应地通知承包商，同时将一份副本呈交业主，并以此费率或价格计算变更工程价款并与工程进度款同期支付。

(3) 如果工程师认为由于工作变更，合同中包括的任何工程项目的费率或价格已变得不合理或不适用时，则在工程师与业主和承包商适当协商之后，工程师和承包商应共同确定一合适的费率或价格。当双方意见不一致时，由工程师确定他认为合适的费率或价格，并相应地通知承包商，同时将一份副本呈交业主，并以此费率或价格计算变更工程价款并与工程进度款同期支付。

在工程师的工程变更指示发出之日起 14 天内，以及变更工作开始之前，承包商应向工程师发出索取额外付款或变更费率或价格的意向通知，或者是由工程师将其变更费率或价格的意向通知承包商，否则不应进行变更工程估价。

4. 变更超过 15%

由于变更工作以及对工程量表中开列的估算工程量进行实测后所作的一切调整(不包括

暂定金额、计日工以及由于法规、法令、法律等变化而调整的费用)，使合同价格的增加或减少值合计超过有效合同价(指不包括暂定金额及计日工补贴的合同价格)的 15%，经工程师与业主和承包商协商后，应在原合同价格中减去或加上承包商与工程师议定的一笔款额。如双方未能达成一致意见，由工程师在考虑合同中承包商的现场费用和总管理费后予以确定，并相应地通知承包商，同时将一份副本呈交业主。这笔款额仅以那些加上或减去超出有效合同价格的 15%的款额为基础。

5. 计日工

如果工程师认为必要或可取时，可以发出指示，规定在计日工的基础上实施任何变更工作。对这类变更工作，应按合同中包括的计日工作表中所定项目和承包商在其投标书所确定的费率和价格向承包商付款。

承包商应向工程师提供可能需要的证实所付款额的收据或其他凭证，并在订购材料之前，向工程师提交订货报价单，并请其批准。

在该工程持续进行过程中，承包商应每天向工程师提交受雇从事该工作的所有工人的姓名、工种、工时的清单，一式两份，以及所有该项工程所用和所需的材料及承包商设备的种类和数量报表(不包括根据此类计日工作表中规定的附加百分比中包括的承包商设备)，一式两份。

在每月末，承包商应向工程师送交一份上述以外所用的劳务、材料和承包商设备的标价报表，否则承包商无权获得任何款项。

6. 按照计日工作实施的变更

对于一些小的或附带性的工作，工程师可以指示按计日工作实施变更。这时，工作应当按照包括在合同中的计日工作计划表进行估价。

在为工作订购货物前，承包商应向工程师提交报价单。当申请支付时，承包商应向工程师提交各种货物的发票、凭证，以及账单或收据。除计日工作计划表中规定不应支付的任何项目外，承包商应当向工程师提交每日的精确报表，一式两份，报表应当包括前一工作日中使用的各项资源的详细资料。

7.2 工程索赔管理与索赔费用的确定

本节主要介绍工程索赔管理与索赔费用的确定，其中包括工程索赔的概念及产生的原因、工程索赔处理程序、工程索赔管理等内容。

7.2.1 工程索赔的概念及产生的原因

1. 基本概念

工程索赔是指在工程承包合同履行中，并非自己的过错，当事人一方由于另一方未履行合同所规定的义务或出现应当由对方承担的风险而遭受损失时，向另一方提出经济补偿或时间补偿要求的行为。由于施工现场条件、气候条件的变化，物价变化，施工进度变化，

合同条款、规范、标准文件和施工图纸的差异、延误等因素的影响，使得工程承包中不可避免地出现索赔。

索赔属于经济补偿行为，索赔工作是承发包双方之间经常发生的管理业务。在实际工作中，“索赔”是双向的，我国《建设工程施工合同(示范文本)》(以下简称《示范文本》)中的索赔既包括承包人向发包人的索赔，也包括发包人向承包人的索赔(在本书中除特殊说明之外，“索赔”均指承包人向发包人的索赔)。在工程实践中，发包人索赔数量少，而且处理简单方便，一般可以通过扣拨工程款、冲账、扣保证金等实现对承包人的索赔。而承包人对发包人的索赔则比较困难。通常情况下，索赔可以概括为以下三个方面的内容。

(1) 一方违约使另一方蒙受损失，受损方向对方提出赔偿损失的要求。

(2) 施工中发生应由业主承担的特殊风险或遇到不利自然条件等情况，使承包人蒙受损失而向业主提出补偿损失要求。

(3) 承包商应获得的正当利益，由于没能及时得到工程师的确认和业主应给予的支付，而以正式函件向业主索赔。

2. 工程索赔的分类

工程索赔按照不同的标准可以有不同的分类。

1) 按索赔的依据分

(1) 合同中明示的索赔。是指索赔涉及的内容在该工程项目的合同文件中有文字依据，发包人或承包人可以据此提出索赔要求，并取得经济补偿。这些在合同文件中有明文规定的合同条款，称为明示条款。一般明示条款引起的工程索赔不大容易发生争议。

(2) 合同中默示的索赔。指索赔涉及的内容虽然在工程项目的合同条款中没有专门的文字叙述，但可以根据该合同的某些条款的含义，推论出承包人有索赔权。这种有经济补偿含义的条款，在合同管理工作中被称为“默示条款”或“隐含条款”。默示条款是一个广泛的合同概念，它包含合同明示条款中没有写入，但符合双方签订合同时设想的愿望和当时环境条件的一切条款。这些默示条款，或者从明示条款所表述的设想愿望中引申出来；或者从合同双方在法律上的合同关系中引申出来，经合同双方协商一致；或被法律和法规所指明，都成为合同文件的有效条款，要求合同双方遵照执行。这种索赔要求，同样有法律效力，有权得到相应的经济补偿。例如，合同一旦签订，双方应该互相配合，以保证合同的执行，任何一方不得因其行为而妨碍合同的执行。“互相配合”就是一个默示条款。

2) 按索赔要求和目的分

(1) 工期索赔。指由于非承包人的原因而导致施工进程延误，要求业主批准顺延合同工期的索赔。工期索赔使原来规定的合同竣工日期顺延，从而避免了不能完工时，被发包人追究拖期违约责任和违约罚金的发生。一旦获得批准合同工期顺延，承包人不仅免除了承担拖期违约赔偿费的严重风险，而且可能因提前工期而得到奖励，最终会反映在经济利益上。

(2) 费用索赔。由于非承包人责任而导致承包人开支增加，要求业主对超出计划成本的附加开支给予补偿，以挽回不应由承包人承担的经济损失。费用索赔的目的是要求经济补偿，通常表现为要求调整合同价格。

3) 按索赔事件的起因分

(1) 工期延误索赔。指因发包人未按合同规定提供施工条件，如未及时交付设计图纸、

技术资料、施工现场、道路等；或因发包人指令工程暂停或不可抗力事件等原因造成工程中断，或工程进度放慢，使工期拖延的，承包人对此提出索赔。

(2) 工程变更索赔。指由于发包人或工程师指令修改施工图设计、增加或减少工程量、增加附加工程、修改实施计划、变更施工顺序等，造成工期延长和费用增加，承包人对此提出的索赔。

(3) 加速施工索赔。由于发包人或工程师要求缩短工期，指令承包人加快施工速度，而引起承包人人力、财力、物力的额外开支、工效降低等而提出的索赔。

(4) 工程被迫终止的索赔。由于某种原因，如发包人或承包人违约、不可抗力事件的影响造成工程非正常终止，无责任的受害方因其蒙受经济损失而向对方提出的索赔。

(5) 意外风险和不可预见因素索赔。在工程施工期间，因人力不可抗拒的自然灾害以及一个有经验的承包人通常不能合理预见的不利施工条件或外界障碍，如出现未预见到的溶洞、淤泥、地下水、地质断层、地下障碍物等引起的索赔。

(6) 其他索赔。如因汇率变化、货币贬值、物价和工资上涨、政策法令变化、业主推迟支付工程款等原因引起的索赔。

4) 按索赔的处理方式分

(1) 单项索赔。单项索赔是指一事一索赔的方式，即在工程实施过程中每一件事项索赔发生后，立即进行索赔，要求单项解决支付。单项索赔一般原因简单，责任单一，解决比较容易，它避免了多项索赔的相互影响和制约。

(2) 总索赔。总索赔又称为一揽子索赔或综合索赔，即对整个工程项目实施中所发生的数起索赔事项，在工程竣工前，综合在一起进行的索赔。这种索赔由于许多干扰事件搅在一起，使得原因和责任分析困难，不太容易索赔成功，应注意尽量避免采用。

3. 索赔产生的原因

在现代承包工程中，索赔经常发生，而且索赔额很大。这主要是由于以下几方面的原因造成的。

1) 工程项目自身的特点

现代工程项目的特点是投资大、工程量大、结构复杂、技术和质量要求高、工期长。工程本身和工程环境有许多不确定性，它们在实施过程中会有很大的变化。如货币的贬值、地质条件的变化、自然条件的变化等，它们直接影响工程设计和计划，从而影响工期和成本。

2) 当事人违约

通常表现为一方不能按照合同约定履行自己的义务。发包人违约主要表现为未按照合同约定的期限为承包人提供合同约定的施工条件和一定数额的付款等。工程师未能按照合同约定及时发出图纸、指令等也视为发包人违约。承包人违约的表现主要是没有按照合同约定的期限、质量完成施工，或由于不当行为给发包人造成其他损害。

【例 7.1】发包人违约导致的索赔。

在某世界银行货款的项目中，采用 FIDIC 合同条件，合同规定发包人为承包人提供三级路面标准的现场公路。由于发包人选定的工程局在修路中存在问题，现场交通道路在相当一段时间内未达到合同标准。承包人的车辆只能在路面块石垫层上行驶，造成轮胎严重超常磨损，承包人提出索赔。工程师批准了对 208 条轮胎及其他零配件的费用补偿，共计

1900 万日元。

3) 不可抗力事件

不可抗力事件可以分为社会事件和自然事件。社会事件主要包括国家政策、法令、法律的变化，战争、罢工等。自然事件则是指不利的客观障碍和自然条件，在工程项目施工过程中遇到了经现场调查无法发现、业主提供的资料中也没有提到的、无法预料的情况，如地质断层、地下水等。

【例 7.2】 不利自然条件导致的索赔。

某港口工程在施工过程中，承包人在某一部位遇到了比合同标明的更多、更加坚硬的岩石，开挖工作变得特别困难，工期拖延了 6 个月。这种情况就是承包人遇到了与原合同规定不同的、无法预料的不利自然条件，工程师应给予证明，发包人应当给予工期延长及相应的额外费用补偿。

4) 合同缺陷

合同缺陷表现为合同文件规定的不严谨甚至先后矛盾，合同中的遗漏或错误。双方对合同理解的差异，常会对合同的权利和义务的范围、界限的划定不一致，导致合同争执，而引起索赔事件的发生。

5) 合同变更

合同变更主要有施工图设计变更、施工方法变更、合同其他规定变更、追加或者取消某些工作等。

6) 工程师指令

如工程师指令承包人更换某些材料、进行某项工作、加速施工、采取某些施工措施等。

上述这些原因在任何工程项目承包合同的实施过程中都是不可避免的，所以无论采用什么合同类型，也无论合同多么完善，索赔都是不可避免的。承包人为了取得经济利益，不得不重视研究索赔问题。

7.2.2 工程索赔处理程序

1. 工程索赔的处理原则

在实际工作中，工程索赔按照下列原则处理。

1) 索赔必须以合同为依据

不论是当事人未完成合同工作，还是风险事件的发生，能否索赔要看是否能在合同中找到相应的依据。工程师必须以完全独立的身份，站在客观公正的立场上，依据合同和事实公平地对索赔进行处理。需注意的是在不同的合同条件下，索赔依据很可能是不同的。

如因为不可抗力导致的索赔，在《示范文本》条件下，承包人机械设备损坏的损失，是由承包人承担的，不能向发包人索赔。但在 FIDIC 合同条件下，不可抗力事件一般都列为业主承担的风险，损失都应当由业主承担。根据我国的有关规定，合同文件应能够互相解释、互为说明，除合同另有约定外，其组成和解释的顺序如下：本合同协议书、中标通知书、投标文件、本合同专用条款、本合同通用条款、标准、规范及有关技术文件、图纸、工程量清单及工程报价或预算书。

2) 及时、合理地处理索赔

索赔事件发生后，要及时提出索赔，索赔的处理也应当及时。若索赔处理得不及时，对双方都会产生不利的影响，如承包人的合理索赔长期得不到解决，积累的结果会导致其资金周转的困难，同时还会使承包人放慢施工速度从而影响整个工程的进度。处理索赔还必须注意索赔的合理性，既要考虑到国家的有关政策规定，也应考虑到工程的实际情况。如：承包人提出对人工窝工费按照人工单价计算损失、机械停工按照机械台班单价计算损失显然是不合理的。

3) 加强事前控制，减少工程索赔

在工程实施过程中，工程师应当加强事前控制，尽量减少工程索赔。这就要求在工程管理中，尽量将工作做在前面，减少索赔事件的发生。工程师在管理中应对可能引起的索赔有所预测，及时采取补救措施，避免过多索赔事件发生，使工程能顺利地进行，降低工程投资，缩短施工工期。

2. 《示范文本》规定的工程索赔程序

当合同当事人一方向另一方提出索赔时，要有正当的索赔理由，且有索赔事件发生时的有效证据。发包人未能按合同约定履行自己的各项义务或发生错误以及第三方原因，给承包人造成延期支付合同价款、延误工期或其他经济损失，包括不可抗力延误的工期，均可索赔。我国《示范文本》有关规定中对索赔的程序有明确而严格的规定。

(1) 索赔事件发生。

承包人应及时向工程师发出索赔意向通知。合同实施过程中，凡不属于承包人责任导致的项目拖期和成本增加事件发生后的 28 天内，必须以正式函件通知工程师，要求对此事项索赔。同时仍须遵照工程师的指令继续施工。如逾期申报，则工程师有权拒绝承包人的索赔要求。

(2) 发出索赔意向通知后。

承包人应及时向工程师提出补偿经济损失和(或)延长工期的索赔报告及有关资料。正式提出索赔申请后，承包人应积极准备索赔的证据和资料，以及计算出的该事件影响所要求的索赔额和申请延长的工期天数，并在索赔申请发出后的 28 天内报出。

(3) 工程师在收到承包人送交的索赔报告和有关资料后，在 28 天内审核承包人的索赔申请并应及时给予答复，或要求承包人进一步补充索赔理由和证据。接到承包人的索赔信件后，工程师应该立即研究承包人的索赔资料，在不确认责任属于谁的情况下，应根据自己的同期记录资料客观地分析事故发生的原因，依据有关合同条款，研究承包人提出的索赔证据。必要时还可以要求承包人进一步提交补充资料，包括索赔的更详细说明材料或索赔费用计算的依据。工程师在 28 天内未予答复或未对承包人作进一步要求的，视为该项索赔已经认可。

(4) 当该索赔事件持续进行时，承包人应当阶段性地向工程师发出索赔意向通知，在索赔事件终了后 28 天内，向工程师提供索赔的有关资料和最终索赔报告。

(5) 工程师与承包人协商。双方各自依据对这一事件的处理方案进行友好协商，若能通过谈判达成一致意见，则该事件较容易解决。如果双方对该事件的责任、工期延长天数或索赔款额分歧较大，谈判达不成共识的话，按照合同条款规定工程师有权确定一个他认为合理的单价或价格作为最终的处理意见报送业主并相应通知承包人。

(6) 发包人审批工程师的索赔处理证明。发包人应根据事件发生的原因、责任范围、合同条款审核承包人的索赔申请和工程师的处理报告，再根据工程项目的目标、投资控制、竣工验收要求，以及承包人在合同实施过程中的缺陷或不符合合同要求的地方提出反索赔方面的考虑，决定是否批准工程师的处理报告。

(7) 承包人同意最终的索赔决定，这一索赔事件即告结束。若承包人不接受工程师的单方面决定或业主删减的索赔或工期延长天数，就会导致合同纠纷。通过谈判和协调双方能达成互让的解决方案是处理纠纷的理想方式。如果双方不能达成谅解就只能诉诸仲裁或者诉讼。

上述这些规定可用图 7-1 来表示。

如果承包人在施工中，未能按合同约定履行自己的各项义务或发生错误给发包人造成损失的，发包人也可按上述程序向承包人提出索赔。

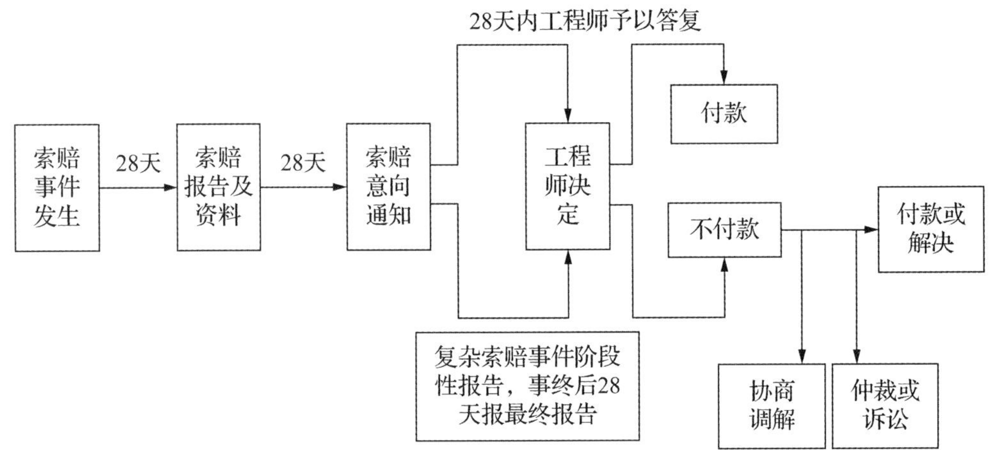

图 7-1　工程索赔流程

3. FIDIC 合同条件规定的工程索赔程序

FIDIC 合同条件对承包商的索赔程序做出了以下规定。

1) 索赔通知

如果承包商根据 FIDIC 合同条件或其他有关规定(如根据有关合同法)，认为有权得到竣工时间的任何延长和(或)任何追加付款，承包人应当在引起索赔事件发生之后的 28 天内向工程师发出索赔通知，同时将一份副本呈交业主。

2) 同期记录

当索赔事件发生时，承包商要做好同期记录。这些记录可以用作索赔的证据。工程师在收到索赔通知后，在不必承认业主责任的情况下，要对此类记录进行审查。这种记录可用作已发出的索赔通知的补充材料。

3) 索赔证明

在索赔通知发出后 28 天内，或在工程师同意的时间内，承包商要向工程师递交一份说明索赔款额及提出索赔的依据等详细材料。当据以索赔的事件具有连续影响时，上述报告被认为是临时详细报告，承包商要按工程师要求的时间间隔发出进一步的临时详细报告，

给出索赔的累计总额及进一步提出索赔的依据。在索赔事件所产生的影响结束后 28 天内向工程师发出一份最终详细报告。

4) 未能遵守

如果承包商在寻求任何索赔时未能遵守上述三项的任何规定时，他有权得到不超过工程师或任何仲裁人或几位仲裁人通过同期记录核实估价的索赔总额。

5) 索赔支付

在工程师与业主和承包商协商之后，如果工程师认为承包商提供的细节资料足以证明其全部(或部分)索赔要求时，索赔款(全部或部分)应与工程款同期支付。

7.2.3　工程索赔管理

1. 工程索赔证据管理

任何索赔事件的确立，都必须有正当合理的索赔理由。而对正当索赔理由的说明必须具有证据，索赔证据应真实、全面、及时、相互关联和具有法律效力等。因此对承包商而言，要索赔成功，对索赔证据的管理十分重要。常见的索赔证据主要包括以下几个方面。

(1) 招标文件、施工合同文本及附件，其他各种签约 (如备忘录、修正案等)，经业主认可的工程实施计划、各种工程图纸 (包括图纸修改指令)和其他作为报价依据的资料等。这些索赔证据可在索赔报告中直接用。

(2) 来往信件及各种会谈纪要。例如业主的变更指令、信件、通知。在合同履行过程中，业主、监理工程师和承包人定期或不定期的会谈所做出的决议或决定，是对合同的进一步补充，应作为合同的组成部分。一般会谈或谈话的纪要只有经过各方签署后才可作为索赔的依据。

(3) 施工进度计划和实际施工的进度记录。总进度计划、开工后的具体进度安排是索赔的重要证据。

(4) 施工现场的有关文件。如施工日志、施工记录、备忘录、各种签证及各种工程统计资料，如周报、旬报、月报等，还有工程照片。

(5) 气象资料、工程检查验收报告和各种技术鉴定报告，工程中送停水、送停电、道路开通和封闭的记录和证明。

(6) 建筑材料和设备的采购、订货、运输、进场、使用方面的记录、凭证和报表等。

(7) 国家有关政策、法令、法律文件，官方的物价指数、工资指数，各种会计核算资料，只需引用文件号、条款号即可，在报告后附上复印件。

总之，索赔一定要有证据，证据是索赔报告的重要组成部分，证据不足或没有证据，索赔是不能成立的。施工索赔是利用经济杠杆进行项目管理的有效手段，对承包人、发包人和监理工程师来说，处理索赔问题水平的高低，反映了他们对工程项目管理水平的高低。由于索赔是合同管理的重要环节，也是挽回成本损失的重要手段，所以随着建筑市场的建立和发展，它将成为项目管理中越来越重要的问题。

2. 索赔报告的编写

索赔报告是向对方提出索赔要求的书面文件，是承包人对索赔事件的处理结果，也是业主审议承包人索赔请求的主要依据。它的具体内容将随着索赔事件的性质和特点而有所不同。索赔报告应充满说服力、合情合理、有理有据，逻辑性强，能说服工程师、业主、调解人、仲裁人，同时又应该是具有法律效力的正规书面文件。一个完整的索赔报告应包括以下四个方面的内容。

1) 总论

总论主要包括：序言；索赔事件概述；索赔要求；索赔报告编写及审核人员名单。

总论部分应该是叙述客观事实，合理引用合同规定，说明要求赔偿金额及工期。所以首先应言简意赅地论述索赔事件的发生时间与过程；施工单位为该索赔事件所付出的努力和附加开支；施工单位的具体索赔要求。最后，附上索赔报告编写组主要人员及审核人员的名单，注明有关人员的职称、职务及施工经验，以表示该索赔报告的严肃性和权威性。需要注意的是对索赔事件的叙述必须清楚、明确，责任分析应准确，不可用含混的字眼及自我批评式的语言，否则会丧失自己在索赔中的有利地位。

2) 索赔理由

这部分主要是说明承包人具有的索赔权利，索赔理由主要来自该工程项目的合同文件，并参照有关法律规定。该部分中施工单位可以直接引用合同中的具体条款，说明自己理应获得经济补偿或工期延长，这是索赔能否成立的关键。

索赔理由因各个索赔事件的特点而有所不同。通常是按照索赔事件发生、发展、处理和最终解决的过程编写，并明确全文引用有关的合同条款或合同变更和补充协议条文，使业主和工程师能历史地、全面地、逻辑地了解索赔事件的始末，并充分认识该项索赔的合理合法性。一般地说应包括以下内容：索赔事件的发生经过；递交索赔意向书的时间、地点、人员；索赔事件的处理过程；索赔要求的合同根据；所附的证据资料等。

3) 索赔计算

承包人的索赔要求都会表现为一定的具体索赔款额，计算时，施工单位必须阐明索赔款的要求总额。各项索赔款的计算过程，如额外开支的人工费、材料费、管理费和利润损失。阐明各项开支的计算依据及证据资料，同时施工单位还应注意采用合适的计价方法。

至于计算时采用哪一种计价方法，应根据索赔事件的特点及自己所掌握的证据资料等因素来选择。其次，还应注意每项开支款的合理性和相应的证据资料的名称及编号。

索赔计算的目的，是以具体的计算方法和计算过程，说明自己应得到经济补偿的款额或延长时间。如果说确定索赔理由的任务是解决索赔能否成立的问题，则索赔计算就是要决定应得到多少索赔款额和工期补偿。前者是定性的，后者是定量的，所以计算要合理、准确，切忌采用笼统的计价方法和不实的开支款额。

4) 证据

证据包括该索赔事件所涉及的一切证据资料，以及对这些证据的详细说明。证据是索赔报告的重要组成部分，没有翔实可靠的证据，索赔是不能成功的。应注意引用确凿的证据和有效力的证据。对重要的证据资料最好附以文字证明或确认件。例如，有关的记录、协议、纪要必须是双方签署的。工程中的重大事件、特殊情况的记录、统计必须由工程师签证认可。

3. 索赔费用的计算

1) 索赔费用的组成

索赔费用的主要组成部分，与建设工程施工承包合同价的组成部分相似。按照我国现行规定，建筑安装工程合同价一般包括直接费、间接费、计划利润和税金。而国际上的惯例是将建筑安装工程合同价分为直接费、间接费和利润三部分，详见图 7-2。

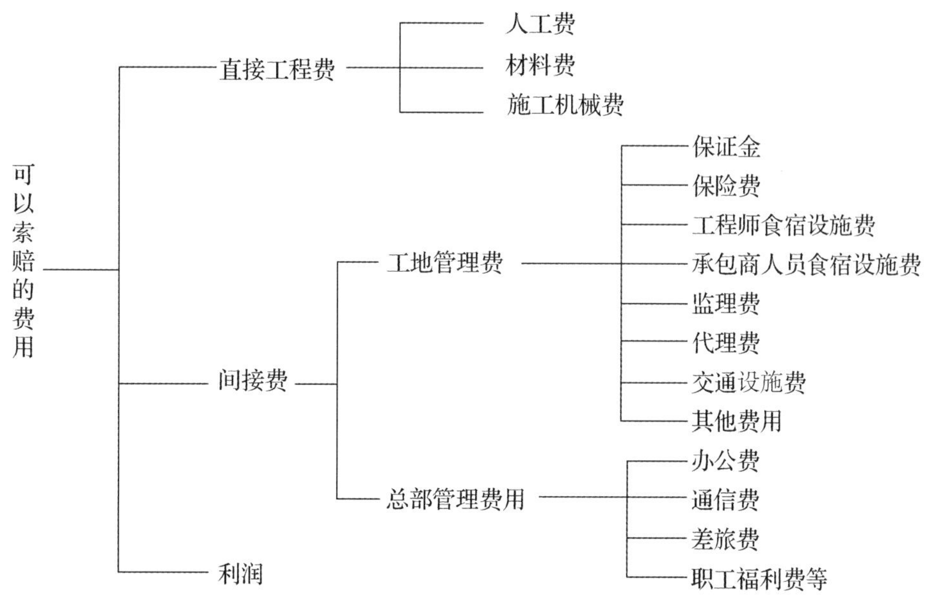

图 7-2　索赔费用的组成

从原则上说，凡是承包人有索赔权的工程成本的增加，都可以列入索赔的费用。但是，对于不同原因引起的索赔，索赔费用的内容将有所不同。按照国际惯例，索赔费用中主要包括以下项目。

(1) 人工费。包括完成增加工作内容的人工费、停工损失费和工作效率降低的损失费等累计，但不能简单地采用计日工费计算。

(2) 设备费。由于完成额外工作增加的机械台班费、机械折旧费、设备租赁费等。

(3) 材料费。主要是由于索赔事件而增加的材料费、客观原因导致的材料价格上涨。

(4) 保函手续费。工程延期时，保函手续费相应增加；反之，取消部分工程且发包人与承包人达成提前竣工协议时，承包人的保函金额应相应折减，则计入合同价的保函手续费也要扣减。

(5) 贷款利息。由于工程变更和工期延误增加的投资利息和施工过程中业主错误扣款的利息。计算时间可采用不同的标准，例如，可以按照当时银行贷款利率或按照双方协议的利率执行。

(6) 利润。一般来说，由于工程变更和施工条件的变化引起的索赔，由于业主的原因终止或者放弃合同的，索赔时均可以列入利润。而对于工程延误的索赔，工程师很难同意在费用索赔中加进利润损失。

(7) 管理费。管理费分为现场管理费和公司管理费两部分，由于二者的计算方法不一样，所以在审核过程中应区别对待。

在不同的索赔事件中可以索赔的费用是不同的。如在 FIDIC 合同条件下，不同的索赔事件导致的索赔内容不同，大致有以下区别，见表 7-1。

表 7-1　可以合理补偿承包人索赔的条款表

序号	款条号	主要内容	可补偿内容		
			工期	费用	利润
1	1.9	延误发放图纸	√	√	√
2	2. 1	移交施工现场延误	√	√	√
3	4.7	承包商根据工程师提供的错误数据导致放线错误	√	√	√
4	4.12	不可预见的外界条件	√	√	
5	4.24	施工过程中遇到文物和古迹	√	√	
6	7.4	非承包商原因检验导致施工的延误	√	√	√
7	8.4(a)	变更导致竣工时间的延长	√		
8	8.4(c)	异常不利的气候条件	√		
9	8.4(d)	由于传染病或其他政府行为导致工期的延误	√		
10	8.4(e)	业主或其他承包商的干扰	√		
11	8.5	公共当局引起的延误	√		
12	10.2	业主提前占用工程		√	√
13	10.3	对竣工检验的干扰	√	√	√
14	13.7	后续法规引起的调整	√	√	
15	18. 1	业主办理的保险未能从保险公司获得补偿部分		√	
16	19.4	不可抗力事件造成的损害	√	√	

2) 索赔费用的计算方法

常用的索赔费用计算方法有分项法、总费用法、修正总费用法等。

(1) 分项法。分项法是按照每个索赔事件所引起损失的费用项目分别分析计算索赔值，然后将各费用项目的索赔值汇总，得到总索赔费用值。这种方法的索赔费用主要包括该项工程实施中所发生的额外人工费用、材料费、施工机械使用费、间接费和利润等。索赔的依据是承包人为某项索赔事件所支付的实际开支，所以施工过程中对第一手资料的收集整理就显得非常重要。计算时注意不要遗漏费用项目。

(2) 总费用法。总费用法又称总成本法，是指当发生多起索赔事件后，重新计算出该工程的实际总费用，再从中减去投标报价时的估算总费用，得出索赔值。具体计算公式为

$$索赔金额=实际总费用-投资报价估算总费用 \tag{7-1}$$

此方法适用于施工中受到严重干扰，使多个索赔事件混杂在一起，导致难以准确地进行分项记录和收集资料，也不容易分项计算出具体的损失费用的索赔。需要注意的是承包人投标报价是合理的，能反映实际情况，同时还必须出具翔实的证据，证明其索赔金额的合理性。

(3) 修正总费用法。这种方法是对总费用法的改进，即在总费用计算的基础上，去掉一些不确定和不合理的可能因素，对总费用进行相应的调整和修改，使其更加合理。修正时

只计算受影响时段内的某项工作所受影响的损失，因此这种方法能相当准确地反映出实际增加的费用。

计算公式如下：

索赔金额=某项工作调整后实际总费用-该项工作的报价总费用　　(7-2)

4. 工期索赔的计算

在工程项目施工中，由于各种未能预见因素的影响，使承包人不能在合同规定的工期内完成工程，造成工期延长。

工期延长对合同双方都会造成损失：业主由于工程不能及时交付使用，投入生产，而失去盈利的机会；承包人因工期延长要增加支付现场工人的工资、机械停置费和其他附加费用开支等，最终还可能要支付合同规定的误期违约金。

工期索赔的计算主要有网络图分析法和比例分析法两种。

1) 网络图分析法

网络图分析法是利用施工进度计划的网络图，分析索赔事件对其关键线路的影响。如果延误的工作为关键工作，则总延误的时间为批准顺延的工期。如果延误的工作为非关键工作，当该工作由于延误超过时差限制而成为关键工作时，可以批准延误时间与时差的差值。若该工作延误后仍为非关键工作，则不存在工期索赔问题。

2) 比例分析法

在实际工程中，干扰事件常常仅影响某些单项工程、单位工程，或分部分项工程的工期，要分析它们对总工期的影响，可以采用较简单的比例分析法。其计算公式为

对于已知部分工程的延期的时间：

工程索赔值=受干扰部分工程的合同价÷原合同价格×该受干扰部分工期拖延时间　(7-3)

对于已知额外增加工程量的价格：

工程索赔值=额外增加的工程量价格×原合同价格×原合同总工期　　(7-4)

比例分析法计算简单、方便，不需要做太复杂的网络分析，但有时不符合实际情况，不太合理。所以比例分析法不适用于加速施工、变更施工顺序、删减工程量或分部工程等事件的索赔。

7.3　建设工程价款的调整与结算

本节主要介绍建设工程价款的调整与结算的相关内容，其中包括工程价款的结算、FIDIC 合同条件下工程价款的结算方法、工程价款价差调整的方法、设备工器具和材料价款的结算方法等内容。

7.3.1　工程价款的结算

1. 工程价款结算的意义

竣工阶段工程造价控制是建设项目全过程造价控制的最后相关环节，是全面考核建设

工作，审查投资使用合理性，检查工程造价控制情况，也是投资成果转入生产或使用的标志性阶段。竣工阶段的工作主要有工程价款结算和竣工决算。所谓工程价款结算是指施工企业在工程实施过程中，按照承包合同中规定的内容完成全部的工程量，经验收质量合格，并按照有关的程序向建设单位(业主)收取工程价款的一项经济活动。

工程价款结算的重大意义主要表现在以下几个方面。

1) 工程价款结算是反映工程进度的主要指标

在施工过程中，工程价款结算的依据之一就是按照已完成的工程量进行结算，即承包商完成的工程量越多，所应结算的工程价款就越多。工程管理中，就是根据累计已结算的工程价款占合同总价款的比例，近似地了解整个工程的进度情况，以利于控制工程进度。

2) 工程价款结算是加速资金周转的重要环节

及时地结算工程价款，对承包商而言，有利于偿还债务，也有利于资金的回笼，降低企业运营成本；加速资金周转，提高资金使用的有效性。

3) 工程价款结算是考核经济效益的重要指标

对于承包商来说，只有按期如数地结算工程价款，才能降低经营风险，获得应得的利润，从而取得良好的经济效益。

2. 工程预付款及其计算方法

目前我国工程承发包中，一般都实行包工包料，这就需要承包商有一定数量的备料周转金。预付款就成为施工企业为该承包工程项目储备主要材料、结构件所需的流动资金。一般在工程承包合同条款中，会有明文规定发包方在开工前拨付给承包方一定限额的工程预付备料款。凡是没有签订合同或不具备施工条件的工程，发包人不得预付工程款。

1) 预付款限额

按照国家财政部、建设部关于《建设工程价款结算暂行办法》(财建〔2004〕369 号)的规定：包工包料的工程预付款按合同约定拨付，原则上预付的比例不低于合同金额的 10%，不高于合同金额的 30%，对重大工程项目，按年度工程计划逐年预付。计价执行《建设工程工程量清单计价规范》(GB 50500—2003)的工程，实体性消耗和非实体性消耗部分应在合同中分别约定预付款比例。

2) 预付款时限

在具备施工条件的前提下，发包人应在双方签订合同后的一个月内或不迟于约定开工日期前 7 天内预付工程款，发包人不按约定预付工程款，承包人可以在预付时间到期后 10 天内向发包人发出要求预付的通知，发包人收到通知后仍不按要求预付工程款，承包人可在发出通知 14 天后停止施工，发包人应从约定应付之日起向承包人支付应付款利息(利率按同期银行贷款利率计)，并承担违约责任。

工程预付款仅用于承包人支付施工开始时与本工程有关的动员费用。如承包人滥用此款，发包人有权立即收回。在承包人向发包人提交金额等于预付款数额(发包人认可的银行开出)的银行保函后，发包人应在规定的时间按规定的金额向承包人支付预付款，在发包人全部扣回预付款之前，该银行保函将一直有效。当预付款被发包人扣回时，银行保函金额相应递减。

3) 预付款限额的计算

预付款限额由下列因素决定：主要材料(包括外购构件)占工程造价的比重；材料储备期；施工工期。

对于施工企业常年应备的预付款限额，可按下式计算。

预付款限额=年度承包工程总值×主要材料所占比重÷年度施工日历天数×材料储备天数

(7-5)

一般建筑工程主要材料不应超过当年建筑安置工作量(包括水、电、暖)的 30%，安装工程按年安装工作量的 10%计算。材料所占比重较多的安装工程按年计划产值的 15%左右拨付。

实际工作中，预付款的数额，可以根据各工程类型、合同工期、承包方式和供应体制等不同条件确定。例如，工业项目中钢结构和管道安装占比重较大的工程，其主要材料所占比重比一般安装工程要高，因而预付款数额也要相应提高。材料由施工单位自行购买的比由建设单位供应的要高。

对于只包定额工日(不包材料定额，一切材料由建设单位供给)的工程项目，则可以不预付款。

4) 预付款的抵扣方式

发包方拨付给承包方的预付款属于预支性质，那么在工程实施中，随着工程所需主要材料储备的逐渐减少，应以抵充工程价款的方式陆续扣回。扣款的方式如下。

可以从未施工工程尚需要的主要材料及构件的价值相当于备料款数额时起扣，从每次结算工程价款中，按材料比例扣抵工程价款，竣工前全部扣清。其基本表达公式为：

$$T = P - \frac{M}{N} \tag{7-6}$$

式中：T——起扣点，即预付款开始扣回时的累计完成工作量金额；

M——预付款的限额；

N——主材比例；

P——承包工程价款总额。

预付的工程款也可以在承包方完成金额累计达到合同总价的一定比例后，由承包人开始向发包方还款，发包人从每次应付给的金额中扣回工程预付款，发包人至少在合同规定的完工期前三个月将工程预付款的总计金额按逐次分摊的办法扣回。当发包人一次付给承包方的余额少于规定扣回的金额时，其差额应该转入下一次支付中作为债务结转。

在实际工程管理中，情况比较复杂，有些工程工期较短，就无须分期扣回。有些工程工期较长，如跨年度施工，预付备料款可以不扣或少扣，并于次年按应预付款调整，多退少补。具体地说，跨年度工程，预计次年承包工程价值大于或相当于当年承包工程价值时，可以不扣回当年的预付备料款；如小于当年承包工程价值时，应按实际承包工程价值进行调整，在当年扣回部分预付备料款，并将未扣回部分转入次年，直到竣工年度，再按上述办法扣回。采取何种方式扣回预付的工程款，必须在合同中约定，并在工程进度款中进行抵扣。

3. 工程价款的主要结算方式

工程价款在项目施工中通常需要发生多次，一直到整个项目全部竣工验收。我国现行工程价款结算根据不同情况，可采取多种方式。

1) 按月结算与支付

按月结算与支付即实行按月支付进度款，竣工后清算的办法。若合同工期在两个年度

以上的工程，在年终进行工程盘点，办理年度结算。

目前，我国建筑安装工程项目中，大部分是采用这种按月结算办法。

2) 分段结算与支付

对当年开工、当年不能竣工的工程按照工程形象进度，划分不同阶段支付工程进度款。具体划分要在合同中明确。分段结算可以按月预支工程款。

3) 竣工后一次结算

当建设项目或单项工程全部建筑安装工程建设期在 12 个月以内，或者工程承包合同价值在 100 万元以下的，可以实行工程价款每月月中预支，竣工后一次结算。

对于上述三种工程价款主要结算方式的收支确认，国家财政部在 1999 年 1 月 1 日起实行的《企业会计准则——建造合同》中作了如下规定。

实行旬末或月中预支，月终结算，竣工后清算办法的工程合同，应分期确认合同价款收入的实现，即各月份终了，与发包单位进行已完工程价款结算时，确认为承包合同已完工部分的工程收入实现，本期收入额为月终结算的已完工程价款金额。

实行合同完成后一次结算工程价款办法的工程合同，应于合同完成，施工企业与发包单位进行工程合同价款结算时，确认为收入实现，实现的收入额为承发包双方结算的合同价款总额。

实行按工程形象进度划分不同阶段、分段结算工程价款办法的工程合同，应按合同规定的形象进度分次确认已完阶段工程收益实现。即：应于完成合同规定的工程形象进度或工程阶段，与发包单位进行工程价款结算时，确认为工程收入的实现。

4) 目标结款方式

目标结款方式是指在工程合同中，将承包工程的内容分解成不同的控制界面，以业主验收控制界面作为支付工程价款的前提条件。即将合同中的工程内容分解成不同的验收单元，当承包商完成单元工程内容并经业主验收后，业主支付构成单元工程内容的工程价款。

目标结款方式下，承包商要想获得工程价款，必须按照合同约定的质量标准完成界面内的工程内容，否则承包商会遭受损失。要想尽早获得工程价款，承包商必须充分发挥自身的组织和实施能力，在保证质量的前提下，加快施工进度。当承包商拖延工期时，业主会推迟付款，这将会增加承包商的运营成本、财务费用，降低收益，客观上使承包商因延迟工期而遭受损失。同样，当承包商积极组织施工，提前完成控制界面内的工程内容，则可提前获得工程价款，增加承包收益，从而增加了有效利润。当然，由于承包商在控制界面内质量达不到合同约定的标准，使业主不予验收，承包商也会因此而遭受损失。所以，目标结款实质上是运用合同手段、财务手段对工程的完成进行主动控制的方式。同时，对控制界面的设定应明确描述，便于量化和进行质量控制，还要适应项目资金的供应周期和支付频率。

4. 工程进度款的支付

建筑安装企业在施工过程中，按每月形象进度或控制界面等完成的工程数量计算各项费用，向建设单位(业主)办理工程进度款的支付(即中间结算)。

以按月结算为例，现行的中间结算办法是，施工企业在月中或旬末向建设单位提出预支账单，预支半月或一旬的工程款，月终再提出工程款结算账单和已完工程月报表，收取

当月工程价款，并通过银行进行结算。按月进行结算，并对现场已完工程逐一进行清点，有关资料提出后要交监理工程师和建设单位审查签证。多数情况下是以施工企业提出的统计进度月报表为支取工程款的凭证，即通常所称的工程进度款。工程进度款的支付步骤如图 7-3 所示。

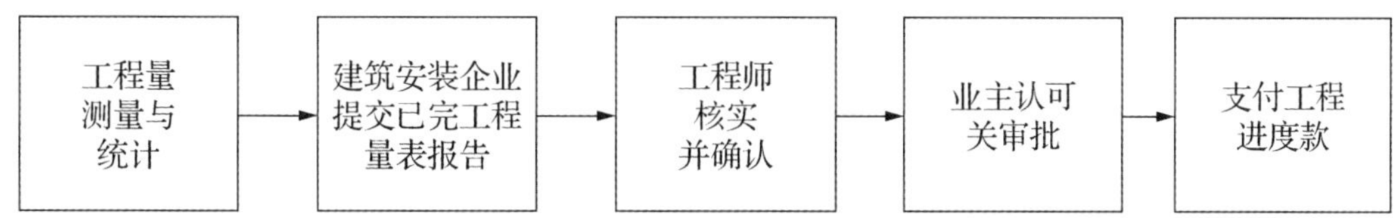

图 7-3　工程进度款的支付步骤

工程进度款支付过程中，需遵循以下要求。

1) 工程量计算

国家财政部、建设部关于《建设工程价款结算暂行办法》(财建〔2004〕369 号)的规定如下。

(1) 承包人应按合同约定的方法和时间，向发包人提交已完工程量的报告。发包人接到报告后 14 天内核实已完工程量(以下称计量)，并在计量前 1 天通知承包人，承包人为计量提供便利条件并派人参加。承包人收到通知后不参加计量，以发包人计量的工程量作为工程价款支付的依据。发包人不按约定时间通知承包人，致使承包人未能参加计量，则计量结果无效。

(2) 发包人收到承包人报告后 14 天内未进行计量，从第 15 天起，承包人报告中开列的工程量即视为已被确认，作为工程价款支付的依据，双方合同另有约定的，按合同执行。

(3) 发包人对承包人超出设计图纸(含设计变更)范围和(或)因承包人原因造成返工的工程量，发包人一律不予计量。

2) 合同收入组成

国家财政部制定的《企业会计准则——建造合同》中对合同收入的组成内容进行了解释。合同收入包括以下两部分内容。

(1) 合同中规定的初始收入。即建造承包商与客户在双方签订的合同中最初商定的合同总金额，它构成了合同收入的基本内容。

(2) 追加收入。因合同变更、索赔、奖励等构成的收入，这部分收入并不构成合同双方在签订合同时已在合同中商订的合同总金额，而是在执行合同过程中由于合同变更、索赔、奖励等原因而形成的追加收入。

3) 工程进度款支付时限

国家财政部、建设部关于《建设工程价款结算暂行办法》(财建〔2004〕369 号)的规定如下。

(1) 根据确定的工程计量结果，承包人向发包人提出支付工程进度款申请，14 天内，发包人应按不低于工程价款的 60%，不高于工程价款的 90%向承包人支付工程进度款。按约定时间发包人应扣回的预付款，与工程进度款同期结算。

(2) 发包人超过约定的支付时间不支付工程进度款，承包人应及时向发包人发出要求付款的通知，发包人收到承包人的通知后仍不能按要求付款，可与承包人协商签订延期付款

协议，经承包人同意后可延期支付，协议应明确延期支付的时间和从工程计量结果确认后第 15 天起计算应付款的利息(利率按同期银行贷款利率计)。

(3) 发包人不按合同约定支付工程进度款，双方又未达成延期付款协议，导致施工无法进行，承包人可停止施工，由发包人承担违约责任。

5. 工程保留金的预留

按规定，工程项目总造价中应预留出一定比例的尾留款作为质量保修费用(又称保留金)，待工程项目保修期结束后最后拨付。对于尾留款的扣除，一般有以下两种做法。

(1) 当工程进度款拨付累计额达到该建筑安装工程造价的一定比例(一般为 95%～97%)时，停止支付，预留造价部分作为尾留款。

(2) 我国颁布的《招标文件范本》中规定，尾留款的扣除也可以从发包方向承包方第一次支付的工程进度款开始，在每次承包方应得的工程款中扣留投标书附录中规定金额作为保留金，直至保留金总额达到投标书附录中规定的限额为止。

6. 其他费用的支付

1) 安全施工费用

承包人应按质量要求、安全及消防管理有关规定组织施工，采取严格的安全防护措施，承担由于自身的安全措施不力造成的事故责任和因此发生的费用。非承包人责任造成安全事故，由责任方承担责任和因此发生的费用。

发生重大伤亡及其他安全事故，承包人应按有关规定立即上报有关部门并通知工程师，同时按政府有关部门要求处理，发生的费用由事故责任方承担。

承包人在动力设备、输电线路、地下管道、密封防振车间、易燃易爆地段以及临街交通要道附近施工时，施工开始前应向工程师提出安全保护措施，经工程师认可后实施，防护措施费用由发包人承担。

实施爆破作业，在放射、毒害性环境中施工(含存储、运输、使用)及使用毒害性、腐蚀性物品施工时，承包人应在施工前 14 天以书面形式通知工程师，并提出相应的安全保护措施，经工程师认可后实施。安全保护措施费用由发包人承担。

2) 专利技术及特殊工艺涉及的费用

发包人要求使用专利技术或特殊工艺，必须负责办理相应的申报手续，承担申报、试验、使用等费用。承包人按发包人要求使用，负责试验等有关工作。承包人提出使用专利技术或特殊工艺，报工程师认可后实施。承包人负责办理申报手续并承担有关费用。

3) 文物和地下障碍物涉及的费用

在施工中发现古墓、古建筑遗址等文物及化石或其他有考古、地质研究等价值的物品时，承包人应立即保护好现场并于 4 小时内以书面形式通知工程师，工程师应于收到书面通知后 24 小时内报告当地文物管理部门，承发包双方应按文物管理部门的要求采取妥善保护措施。发包人承担由此发生的费用，延误的工期相应顺延。

如施工中发现古墓、古建筑遗址等文物及化石或其他有考古、地质研究等价值的物品，隐瞒不报致使文物遭受破坏的，责任方、责任人依法承担相应责任。

施工中发现影响施工的地下障碍物时，承包人应于 8 小时内以书面形式通知工程师，同时提出处置方案，工程师收到处置方案后 8 小时内予以认可或提出修正方案。发包人承

担由此发生的费用，延误的工期相应顺延。

7. 竣工结算及其审查

工程竣工结算是指承包人按照合同规定的内容全部完成所承包的工程，经验收质量合格，并符合合同要求之后，双方应按照约定的合同价款及合同价款调整内容以及索赔事项，进行最终工程价款结算。

1) 竣工结算方式

竣工结算分为单位工程结算、单项工程竣工结算和建设项目竣工总结算。

2) 工程竣工结算的编审

(1) 单位工程竣工结算由承包人编制，发包人审查。实行总承包的工程，由具体承包人编制，在总包人审查的基础上，发包人审查。

(2) 单项工程竣工结算或建设项目竣工总结算由总(承)包人编制，发包人可直接进行审查，也可以委托具有相应资质的工程造价咨询机构进行审查。政府投资项目，由同级财政部门审查。单项工程竣工结算或建设项目竣工总结算经发、承包人签字盖章后有效。

(3) 承包人应在合同约定期限内完成项目竣工结算编制工作，未在规定期限内完成的并且提不出正当理由延期的，责任自负。

3) 工程竣工结算审查期限

单项工程竣工后，承包人应在提交竣工验收报告的同时，向发包人递交竣工结算报告及完整的结算资料，发包人应按以下规定时限(见表 7-2)进行核对(审查)并提出审查意见。

表 7-2　工程竣工结算审查期限表

工程竣工结算报告金额	审查时间
500 万元以下	从接到竣工结算报告和完整的竣工结算资料之日起 20 天
500 万～2000 万元	从接到竣工结算报告和完整的竣工结算资料之日起 30 天
2000 万～5000 万元	从接到竣工结算报告和完整的竣工结算资料之日起 45 天
5000 万元以上	从接到竣工结算报告和完整的竣工结算资料之日起 60 天

建设项目竣工总结算在最后一个单项工程竣工结算审查确认后 15 天内汇总，送发包人后 30 天内审查完成。

4) 工程竣工价款结算

发包人收到承包人递交的竣工结算报告及完整的结算资料后，应根据《建设工程价款结算暂行办法》规定的期限(合同约定有期限的，从其约定)进行核实，给予确认或者提出修改意见。发包人根据确认的竣工结算报告向承包人支付工程竣工结算价款，保留 5%左右的质量保证(保修)金，待工程交付使用一年质保期到期后清算(合同另有约定的，从其约定)，质保期内如有返修，发生的费用应在质量保证(保修)金内扣除。

发包人收到竣工结算报告及完整的结算资料后，在本办法规定或合同约定期限内，对结算报告及资料没有提出意见的，则视同认可。

承包人如未在规定时间内提供完整的工程竣工结算资料，经发包人催促后 14 天内仍未提供或没有明确答复，发包人有权根据已有资料进行审查，责任由承包人自负。

根据确认的竣工结算报告，承包人向发包人申请支付工程竣工结算款。发包人应在收

到申请后15天内支付结算款，到期没有支付的应承担违约责任。承包人可以催告发包人支付结算价款，如达成延期支付协议，发包人应按同期银行贷款利率支付拖欠工程价款的利息。如未达成延期支付协议，承包人可以与发包人协商将该工程折价，或申请人民法院将该工程依法拍卖，承包人就该工程折价或者拍卖的价款优先受偿。

在实际工作中，当年开工、当年竣工的工程，只需办理一次性结算。跨年度的工程，在年终办理一次年终结算，将未完工程结转到下一年度，此时竣工结算等于各年度结算的总和。办理工程价款竣工结算的一般公式为

竣工结算工程款=预算(或概算或合同价款)＋施工过程中的预算(或合同价款调整数额)－预付及已结算工程价款－保修金 (7-7)

5) 工程竣工结算的审查

工程竣工结算是反映工程项目的实际价格，最终体现工程造价系统控制的效果。要有效控制工程项目竣工结算价，严格审查是竣工结算阶段的一项重要工作。经审查核定的工程竣工结算是核定建设工程造价的依据，也是建设项目验收后编制竣工决算和核定新增固定资产价值的依据。因此，建设单位、监理公司以及审计部门等，都十分重视竣工结算的审核把关。

(1) 核对合同条款。应核对竣工工程内容是否符合合同条件要求，竣工验收是否合格，只有按合同要求完成全部工程并验收合格才能列入竣工结算。还应按合同约定的结算方法、计价定额、主材价格、取费标准和优惠条款等，对工程竣工结算进行审核，若发现不符合合同约定或有漏洞，应请建设单位与施工单位认真研究，明确结算要求。

(2) 检查隐蔽验收记录。所有隐蔽工程均需进行验收，是否有工程师的签证确认。审核时应该对隐蔽工程施工记录和验收签证，做到手续完整，工程量与竣工图一致方可列入竣工结算。

(3) 落实设计变更签证。设计修改变更应由原设计单位出具设计变更通知单和修改图纸，设计、校审人员签字并加盖公章，经建设单位和监理工程师审查同意、签证。重大设计变更应经原审批部门审批，否则不应列入竣工结算。

(4) 按图核实工程量。应依据竣工图、设计变更单和现场签证等进行核算，并按国家统一规定的计算规则计算工程量。

(5) 核实单价。结算单价应按现行的计价原则和计价方法确定，不得违背。

(6) 各项费用计取。建筑安装工程的取费标准应按合同要求或项目建设期间与计价定额配套使用的建筑安装工程费用定额及有关规定执行，要审核各项费率、价格指数或换算系数的使用是否正确，价差调整计算是否符合要求，还要核实特殊费用和计算程序。更要注意各项费用的计取基数，如安装工程各项取费是以人工费为基数，这里人工费是定额人工费与人工费调整部分之和。

(7) 检查各种计算误差。工程竣工结算子目多、篇幅大，往往有计算误差，应认真核算，防止因计算误差多计或少算。

实践证明，通过对工程项目结算的审查，一般情况下，经审查的工程结算较编制的工程结算的工程造价资金相差在10%左右，有的高达20%，对于控制投入节约资金起到很重要的作用。

【例7.3】某项工程业主与承包商签订了施工合同，合同中含有两个子项工程，估算工

程量 A 项为 2500 m^3，B 项为 3600 m^2，经协商合同价 A 项为 200 元/m^3，B 项为 180 元/m^2。合同还规定：开工前业主应向承包商支付合同价 20%的预付款。业主自第一个月起，从承包商的工程款中，按 5%的比例扣留保修金。当子项工程实际工程量超过估算工程量 10%时，可进行调价，调整系数为 0.9。根据市场情况规定价格调整系数平均按 1.2 计算。工程师签发月度付款最低金额为 30 万元。预付款在最后两个月扣除，每月扣 50%。承包商每月实际完成并经工程师签证确认的工程量如表 7-3 所示。

表 7-3　某工程每月实际完成并经工程师签证确认的工程量　　单位：m^2

月份	1 月	2 月	3 月	4 月
A 项	500	800	950	700
B 项	700	900	950	700

求：预付款、从第二个月起每月工程量价款、工程师应签证的工程款、实际签发的付款凭证金额各是多少？

解：

预付金额为：(2500×200 + 3 600×180)×20%=22.96(万元)

第一个月工程量价款为：500×200 + 700×180=22.60(万元)

应签证的工程款为：22.60×1.2×(1−5%)= 25.764(万元)

由于合同规定工程师签发的最低金额为 30 万元，故本月工程师不予签发付款凭证。

第二个月工程量价款为：800×200 + 900×180=32.20(万元)

应签证的工程款为：32.20×1.2×(1−5%)=36.708(万元)

本月工程师实际签发的付款凭证金额为：25.764 + 36.708=62.472(万元)

第三个月工程量价款为：850×200 + 950×180=34.10(万元)

应签证的工程款为：34.10×1.2×(1−5%)=38.874(万元)

应扣预付款为：22.96×50%=11.48(万元)

应付款为：38.874−11.48=27.394(万元)

因本月应付款金额小于 30 万元，所以工程师不予签发付款凭证。

第四个月 A 项工程累计完成工程量 2800 m^3，比原来估算工程量 2500 m^3 超出 300 m^3，已超过估算工程量的 10%，超出部分其单价应进行调整，超过估算工程量 10%的工程量为

2800−2500×(1+10%)=50(m^3)

超出部分工程量单价为：200×0.9=180 元/m^3

A 项工程工程量价款为：(650−50)×200+50×180=12.90(万元)

B 项工程累计完成工程量 3250 m^3，比原来估算工程量 3600 m^3 少 350 m^3，不超过估算工程量的 10%，其单价不予调整。

应签证的工程款为：700×180=12.60(万元)

本月完成 A、B 两项工程工程量价款为：12.90+12.60=25.50(万元)

应签证的工程款为：25.50×1.2×(1−5%)= 29.07(万元)

本月工程师实际签证的工程款为：27.394+29.07−22.96×50%=44.98(万元)

7.3.2 FIDIC 合同条件下工程价款的结算方法

FIDIC 合同条件对工程价款的支付(主要包括工程预付款、工程进度款、保留金及竣工结算)做出了以下规定。

1. 工程预付款结算

在投标书附件中约定预付款的支付。必须先提交履约保函。承包商提交的履约保函和预付款保函获得认可后，工程师开具预付款证书。业主收到工程师开具的预付款证书后 28 天内支付预付款。业主收到工程师预付款证书后 28 天内未支付，承包商可以提前 28 天通知业主和工程师，减缓速度或暂停施工，还有权提前 14 天发出通知，终止合同。整个工程移交证书颁发后或承包商不能偿付债务、宣告破产、停业清理、解体及合同终止时业主收回全部预付款。业主承担违约责任是按投标书附件中规定的利率，从应付之日起支付全部未付款额的利息。

2. 工程进度款结算

承包商每个月末提交月报表，工程师收到后 28 天内开具支付证书，业主按月支付。若月支付净额小于投标书附件规定的最小限额，工程师不必开具支付证书。业主收到工程师支付证书后 28 天内未支付，承包商可以提前 28 天通知业主和工程师，减缓速度或暂停施工，还有权提前 14 天发出通知，终止合同。业主违约则按投标书附件中规定的利率，从应付日起支付全部未付款额的利息。

3. 竣工结算

全部工程基本完工并通过竣工检验后，承包商发出通知书，并提交在缺陷责任期及时完成剩余工作的书面保证。通知书发出后 21 天内，工程师颁发移交证书。工程师颁发移交证书后 84 天内，承包商提交竣工报表。颁发移交证书后进入缺陷责任期，缺陷责任期满后 28 天内工程师颁发缺陷责任证书。颁发缺陷责任证书后 56 天内，承包商提交最终报表和结算清单，工程师收到后 28 天内发出最终支付证书。业主收到最终支付证书 56 天内最终付款。工程移交证书开具后，即可移交工程。业主收到最终支付证书 56 天后再超过 28 天不支付，承包商有权追究业主违约责任，按投标书附件中规定的利率，从应付日起支付全部未付款额的利息。若在合同中约定预扣保留金，应在竣工计价或竣工前业主已接受整个工程后的下次计价中支付一半保留金，颁发缺陷证书时再支付另一半保留金。

7.3.3 工程价款价差调整的方法

在社会经济发展过程中，物价水平是动态的、经常不断变化的，有时上涨，有时表现为下降。工程项目管理中合同周期较长的项目，随着时间的推移，经常要受到物价浮动等多种因素的影响，其中主要是人工费、材料费、施工机械费、运费等动态影响。我国现行的工程价款的结算中，对价格波动等动态因素考虑不足，导致承包人(或业主)遭受损失。这就有必要在工程价款结算中把多种动态因素纳入到结算过程中认真加以计算，使工程价款结算能够基本上反映工程项目的实际消耗费用，从而维护合同双方的正当权益。

工程价款价差调整的主要方法有工程造价指数调整法、实际价格调整法、调价文件计算法、调值公式法等。

1. 工程造价指数调整法

这种方法是发包方和承包方采用当时的预算(或概算)定额单价计算出承包合同价，待工程竣工时，根据合理的工期及当地工程造价管理部门所公布的该月度(或季度)的工程造价指数，对原承包合同价予以调整，重点调整那些由于实际人工费、材料费、施工机械费等费用上涨及工程变更因素造成的价差，并对承包商给以调价补偿。

【例 7.4】 某建筑公司承建武汉市一职工宿舍楼(框架结构)，工程合同价款为 1200 万元，2000 年 1 月签订合同并开工，2001 年 10 月竣工，如根据工程造价指数调整法予以动态结算，求价差调整的款应为多少？

解：经查得宿舍楼(框架结构)2000 年 1 月的造价指数为 100.25，2001 年 10 月的造价指数为 100.35，计算如下。

工程合同价×竣工时工程造价指数÷签订合同时工程造价指数

= 1200×100.35÷100.25 =1201.197(万元)

1201.197−1200= 1.197(万元)

此工程价差调整额为 1.197 万元。

2. 实际价格调整法

由于建筑材料市场采购的范围越来越大，有些地区还规定对钢材、木材、水泥等三材的价格采取按实际价格结算的方法。工程承包商可凭发票按实报销。这种方法方便而准确。但由于是实报实销，因而承包商对降低成本不感兴趣，为了避免副作用，地方主管部门需要定期发布最高限价，合同文件中应规定建设单位或工程师有权要求承包商选择更廉价的供应来源。

3. 调价文件计算法

这种方法是承发包双方采取按当时的预算价格承包，在合同工期内，按照工程造价管理部门调价文件的规定，进行抽料补差(在同一价格期内按所完成的材料用量乘以价差)。也有的地方定期发布主要材料供应价格和管理价格，对这一时期的工程进行抽料补差。

4. 调值公式法

根据国际惯例，对建设项目工程价款的动态结算，一般是采用此方法。实际工作中，绝大多数国际工程项目，甲乙双方在签订合同时就明确列出这一调值公式，并以此作为价差调整的计算依据。

建筑安装工程费用价格调值公式一般包括固定部分、材料部分和人工部分。但当建筑安装工程的规模和复杂性增大时，公式也变得更为复杂。调值公式一般为：

$$P = P_0\left(a_0 + a_1\frac{A}{A_0} + a_2\frac{B}{B_0} + a_3\frac{C}{C_0} + a_4\frac{D}{D_0}\right) \tag{7-8}$$

式中：P——调值后合同价款或工程实际结算款；

P_0——合同价款中工程预算进度款；

a_0——固定要素，代表合同支付中不能调整的部分占合同总价的比重；

a_1、a_2、a_3、a_4、…——代表有关各项费用(如人工费用、钢材费用、水泥费用、运输费用等)在合同总价中所占比重。$a_1+a_2+a_3+a_4+\cdots=1$；

A_0、B_0、C_0、D_0、…——投标截止日期前 28 天与基准日期与 a_1、a_2、a_3、a_4、…对应的各项费用的基期价格指数或价格；

A、B、C、D、…——在工程结算月份与a_1、a_2、a_3、a_4、…对应的各项费用的基期价格指数或价格。

运用调值公式(7-8)进行工程价款价差调整时应注意以下几点。

(1) 固定要素的取值范围通常在 0.15～0.35。从式(7-8)可以看出固定要素与调价余额成反比关系。固定要素相当微小的变化，都会引起实际调价时很大的费用变动，所以，承包商在调值公式中采用的固定要素取值要尽可能偏小。

(2) 按一般国际惯例，调值公式中有关的各项费用，只选择用量大、价格高且具有代表性的一些典型人工费和材料费，通常是大宗的钢材、木材、水泥、砂石料、沥青等，并用它们的价格指数变化综合代表材料费的价格变化，以便尽量与实际情况接近。

(3) 在许多招标文件中要求承包方在投标中提出各部分成本的比重系数，并在价格分析中予以论证。但也有的是由发包方(业主)在招标文件中先规定一个允许范围，由投标人在此范围内选定。例如，鲁布革水电站工程的标书即对外币支付项目各费用比重系数范围作了如下规定：外籍人员工资 0.10～0.20，水泥 0.10～0.16，钢材 0.09～0.13，设备 0.35～0.48，海上运输 0.04～0.08，固定系数为 0.17，并规定允许投标人根据其施工方法在上述范围内选用具体系数。

(4) 确定每个品种的系数和固定要素系数，品种的系数要根据该品种价格对总造价的影响程度而定。各品种系数之和加上固定要素系数应等于 1。

(5) 各项费用的调整应与合同条款规定相吻合。例如，签订合同时，承发包双方一般应商定调整的有关费用和因素，以及物价波动到何种程度才进行调整。在国际工程中，一般在±5%以上才进行调整。如有的合同还规定，在应调整金额不超过合同原价的 5%时，由承包方自己承担。在原合同价的 5%～20%之间时，承包方负担 10%，发包方(业主)负担 90%；当超过 20%时，则必须另行签订附加条款。

(6) 调整时还要注意地点与时点。地点一般指工程所在地或指定的某地市场价格。时点指的是某月某日的市场价格。这里要确定两个时点价格，即签订合同时间某个时点的市场价格(基础价格)和每次支付前的一定时间的时点价格。这两个时点就是计算调值的依据。

【例 7.5】某城市某土建工程，合同规定结算款为 110 万元，合同原始报价日期为 1996 年 3 月，工程于 1997 年 5 月建成交付使用。根据表 7-4 所列工程人工费、材料费构成比例以及有关造价指数，计算工程实际结算款。

表 7-4　某工程人工费、材料费构成比例以及有关造价指数表

项目 / 比例	人工费	钢材	水泥	集料	一级红砖	砂	木材	不调值费用
比例	46%	12%	10%	5%	5%	3%	4%	15%
1996 年 3 月指数	100.0	101.2	102.2	94.4	101.1	93.5	95.4	
1997 年 5 月指数	112.1	97.8	110.9	96.8	97.3	90.2	118.7	

解：实际结算价款如下。

110(0.15 + 0.46×112.1÷100.0 + 0.12×97.8÷101.2 + 0.10×110.9÷102.2 + 0.05×96.8÷94.4 + 0.05×97.3÷101.1 + 0.03×90.2÷93.5 + 0.04×118.7÷95.4)= 110×0.919 = 101.09(万元)

所以，通过调整，1997 年 5 月实际结算的工程价款为 101.09 万元，比原合同价少结 8.91 万元。

7.3.4　设备、工器具和材料价款的结算方法

1. 国内设备、工器具和材料价款的支付与结算

1) 结算的原则

按照我国现行规定，银行、单位和个人办理结算都必须遵守以下原则：一是恪守信用，及时付款；二是谁的钱进谁的账，由谁支配；三是银行不垫款。

建设单位对订购的设备、工器具，一般不预付定金，只对制造期在半年以上的大型专用设备和船舶的价款，按合同分期付款。如上海市对大型机械设备结算进度规定为：当设备开始制造时，收取 20%的货款；设备制造进行 60%时，收取 40%的货款；设备制造完毕托运时，再收取 40%的货款。有的合同规定，设备购置方扣留 5%的质量保证金，待设备运抵现场验收合格或质量保证期届满时再返还质量保证金。

建设单位收到设备、工器具后，要按合同规定及时结算付款，不应无故拖欠。如果资金不足而延期付款，要支付一定的赔偿金。

2) 结算的方式

建筑安装工程承发包双方的材料往来，可以按以下方式结算。

(1) 由承包人自行采购建筑材料的，发包单位可以在双方签订工程承包合同后按年度工作量的一定比例向承包单位预付备料资金。备料款的预付额度，建筑工程一般不应超过当年建筑(包括水、电、暖、卫等)工作量的 30%，大量采用预制构件以及工期在 6 个月以内的工程，可以适当增加。安装工程一般不应超过当年安装工程量的 10%，安装材料用量较大的工程，可以适当增加。

预付的备料款，可从竣工前未完工程所需材料价值相当于预付备料款额度时起，在工程价款结算时按材料款占结算价款的比重陆续抵扣；也可按有关文件的规定办理。

(2) 按工程承包合同规定，由承包人包工包料的，则由承包方负责购货付款，并按规定向发包人收取备料款。

(3) 按工程承包合同规定，由发包单位供应材料的，其材料可按材料预算价格转给承包单位，材料价款在结算工程款时陆续抵扣。这部分材料，承包人不应收取备料款。凡是没有签订工程承包合同和不具备施工条件的工程，发包单位不得预付备料款，不准以备料款为名转移资金。承包单位收取备料款后两个月仍不开工或发包单位无故不按合同规定付给备料款的，开户银行可以根据双方工程承包合同的约定分别从有关单位账户中收回或付出备料款。

2. 进口设备、工器具和材料价款的支付与结算

进口设备分为标准机械设备和专制机械设备两类。标准机械设备系指通用性广泛、供应商(厂)有现货，可以立即提交的货物。专制机械设备是指根据业主提交的定制设备图纸专门为该业主制造的设备。

1) 标准机械设备的结算

标准机械设备的结算大都使用国际贸易中广泛使用的不可撤销的信用证。这种信用证在合同生效之后一定日期由买方委托银行开出，经买方认可的卖方所在地银行为议付行。以卖方为收款人的不可撤销的信用证，其金额与合同总额相等。

(1) 标准机械设备首次合同付款。当采购货物已装船，卖方提交下列文件和单证后，即可支付合同总价的 90%。

① 由卖方所在国的有关当局颁发的允许卖方出口合同货物的出口许可证，或不需要出口许可证的证明文件。

② 由卖方委托买方认可的银行出具的以买方为受益人的不可撤销保函。担保金额与首次支付金额相等。

③ 装船的海运提单。

④ 商业发票副本。

⑤ 由制造厂(商)出具的质量证书副本。

⑥ 详细的装箱单副本。

⑦ 向买方信用证的出证银行开出的以买方为受益人的即期汇票。

⑧ 相当于合同总价形式的发票。

(2) 最终合同付款。机械设备在保证期截止时，卖方提交下列单证后支付合同总价的尾款，一般为合同总价的 10%。

说明所有货物无损、无遗留问题、完全符合技术规范要求的证明书；向出证银行开出的以买方为受益人的即期汇票；商业发票副本。

(3) 合同付款货币。买方以卖方在投标书标价中说明的一种或几种货币，和卖方在投标书中说明的在执行合同中所需的一种或几种货币比例进行支付。

付款时间：每次付款在卖方所提供的单证符合规定之后，买方须从卖方提出日期的一定期限内(一般 45 天内)将相应的货款付给卖方。

2) 专制机械设备的结算

专制机械设备的结算一般分为三个阶段，即预付款、阶段付款和最终付款。

(1) 预付款。一般专制机械设备的采购，在合同签订后开始制造前，由买方向卖方提供合同总价的 10%～20%的预付款。

预付款一般在提交下列文件和单证后进行支付。

① 由卖方委托银行出具的以买方为受益人的不可撤销的保函，担保金额与预付款货币金额相等。

② 相当于合同总价形式的发票。

③ 商业发票。

④ 由卖方委托的银行向买方的指定银行开具的由买方承兑的即期汇票。

(2) 阶段付款。按照合同条款，当机械制造开始加工到一定阶段，可按设备合同价一定的百分比进行付款。阶段的划分是当机械设备加工制造到关键部位时进行一次付款，到货物装船买方收货验收后再付一次款。每次付款都应在合同条款中做较详细的规定。

机械设备制造阶段付款的一般条件如下。

① 当制造工序达到合同规定的阶段时，制造厂应以电传或信件通知业主。

② 开具经双方确认完成工作量的证明书。

③ 提交以买方为受益人的所完成部分的保险发票。

④ 提交商业发票副本。

⑤ 机械设备装运付款，包括成批订货分批装运的付款，应由卖方提供下列文件和单证。

⑥ 有关运输部门的收据。

⑦ 提交与合同货物相应金额的商业发票副本。

⑧ 详细的装箱单副本。

⑨ 由制造厂(商)出具的质量和数量证书副本。

⑩ 原产国证书副本。货物到达买方验收合格后，当事双方签发的合同货物验收合格证书副本。

(3) 最终付款。指在保证期结束时的付款，付款时应提交商业发票副本。

全部设备完好无损，所有待修缺陷及待办的问题，均已按技术规范说明圆满解决后的合格证副本。

3) 利用出口信贷方式支付进口设备、工器具和材料价款

对进口设备、工器具和材料价款的支付，我国还经常利用出口信贷的形式。出口信贷根据借款的对象分为卖方信贷和买方信贷。

(1) 卖方信贷。卖方信贷是卖方将产品赊销给买方，规定买方在一定时期内延期或分期付款。卖方通过向本国银行申请出口信贷，来填补占用的资金。其过程如图 7-4 所示。

采用卖方信贷进行设备材料结算时，一般是在签订合同后先预付 10%的定金，在最后一批货物装船后再付 10%，在货物运抵目的地，验收后付 5%，待质量保证期届满时再付 5%，剩余的 70%贷款应在全部交货后规定的若干年内一次或分期付清。

(2) 买方信贷。买方信贷有两种形式：一种是由产品出口国银行把出口信贷直接贷给买方，买卖双方以即期现汇成交，其过程如图 7-5 所示。

例如，在进口设备材料时，买卖双方签订贸易协议后，买方先付 15%左右的定金，其余贷款由卖方银行贷给，再由买方按现汇付款条件支付给卖方。此后，买方分期向卖方银行偿还贷款本息。

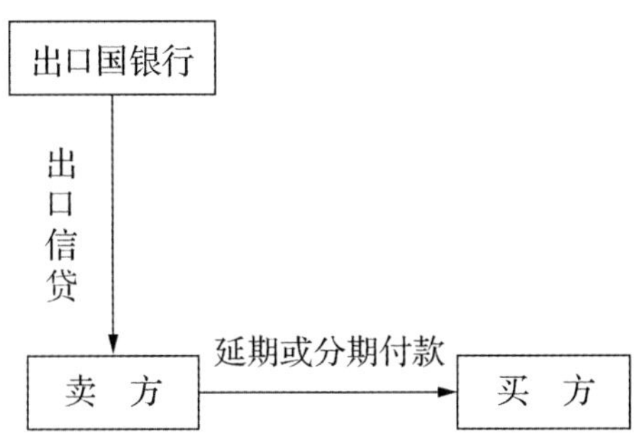

图 7-4　卖方信贷示意图

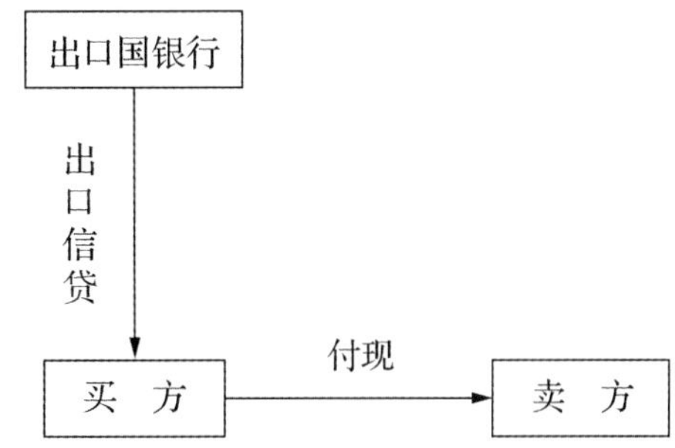

图 7-5　买方信贷 (出口国银行直接贷款给进口商)示意图

买方信贷的另一种形式，是由出口国银行把出口信贷贷给进口国银行，再由进口国银行转贷给买方，买方用现汇支付借款，进口国银行分期向出口国银行偿还借款本息，其过程如图 7-6 所示。

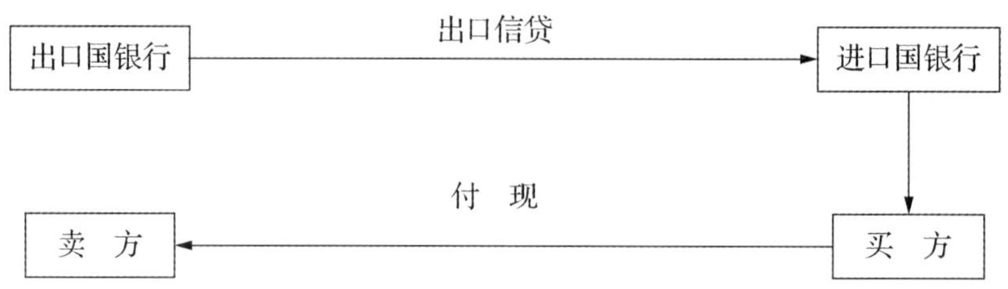

图 7-6　买方信贷 (出口国银行借款给进口国银行)示意图

3. 设备、工器具和材料价款的动态结算

设备、工器具和材料价款的动态结算主要是依据国际上流行的货物及设备价格调值公式来计算，即：

$$P_1 = P_0(a + b \times M_1 \div M_0 + c \times L_1 \div L_0) \quad (7\text{-}9)$$

式中：P_1——应付给供货人的价格或结算款；

P_0——合同价格(基价)；

M_0——原料的基建期物价指数，取投标截止日期前 28 天的指数；

L_0——特定行业人工成本的基本指数，取投标截止日期前 28 天的指数；

M_1、L_1——在合同执行时的相应指数；

a——管理费用和利润占合同的百分比，这一比例是不可调整的，称为"固定成分"；

b——原料成本占合同价的百分比；

c——人工成本占合同价的百分比。

公式中 $a+b+c=1$，其中：

a 的数值可因货物性质的不同而不同，一般占合同的 5%～15%。

b 是通过设备、工器具制造中消耗的主要材料的物价指数进行调整的。如果主要材料是钢材，但也需要铜螺钉、轴承和涂料等，那么也仅以钢材的物价指数来代表所有材料的综合物价指数。如果有两三种主要材料，其价格对成品的总成本都是关键因素，则可把材料物价指数再细分成两三个子成本。

c 是根据整个行业的物价指数调整的(如机床行业)。在极少数情况下，将人工成本 c 分解成两三个部分，通过不同的指数来进行调整。

对于有多种主要材料和成分构成的成套设备合同，则可采用更为详细的公式进行逐项的计算调整。例如，某电气设备采购合同中规定的调价公式如下：

$$P_1 = P_o(a+bM_{S1} \div M_{S0}+cM_{C1} \div M_{C0}+dM_{P1} \div M_{P0}+eL_{E1} \div L_{E0}+fL_{P1} \div L_{P0}) \quad (7\text{-}10)$$

式中：M_{S1}、M_{C1}、M_{P1}——分别为钢板、电解铜和塑料绝缘材料的结算期的价格或物价指数；

M_{S0}、M_{C0}、M_{P0}——分别为钢板、电解铜和塑料绝缘材料的基建期的价格或物价指数；

L_{E1}、L_{P1}——分别为结算期电气工业、塑料工业的人工费用指数；

L_{E0}、L_{P0}——分别为基建期电气工业、塑料工业的人工费用指数；

a——固定成本在合同价格中所占的百分比；

b、c、d——每类材料成分的成本在合同价格中所占的百分比；

e、f——每类人工成分的成本在合同价格中所占的百分比。

7.4　投资偏差分析与投资控制

由于工程项目的开发和建设是一项综合性的经济活动，建设周期长、规模大、投资额大、涉及面广，建设产品的形成过程可以分为相互关联、相互作用的多个阶段。前期阶段的资金投入与策划直接影响到后期工作的进程与效果，资金的不断投入过程也就是工程造价的逐步实现过程。施工阶段工程造价的计价与控制与其前期阶段的众多影响因素相关。施工阶段投入的资金最直接，效果最明显。联合国工业发展组织为发展中国家提供的可行性研究资料中将基本建设周期分为投资前期、投资期，生产期、工程进展不同阶段和投入资金的关系可以用图 7-7 表示。

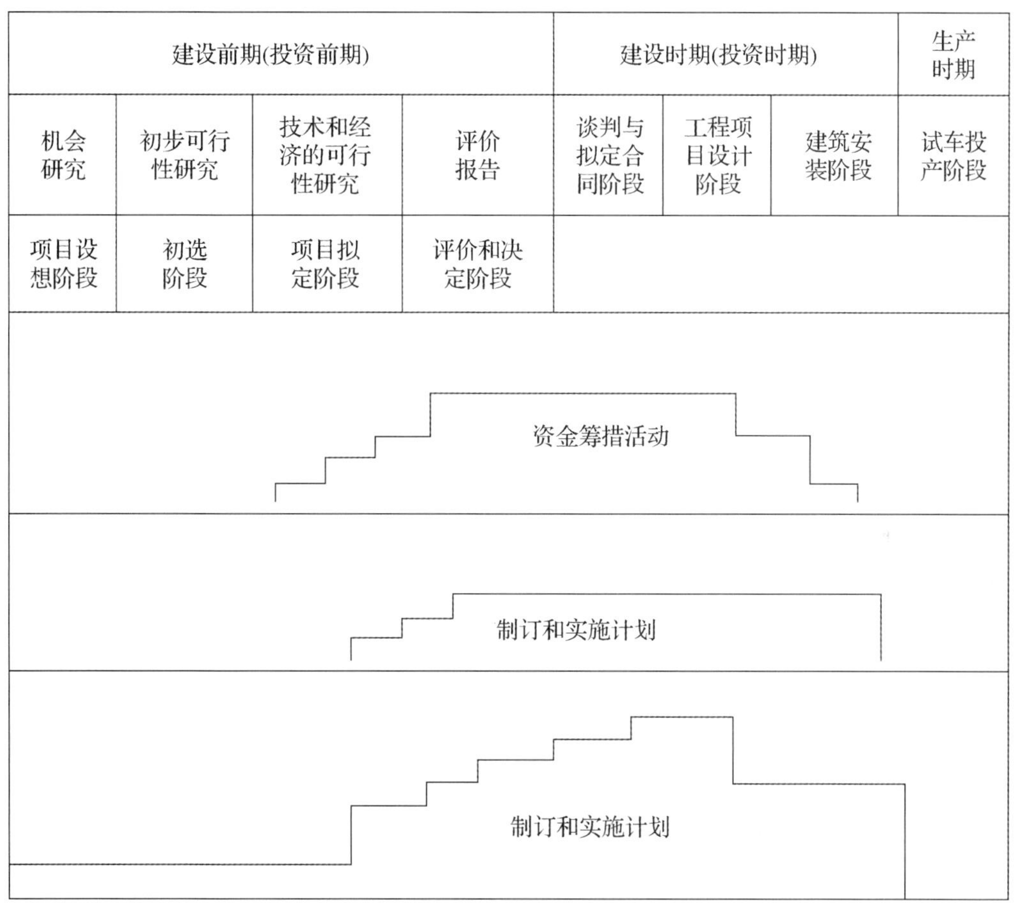

图 7-7　不同阶段工程投入资金示意图

建设项目的可行性研究是指在项目决策前，通过对项目有关的社会、经济、技术等各方面条件进行调查、研究、分析，对各种可能的建设方案和工艺技术进行分析、比较和论证，并对项目实施后的经济、社会、环境效益进行预测和评价，考察项目技术上的先进性和适用性，经济上的盈利性和合理性，建设的可能性和可行性。建设项目的可行性研究报告是确定建设项目的依据，筹措项目建设资金的依据，编制设计文件的依据，施工组织、工程进度安排及竣工验收的依据，项目后评价的依据。研究报告的内容一般包括：总论，产品的市场分析和拟建规模，资源、原材料、燃料及公用设施情况，外部环境条件，项目实施条件，项目设计方案，企业组织、劳动定员和人员培训，项目施工计划和进度要求，投资估算和资金筹措，项目经济评价，项目结论与建议等。

建设项目设计是指在建设项目开始施工之前，设计人员根据已批准的可行性研究报告，为实现拟建项目的技术、经济等方面的要求，提供建筑、安装和设备制造等所需要的规划、图纸、数据等技术文件的工作。建设项目设计是整个工程建设的主导，是组织项目施工的主要依据。建设项目设计包括：准备工作、初步设计、技术设计、施工图设计、设计交底和配合施工等项内容。设计方案直接关系到投资的使用计划，特别是施工单位要根据设计单位的意图和设计文件的解释，根据现场进展情况及时解决设计文件中的实际问题，进行设计变更和工程量调整，这直接影响施工阶段工程造价的计价与资金使用计划。

施工图设计是组织施工的直接依据，也是设计工作和施工工作的桥梁。一些专家认为虽然工程设计费占全部工程寿命费用的比例不到1%，但对施工阶段的造价控制起着关键作用。施工图预算是由设计单位在施工图设计完成后，根据施工图纸、现行预算定额、费用定额，所在地区设备、材料、人工费、机械台班费等预算价格编制的确定工程造价的文件，是设计阶段控制工程造价的重要环节，对于实施招投标的工程，它是编制标底的参考依据。

与施工阶段造价计价与控制有直接关系的是施工组织设计，其任务是实现建设计划和实际要求，对整个工程施工选择科学的施工方案和合理安排施工进度，是施工过程控制的依据，也是施工阶段资金使用计划编制的依据之一。施工组织设计能够协调施工单位之间、单项工程之间资源使用时间和资金投入时间之间的关系，有利于实现保证工期、质量、优化投资的整体目标。施工组织设计包括施工组织规划设计、总设计、单位工程和分项工程施工组织设计。施工组织总设计要从战略全局出发，抓重点、抓难点、抓关键环节与薄弱环节，既要考虑施工总进度的合理安排，确保施工的连续性、节奏性、均衡性，又要考虑投入资金和各类资源在施工的不同阶段的需求量、控制量和调节量。施工进度与资金使用计划关系图如图 7-8 所示。

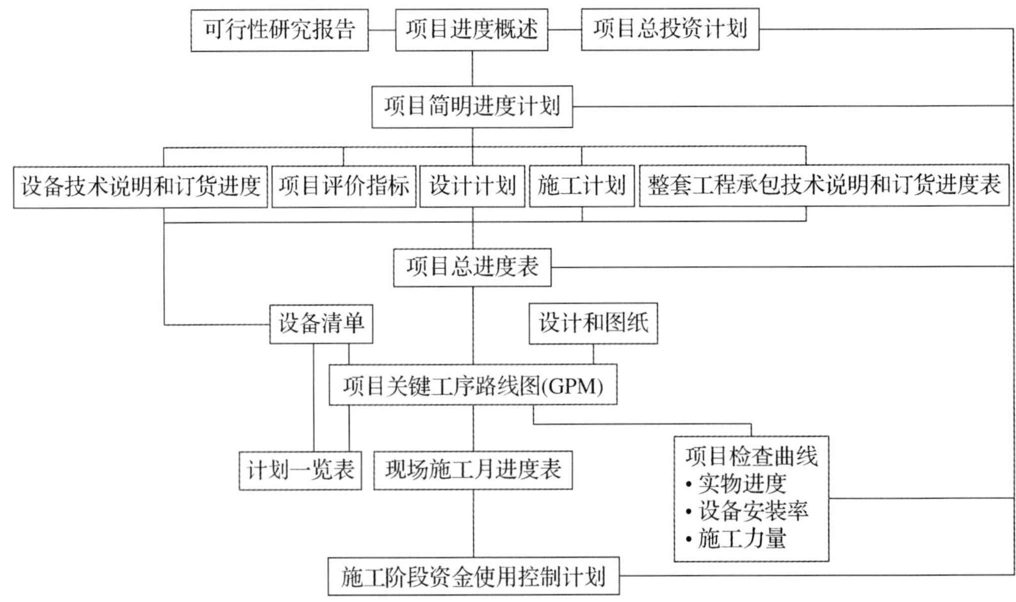

图 7-8　施工进度与资金使用计划关系图

投资控制的目的是为了确保投资目标的实现，施工阶段投资控制目标是通过编制资金使用计划来确定的。要结合工程特点，确定合理的施工程序与进度，科学地选择施工机械，优化人力资源管理。采用先进的施工技术、方法与手段实现资金使用与控制目标的优化。资金使用目标的确定既要考虑资金来源(例如，政府拨款、金融机构贷款、合作单位相关资金、自有资金)的实现方式和时间限制，又要按照施工进度计划的细化与分解，将资金使用计划和实际工程进度调整有机地结合起来。施工总进度计划要求严格、涉及面广，其基本要求是：保证拟建工程项目在规定期限内按时或提前完成，节约施工费用，降低工程造价。

影响总进度计划的因素为：项目工程量、建设总工期、单位工程工期、施工程序与条件、资金资源和需要与供给的能力与条件。总进度计划成为确定资金使用计划与控制目标、编制资源需要与调度计划的最为直接的重要依据。

7.4.1　资金使用计划的编制

施工阶段资金使用计划的编制与控制在整个工程造价管理中处于重要而独特的地位，它对工程造价的重要影响表现在以下几个方面。

通过编制资金使用计划，合理确定施工阶段工程造价目标值，使工程造价的控制有所依据，并为资金的筹集与协调打下基础。定期地进行工程项目投资的实际值与目标值的比较，通过比较发现并找出偏差，然后分析产生偏差的原因，并采取有效措施加以控制，以保证投资控制目标的实现。

通过资金使用计划的科学编制，对未来工程项目的资金使用和进度控制有所预测，消除不必要的资金浪费和进度失控，还能够避免在今后工程项目中由于缺乏依据而进行轻率判断所造成的损失，增加自觉性，使现有资金充分地发挥作用。

在建设项目的实施过程中，通过资金使用计划的严格执行，可以有效地控制工程造价上升，最大限度地节约投资，提高投资效益。

对脱离实际的工程造价目标值和资金使用计划，应在科学评估的前提下，允许修订和修改，使工程造价更加趋于合理水平，从而保障建设单位和承包商各自的合法利益。

施工阶段资金使用计划的编制可以按项目编制，可以按过程编制，也可以按时间进度编制。

1. 按不同项目编制资金使用计划

大型建设项目往往由多个单项工程组成，每个单项工程又由多个单位工程组成，而单位工程总是由若干个分部分项工程组成。因此，可以把工程项目总投资分解在每一个子项目，进而做到合理分配。编制时必须对工程项目进行合理划分，划分的粗细程度根据工程的实际需要而定。在实际工作中，总投资目标按项目分解只能分到单项工程或单位工程，如果再进一步分解投资目标，就难以保证分目标的可靠性。

按不同项目编制资金使用计划是编制资金使用计划的一种常用方式。按照项目分解项目总投资，有助于检查建设项目各阶段的投资构成是否完整，有无重复计算或缺项。同时，还有助于检查各项具体的投资支出对象是否明确落实，并且还可以从数字上校核分解的结果有无错误。例如：某学校建设项目的分解过程，就是该项目施工阶段资金使用计划的编制依据。

为了满足建设项目分解管理的需要，建设项目可分解为单项工程、单位工程、分部工程和分项工程。以一个学校建设项目为例，其分解可参照图 7-9。

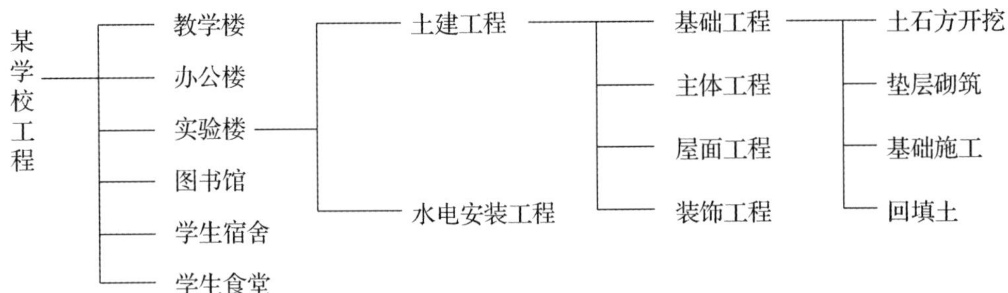

图 7-9　某学校工程项目分解图

2. 按项目的过程编制资金使用计划

设备工程包括设备的设计、制造、储存、运输及安装调试等一系列过程及相应的活动。因此，可以将设备工程投资分解到设备工程的不同阶段，如图 7-10 所示。

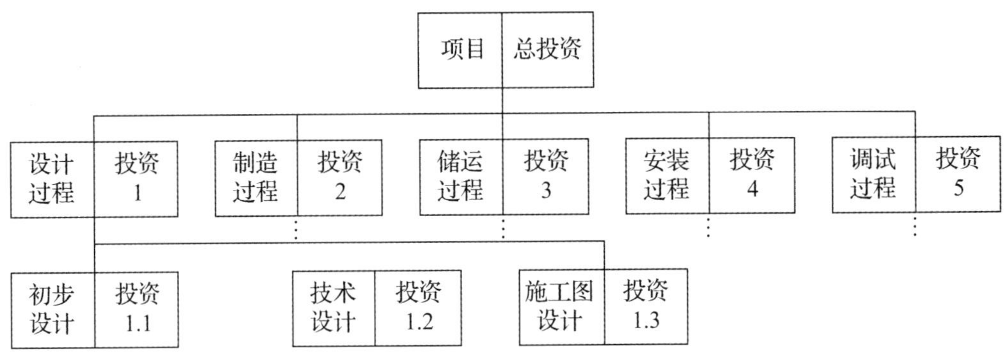

图 7-10　按项目的过程编制资金使用计划示意图

3. 按时间进度编制资金使用计划

工程项目的投资总是分阶段、分期支出的，资金应用是否合理与资金时间安排有着密切的关系。为了编制资金使用计划，并据此筹措资金，尽可能减少资金占用和利息支付，有必要将项目总投资目标按使用时间进行分解，进一步确定分目标值。

按时间进度编制资金使用计划，通常可通过对控制项目进度的网络图做进一步扩充而得到。利用网络图控制投资，即要求在拟定工程项目的执行计划时，一方面确定完成某项施工活动所需的时间，另一方面也要确定完成这一工作的合理的支出预算。

资金使用计划可以采用资金需要量曲线、S 形曲线与香蕉图的形式，其对应数据的产生依据是施工计划网络图中的时间参数(工序最早开工时间、工序最早完工时间、工序最迟开工时间、工序最迟完工时间、计划总工期等)的计算结果与对应阶段资金使用要求。利用已确定的网络计划，可计算各项活动的最早及最迟开工时间，获得项目进度计划的甘特图。在甘特图的基础上便可编制按时间进度划分的投资支出预算，进而绘制时间—投资累计曲线(S 形图线)。时间—投资累计曲线的绘制步骤如下。

(1) 确定工程进度计划，编制进度计划的甘特图。

(2) 根据每单位时间内完成的实物工程量或投入的人力、物力和财力，计算单位时间(月或旬)的投资，如表 7-5 所示。

表 7-5　按月编制的资金使用计划表

时间/月	1	2	3	4	5	6	7	8	9	10	11	12
投资/万元	100	200	300	400	500	800	800	700	600	400	300	200

(3) 计算规定时间 t 计划累计完成投资额，计算公式如下：

$$Q_t = \sum_{n=1}^{t} q_n \tag{7-11}$$

式中：Q_t——某时间 t 计划累计完成投资额；

q_n——单位时间 n 的计划完成投资额；

t——规定的计划时间。

(4) 按各规定时间的 Q_t 值，绘制 S 形曲线，如图 7-11 所示。

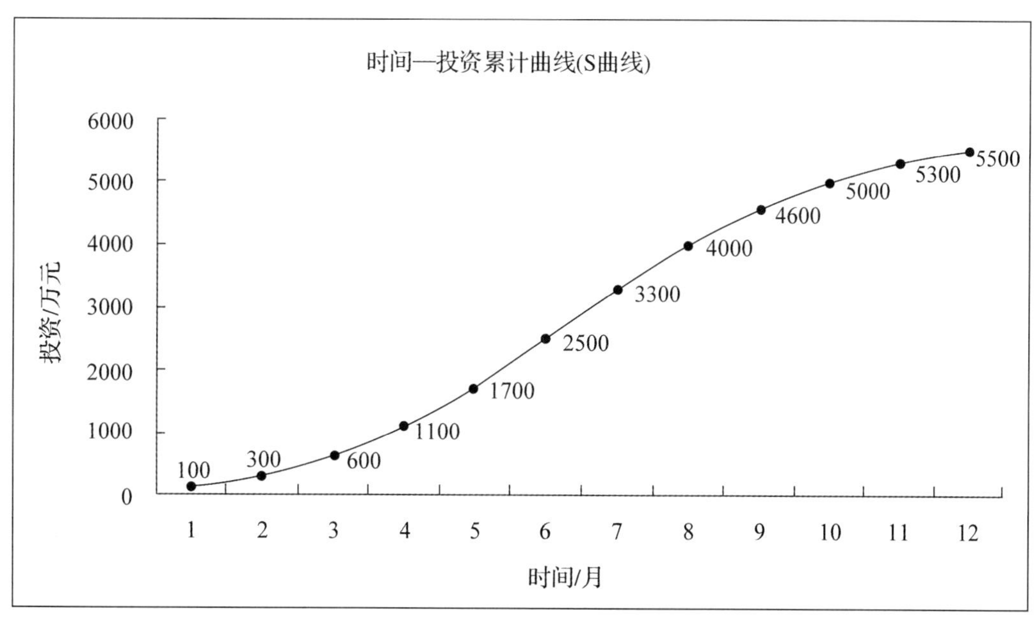

图 7-11　时间一投资累计曲线(S 曲线)

每一条 S 形曲线都是对应某一特定的工程进度计划。进度计划的非关键路线中存在许多有时差的工序或工作，因而 S 形曲线(投资计划值曲线)必然包括在由全部活动都按最早开工时间开始和全部活动都按最迟开工时间开始的曲线所组成的“香蕉图”内，见图 7-12。建设单位可根据编制的投资支出预算来合理安排资金，同时也可以根据筹措的建设资金来调整 S 形曲线，即通过调整非关键路线上的工序项目最早或最迟开工时间，力争将实际的投资支出控制在预算的范围内。

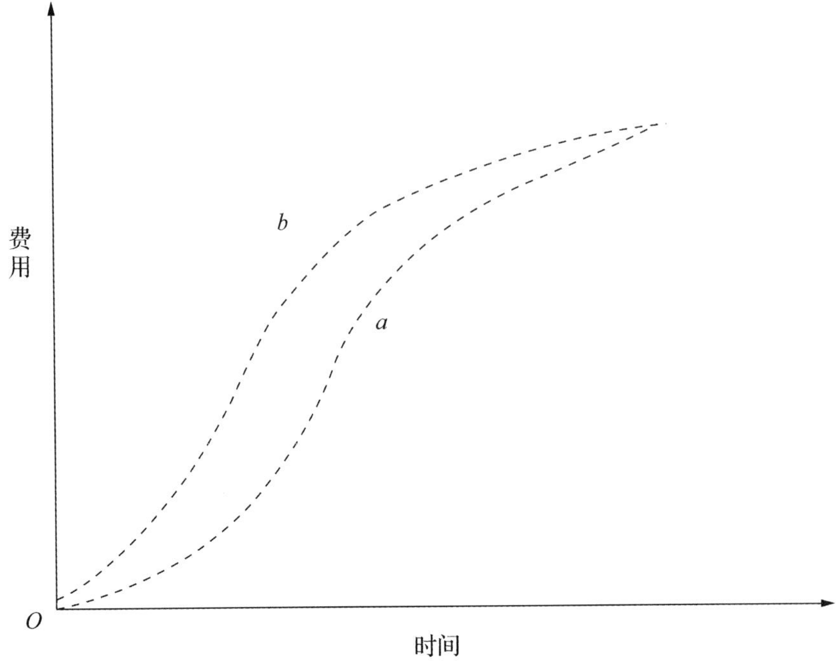

a ——所有活动按最迟开始时间开始的曲线；

b ——所有活动按最早开始时间开始的曲线

图 7-12　投资计划值的香蕉图

通常若所有活动都按最迟时间开始，可以节约建设资金贷款利息，但同时也降低了项目按期竣工的保证率。因此，编制资金计划时必须合理地确定投资支出预算，这样既可以节约投资又能控制项目的工期。

编制资金使用计划的过程中，还要注意采用现代管理科学方法，例如 ABC 控制法。所谓 ABC 控制法是指将影响资金使用的因素按照影响程度的大小分成 A、B、C 三类，A 类因素为重点因素，B 类因素为次要因素，C 类因素为一般因素。其中，A 类占因素总数的 5%～20%，其对应的资金耗用值占计划资金总额的 70%～90%；B 类占因素总数的 25%～40%，其对应的资金耗用值占计划资金总额的 10%～30%；C 类占因素总数的 50%～70%，其对应的资金耗用值占计划资金总额的 5%～15%。以因素所占百分比为横坐标，因素对应累计资金使用值为纵坐标就可以绘制成 ABC 曲线，作为编制资金使用计划的参考依据，它也是控制工程造价的依据之一。

确定施工阶段资金使用计划时还应考虑施工阶段出现的各种风险因素对于资金使用计划的影响，如设计变更与工程量调整、建筑材料价格变化、施工条件变化、不可抗力自然灾害、有关施工政策规定的变化、多方面因素造成实际工期变化等。因此，在制定资金使用计划时要考虑计划工期与实际工期、计划投资与实际投资、资金供给与资金调度等多方面的关系。

以上三种编制资金使用计划的方法并不是相互独立的，在实践中，往往是将这几种方法结合起来使用，从而达到扬长避短的效果。

7.4.2 投资偏差分析

在确定了投资控制目标之后，为了有效地进行投资控制，监理工程师必须定期进行投资计划值和实际值的比较。当实际值偏离计划值时，要分析产生偏差的原因，采取适当的纠偏措施，使投资超支额尽可能小。施工阶段投资偏差的形成，是由于施工过程中随机因素与风险因素的影响，而形成了实际投资与计划投资、实际工程进度与计划工程进度的差异，这些差异被称为投资偏差、进度偏差。

1. 基本概念

投资偏差是指投资计划值与实际值之间存在的差异，即：

投资偏差=已完工程实际投资-已完工程计划投资 (7-12)

投资偏差为正表示投资增加，为负表示投资节约。与投资偏差密切相关的是进度偏差，只有考虑进度偏差后才能正确反映投资偏差的实际情况。所以，有必要引入进度偏差的概念：

进度偏差=已完工程实际时间-已完工程计划时间 (7-13)

为了与投资偏差联系起来，进度偏差也可表示为：

进度偏差=拟完工程计划投资-已完工程计划投资 (7-14)

“拟完”可以理解为“原计划中规定”的，“已完”可以理解为“实际过程中发生”的。拟完工程计划投资与已完工程计划投资中的计划投资均指原计划中规定的单项工程计划投资值(可以假设其不改变)。

所谓拟完工程计划投资是指根据进度计划安排在某一确定时间内所应完成的工程内容的计划投资。进度偏差为正值时，表示工期拖延；进度偏差为负值时，表示工期提前。

【例 7.6】某建筑安装工程 8 月份拟完工程计划投资 10 万元，已完工程计划投资 8 万元，已完工程实际投资 11 万元，则：

投资偏差=已完工程实际投资-已完工程计划投资=11-8=3(万元)

表明该建筑安装工程 8 月份投资超支 3 万元。

进度偏差=拟完工程计划投资-已完工程计划投资=10-8=2(万元)

表明该建筑安装工程 8 月份进度拖后 2 万元。

2. 投资偏差的分类

在进行分析时，投资偏差又可以分为以下几种。

1) 绝对偏差和相对偏差

绝对偏差，是指投资计划值与实际值比较所得的差额。相对偏差是指投资偏差的相对数或比例数，通常是用绝对偏差与投资计划值的比值来表示。绝对偏差和相对偏差的符号相同，正值表示投资增加，负值表示投资减少。

绝对偏差=投资实际值-投资计划值 (7-15)

相对偏差=绝对偏差÷投资计划值 (7-16)

例 7.6 中，绝对偏差=11-8=3(万元)

相对偏差=3÷8=0.375

2) 局部偏差和累计偏差

局部偏差，一般有两层含义：一是相对于总项目的投资而言，指各单项工程、单位工程和分部分项工程的偏差；二是相对于项目实施的时间而言，指每一控制周期所发生的投资偏差。累计偏差是在项目已实施的时间内累计发生的偏差，是一个动态概念。在偏差的工程内容及其原因都比较明确时，局部偏差的分析结果也就比较可靠。而累计偏差所涉及的工程内容较多、范围较大，且原因也较复杂，所以累计偏差分析应以局部偏差分析为基础，需要进行综合分析，才能对投资控制工作在较大范围内具有指导作用。

3. 投资偏差的分析方法

常用的偏差分析方法有横道图法、时标网络图法、表格法和曲线法。

1) 横道图法

用横道图进行投资偏差分析，是用不同的横道标识已完工程计划投资、实际投资和拟完工程计划投资，横道的长度与其金额成正比。投资偏差和进度偏差金额可以用数字或横道表示，而产生投资偏差的原因则应经过认真分析后填入。

横道图法的优点是形象、直观、一目了然。但是，这种方法反映的信息量少，一般用于项目管理的较高层次。

在实际工作中有时需要根据拟完工程计划投资和已完工程实际投资确定已完工程计划投资后，再确定投资偏差与进度偏差。

2) 时标网络图法

时标网络图法指在确定施工计划网络图的基础上，将施工的实施进度与日历工期相结合而形成的网络图。它可以分为早时标网络图与迟时标网络图，图 7-13 为早时标网络图。早时标网络图中的节点位置与以该节点为起点的工序的最早开工时间相对应。图中的实线长度为工序的工作时间。虚节线表示对应施工检查日(用▼标示)施工的实际进度。图中箭线上标入的数字可以表示箭线对应工序单位时间的计划投资值。

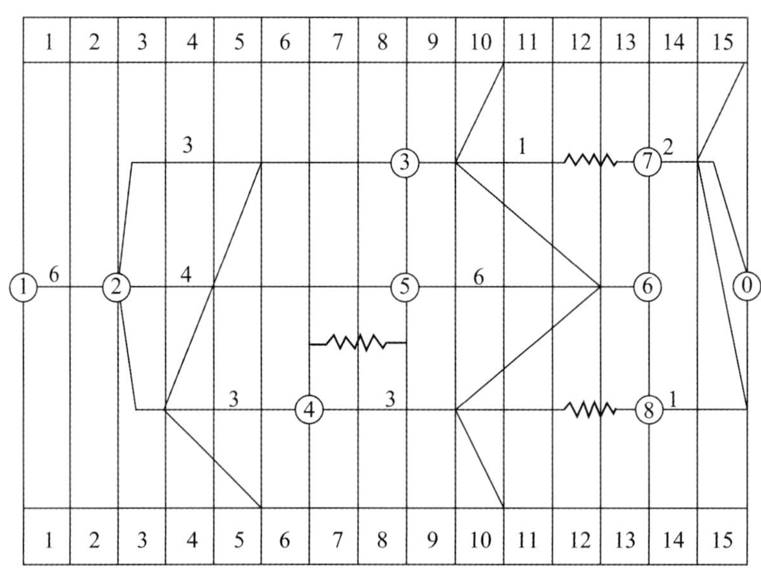

图 7-13　某工程时标网络计划(投资数据单位：万元)

3) 表格法

表格法是一种偏差分析常用的方法。通常可以根据工程项目的具体情况、数据来源、投资控制工作的要求等条件来设计绘制表格，因而适用性较强。设计的表格信息量大，可以反映各种偏差变量和指标，对深入地了解项目投资的实际情况使用计算机辅助工程管理，提高投资工作的效率。

4) 曲线法

曲线法是用投资时间曲线进行偏差分析的一种方法。在用曲线法进行偏差分析时，一般有三条投资曲线，即已完工程实际投资曲线 a，已完工程计划投资曲线 b 和拟完工程计划投资曲线 p。如图 7-14 所示，曲线 a 和 b 的竖向距离表示投资偏差，曲线 p 的水平距离表示进度偏差。图中反映的是累计偏差，而且主要是绝对偏差。曲线法分析投资偏差形象、直观，但不能直接用于定量分析，如果能与表格法结合起来，则会取得较好的效果。

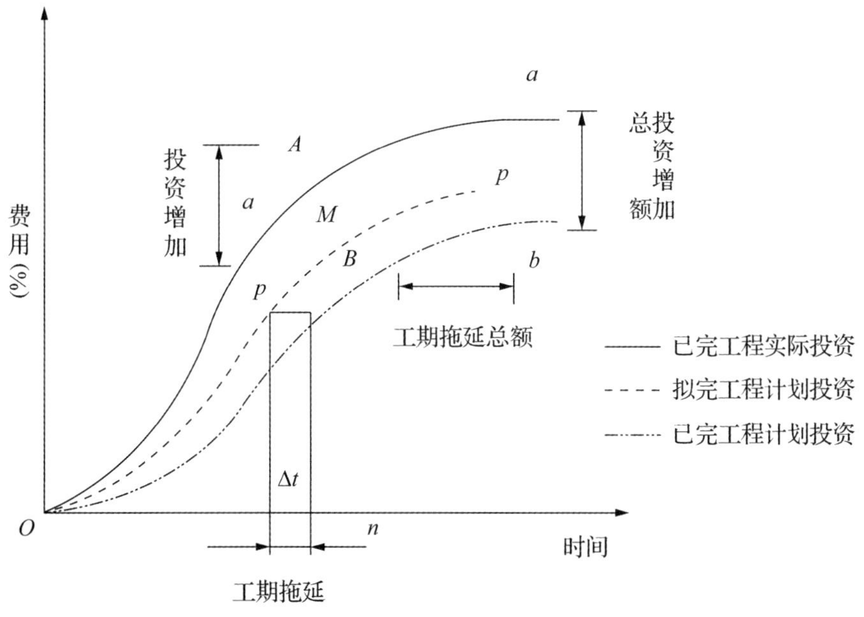

图 7-14 三种投资参数曲线

7.4.3 投资偏差的控制与纠正

1. 投资偏差形成的原因

工程管理实践中，引起投资偏差的原因主要有四个方面：业主原因、设计原因、施工原因和客观原因，如图 7-15 所示。

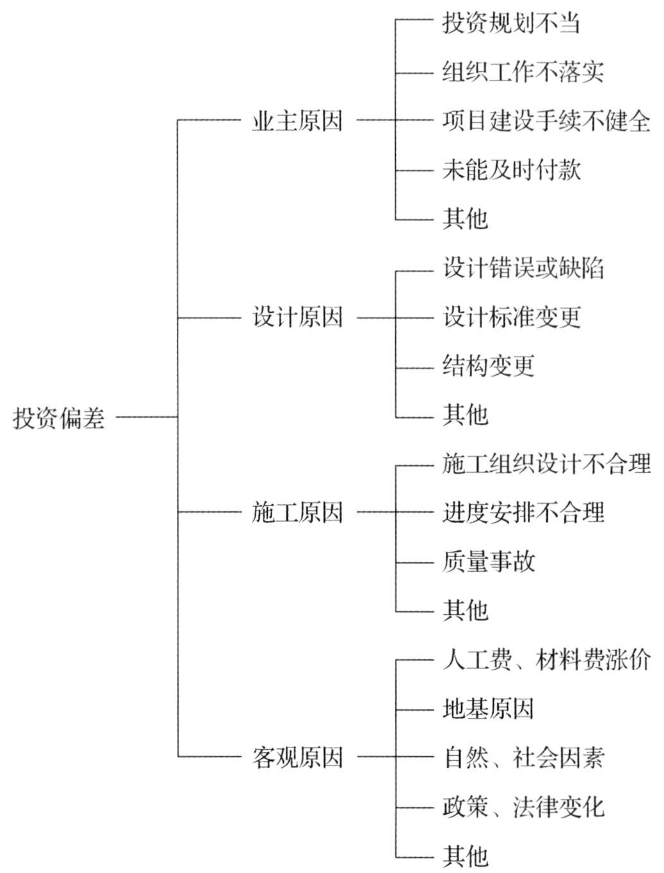

图 7-15　投资偏差的原因

为了对偏差原因进行综合分析，通常采用图表工具。在用表格法时，程序是：首先将每期所完成的全部分部分项工程的投资情况进行汇总，分析引起分部分项工程投资偏差产生的原因。然后通过适当的数据处理，再分析每种原因发生的频率(概率)及其影响程度(平均绝对偏差或相对偏差)。最后按照偏差原因的分类重新排列，就可以得到投资偏差原因综合分析表，利用虚拟数字可以编制投资偏差原因综合分析表。表中已完工程计划投资是各期“投资偏差原因综合分析表”中各偏差原因所对应的已完分部分项工程计划投资累计的结果。需要指出的是，某一分部分项工程的投资偏差可能同时由两个以上的原因引起，为了避免重复计算，在计算“已完工程计划投资”时，只按其中最主要的原因考虑，次要原因计划投资的重复部分在表中以括号标出，不计入“已完工程计划投资”的合计值。

2. 投资偏差类型

在分析的基础上，可以将投资偏差分为以下四种基本类型。

(1) 投资增加且工期拖延。这种类型是工作中纠正偏差的主要对象，必须引起高度的重视。

(2) 投资增加但工期提前。这种情况下需要适当考虑工期提前带来的效益。从资金合理使用的角度看，如果增加的资金额超过增加的效益额时要采取措施纠偏。

(3) 工期拖延但投资节约。是否需要采取纠偏措施要根据实际情况确定。

(4) 工期提前且投资节约。这是最理想的情况，不需要采取纠偏措施。

从偏差形成原因分析，由于施工原因造成的损失应由施工单位自己负责，而客观原因是无法避免的，所以，纠偏的主要对象是由于业主原因和设计原因造成的投资偏差。

3. 纠偏措施

纠偏就是对系统实际运行状态偏离标准状态的纠正，以便使运行状态恢复或保持标准状态。施工阶段工程造价偏差的纠正与控制，要采用现代控制方法，利用动态控制、系统控制、信息反馈控制、弹性控制、循环控制和网络技术控制的原理，应用目标管理分析方法。目标管理分析方法就是要结合施工的实际情况，依靠有丰富实践经验的技术人员和管理人员，通过各方面的共同努力实现纠偏。从管理学的角度来看，纠偏是一个制订计划、实施计划、检查进度与效果、纠正与处理偏差的动态的循环过程。

合同管理、施工成本管理、施工质量管理、施工进度管理是施工管理的几个重要环节。在纠正施工阶段资金使用偏差的过程中，要遵循全面性与全过程原则、经济性原则、责权利相结合原则、政策性原则，在项目经理的负责带领下，在费用控制预测的基础上，通过各类人员共同配合，采取科学、合理、可行的措施，实现从分项工程、分部工程、单位工程、整体项目等方面整体纠正资金使用偏差，实现工程造价有效控制的目标。

通常可以采取的纠偏措施主要有技术措施、组织措施、经济措施和合同措施。

1) 技术措施

按照工程造价控制的要求分析，技术措施并不都是因为施工中发生了技术问题才加以考虑的，也可能因为出现了较大的投资偏差而加以运用。不同的技术措施往往会有不同的经济效果，因此采用技术措施纠偏时，对不同的技术方案要进行技术经济综合分析评价后再加以选择。

2) 组织措施

组织措施指从投资控制的组织管理方面采取的主要措施。如要落实投资控制的组织机构和人员，明确各级投资控制人员的任务、职责与权利，改善项目投资控制工作流程等。组织措施常常容易被人们忽视，实际工作中它是其他措施的前提和保障，而且一般不需增加什么费用，运用得当即可收到良好的效果。

3) 经济措施

运用时要特别注意，不能把经济措施片面地理解为审核工程量及相应的支付工程价款。考虑问题要从全局出发，例如要检查投资目标是否分解得合理，资金使用计划是否有保障，施工进度计划的协调如何等。另外，还可以通过偏差分析和未完工程预测发现潜在的问题，及时采取预防措施，从而取得造价控制的主动权。

4) 合同措施

合同措施在纠偏方面主要指索赔管理。在施工过程中，索赔事件的发生是难免的，在发生索赔事件后，造价工程师应认真审查有关索赔依据是否符合合同规定，索赔计算是否合理等，从主动控制的角度出发，加强对合同的日常管理，认真落实合同规定的责任。

本 章 小 结

工程索赔是指在工程承包合同履行中，并非自己的过错，当事人一方由于另一方未履行合同所规定的义务或出现应当由对方承担的风险而遭受损失时，向另一方提出经济补偿或时间补偿要求的行为。工程价款价差调整的主要方法有工程造价指数调整法、实际价格调整法、调价文件计算法和调值公式法等。工程管理实践中，引起投资偏差的原因主要有四个方面：业主原因、设计原因、施工原因和客观原因。

思考与练习

(1) 工程变更的范围包括哪些？

(2) 试阐述变更与索赔的关系。

(3) 简述《建设工程施工合同(示范文本)》及 FIDIC 合同条件下工程索赔的程序。

(4) 我国目前工程价款的结算方式有哪几种？

(5) 工程价款价差调整的主要方法有哪几种？国际上常用的是哪种？

(6) 《建设工程施工合同(示范文本)》及 FIDIC 合同条件下保留金的扣留与退还有何不同？

(7) 投资偏差的分析方法主要有哪些？各种方法的优缺点是什么？

(8) 某承包商与某项目业主签订了施工总承包合同，合同中保函手续费为 30 万元，合同工期为 320 天。合同履行过程中，因不可抗力事件发生致使开工日期推迟 41 天，因异常恶劣气候停工 7 天，因季节性大雨停工 5 天，因设计分包单位延期交图停工 7 天，上述事件均未发生在同一时间，则该承包商可索赔的保函手续费是多少？

(9) 某承包商与某建设项目业主签订了可调价格合同。合同中约定：主导施工机械一台为施工单位自有设备，台班单价为 800 元/台班，折旧费为 100 元/台班，人工日工资单价为 50 元/工日，窝工费为 15 元/工日。合同履行中，因场外停电全场停工 5 天，造成人员窝工 60 个工日。因业主指令增加一项新工作，完成该工作需要 5 天时间，机械 5 台班，人工 40 个工日，材料费 5000 元，则该承包商可向业主提出直接费补偿额多少元？

第 8 章　建设项目竣工与交付阶段的造价管理

学习目标

(1) 了解建设项目竣工与交付阶段的造价管理工作的内容。

(2) 了解竣工决算的特点、作用，并且能够结合工程实际，熟练地进行竣工决算的编制和保修费用的处理。

本章导读

建设项目竣工决算是竣工验收交付使用阶段，建设单位按照国家有关规定对新建、改建和扩建工程建设项目，从筹建到竣工投产或使用全过程编制的全部实际支出费用的报告。它以实物数量和货币指标为计量单位，综合反映竣工项目的建设成果和财务情况，是竣工验收报告的重要组成部分。因此，本章主要介绍基本建设项目竣工决算的主要内容和编制方法，工程的保修范围、期限及保修费用的处理。

项目案例引入

某建设单位根据建设工程的竣工及交付使用等工程完成情况，需要编制建设项目竣工决算。建设单位所掌握的资料包括该建设项目筹建过程中决策阶段经批准的可行性研究报告、投标估算书；设计阶段的设计概算、设计交底文件；招投标阶段的标底价格、开标、评标的相关记录文件；施工阶段与承包方所签订的承包合同以及施工过程中按照工程进度与承包方进行的工程价款的结算资料、工程师签发的工程变更记录单、工程竣工平面示意图等文件。

该建设单位编制建设项目竣工决算所需要的资料是否完备？应该如何取得、管理编制竣工决算所需的资料？竣工决算应该包括哪些内容？这些问题都将在本章中介绍。

8.1　建设项目竣工决算

本节主要介绍建设项目竣工决算的相关内容，包括建设项目竣工决算的概念与作用、竣工决算的内容、竣工决算的编制等。

8.1.1　建设项目竣工决算的概念与作用

1. 建设项目竣工决算的概念

建设项目竣工决算是竣工验收交付使用阶段，建设单位按照国家有关规定对新建、改建和扩建的工程建设项目，从筹建到竣工投产或使用全过程编制的全部实际支出费用的报告。竣工决算是以实物数量和货币指标为计量单位，综合反映竣工项目的建设成果和财务情况，是竣工验收报告的重要组成部分。竣工决算是正确核定新增固定资产价值、考核分析投资效果、建立健全经济责任制的依据，是反映建设项目实际造价和投资效果的文件。

国家规定，所有新建、扩建和恢复项目竣工后均要编制竣工决算。根据建设项目规模的大小，建设项目竣工决算可分大、中型建设项目竣工决算和小型建设项目竣工决算两类。

施工企业在竣工后，也要编制单位工程(或单项工程)竣工成本决算，用作预算和实际成本的核算比较，但与竣工决算在概念和内容上有着很大的差异。

2. 建设项目竣工决算的作用

建设项目竣工决算的作用主要表现在以下三个方面。

(1) 建设项目竣工决算采用实物数量、货币指标、建设工期和各种技术经济指标综合、全面地反映建设项目自筹建到竣工为止的全部建设成果和财物状况。它是综合、全面地反映竣工项目建设成果及财务情况的总结性文件。

(2) 建设项目竣工决算是竣工验收报告的重要组成部分，也是办理交付使用资产的依据。建设单位与使用单位在办理交付资产的验收交接手续时，通过竣工决算反映交付使用资产的全部价值，包括固定资产、流动资产、无形资产和递延资产的价值。同时，它还详细提供了交付使用资产的名称、规格、型号、价值和数量等资料，是使用单位确定各项新增资产价值并登记入账的依据。

(3) 建设项目竣工决算是分析和检查设计概算的执行情况，考核投资效果的依据。竣工决算反映了竣工项目计划、实际的建设规模、建设工期以及设计和实际的生产能力，反映了概算总投资和实际的建设成本，同时还反映了建设项目所达到的主要技术经济指标。通过对这些指标计划数、概算数与实际数进行对比分析，不仅可以全面掌握建设项目计划和概算执行情况，而且可以考核建设项目投资效果，为今后制订基建计划、降低建设成本、提高投资效果提供必要的资料。

3. 建设项目竣工决算的编制依据

建设项目竣工决算的编制依据主要如下。

(1) 建设项目计划任务书和有关文件。

(2) 建设项目总概算书及单项工程综合概算书。

(3) 建设项目设计施工图纸，包括总平面图、建筑工程施工图、安装工程施工图以及相关资料。

(4) 设计交底或图纸会审纪要。

(5) 招投标文件、工程承包合同以及工程结算资料。

(6) 施工记录或施工签证以及其他工程中发生的费用记录，例如工程索赔报告和记录、停(交)工报告等。

(7) 竣工图纸及各种竣工验收资料。

(8) 设备、材料调价文件和相关记录。

(9) 历年基本建设资料和财务决算及其批复文件。

(10) 国家和地方主管部门颁布的有关建设工程竣工决算的文件。

8.1.2 竣工决算的内容

大、中型和小型建设项目的竣工决算包括建设项目从筹建开始到项目竣工交付生产使用为止的全部建设费用。基本建设项目竣工财务决算的内容主要包括以下两个部分：基本建设项目竣工财务决算报表和竣工财务决算说明书。除此之外，还可以根据需要，编制结余设备材料明细表、应收应付款明细表、结余资金明细表等，将其作为竣工决算表的附件。

1. 竣工财务决算说明书

竣工财务决算说明书概括了竣工工程的建设成果和经验，是对竣工决算报表进行分析和补充说明的文件，是全面考核分析工程投资与造价的书面总结，也是竣工决算报告的重要组成部分，其主要内容如下。

1) 基本建设项目概况

一般从质量、进度、安全、造价和施工等方面进行分析评价。质量分析依据竣工验收委员会或相当于一级质量监督部门的验收评定等级、合格率和优良品率；进度方面主要说明开工和竣工时间，与合理工期和要求工期对比分析是提前还是延期；安全方面是根据劳动工资和施工部门的记录，对有无设备和人身事故进行说明；造价分析评价主要对照工程项目的概算造价，说明节约还是超支，用金额和百分率进行说明。

2) 会计财务的处理、财产物资情况及债权债务的清偿情况

主要包括工程价款结算、会计账务的处理、财产物资情况及债权债务的清偿情况。

3) 基建结余资金等分配情况

通过对基本建设投资包干情况的分析，说明投资包干数、实际使用数和节约额、投资包干节余的有机构成和包干节余的分配情况。

4) 主要经济技术指标的分析、计算情况

概算执行情况分析，根据实际投资完成额与概算进行对比分析；新增生产能力的效益分析，说明支付使用财产占总投资额的比例、占支付使用财产的比例，不增加固定资产的造价占投资总额的比例，分析有机构成和成果。

5) 基本建设项目管理及决算中存在的问题

(1) 违规立项。如个别应由国务院或部委总部审批的项目，直接由省级管辖单位审批立项，有的建设项目未经上级单位审批擅自在地方立项。

(2) 规模控制不力，超面积、超投资、超标准的问题仍然存在，部分初步设计或初步设计变更未经审批，随意增加变更工程项目。

(3) 部分项目立项时间较长，建设工期失控，个别建设项目在上级行立项批复之前先行施工，由于资金不能及时到位或工程监督管理不善，项目一拖再拖，成为“马拉松”工程。

(4) 部分建设单位基建管理机制不健全，职责未落实，未成立基本建设领导小组，没有配备专职基建财务会计和懂基建工程的管理人员，有的甚至基建会计、出纳一人兼，重大决策没有相关的会议记录，基建档案资料不全，内部控制薄弱，管理不规范。

(5) 少数基建项目资金来源运用不合规。有的建设单位挤占公用经费和行政事业经费列支基建工程费用，或虚列费用支出将资金转入基建账户，未经批准使用其他项目结余资金、

使用借款垫付基建款等；有些单位则挪用基建资金购置非建设用固定资产，如汽车、空调或个人住宅商品房，列支汽车修理费或其他与基建无关的费用。部分单位基建财务核算体系不健全，支付工程款审核把关不严格。例如：违规使用现金支付大额工程款、支付工程款无发票、无合同或工程进度报告支付工程款、未按合同(协议)约定支付工程款、未督促供应商及时缴纳履约保证金、基建资金未做到专户存储、多头开户、白条入账、凭证无审签、记账凭证无附件或附件不全、重要支付凭证和财务印章管理不严格等；有的施工单位利用建设单位对建设工程预算、结算知识了解甚少的管理漏洞，采用高套定额，多计材料、设备价格和数量，设计变更减少不做调整，重复计算工程量，编制虚假预算和结算等手段，高估冒算工程造价，致使建设资金流失。

(6) 按照《中华人民共和国采购法》、《招标投标法》等有关法规，基建项目的勘察、设计、施工、监理以及与工程建设有关的重要设备、材料等的采购，必须实行集中采购管理，在采购金额达到一定标准后，应采用招标采购方式。但实际工作中部分建设单位未将基建工程、货物或服务项目纳入建设单位集中采购管理，采购方式、操作程序不合规，分散采购，应招标项目未招标。还有一些建设单位招标活动不规范、不严谨的问题比较普遍，如在投标单位数量不够的情况下未重新组织招标，评标前与中标单位进行实质性谈判，招标标底不准，隐性市场存在舞弊；对代理招标单位、投标单位资质、评标人员资格审查不严格等。

(7) 建设项目合同管理不规范。建设工程合同，作为承包人进行工程建设、发包人支付价款的经济合同，是明确双方权利和义务的经济契约。一些采购合同签订不及时、不合理，有的单位未按中标结果签订采购合同，有些则签订追加采购的补充合同金额超过 10%的规定比例逃避再次招标，个别单位边施工边签合同或先施工后签合同，还有的根本就未签合同或协议；一些合同(协议)签订不严谨，合同条款漏洞太多，对许多可能发生的情况未作充分的估计；对签订合同的主体资格审查不严，合同的条款之间、不同的合同文件之间规定和要求相互矛盾或不相一致，合同条款残缺不全，维权意识差，造成经济纠纷；一些单位未严格执行合同条款，个别单位终止合同却未签订解除协议，严重影响了建设单位的利益，有的甚至造成了基建资金的损失浪费。

(8) 工程日常监督管理松懈。部分建设项目监理、质检部门与建设单位基建现场管理人员监督检查不到位，造成工程肢解发包、转包等问题发生，施工合同单位与现场实际施工单位不符，施工单位串通监理或质检部门，偷工减料，以次充好，部分工程项目验收不严格，个别工程项目存在质量隐患，反映出部分建设单位未有效督促监理单位履行约定职责。

(9) 基建置换一般是将旧的房产通过资产评估进行处置，用取得资金建设新的项目。但在多起不良资产处置案件中，资产评估、拍卖、处置变成家族生意，低价折让出售国有资产，徇私舞弊，造成置换黑洞。

6) 加强基本建设项目管理的建议

(1) 加强立项和基建内控管理，有效控制建设规模。

(2) 制定和完善相关制度办法，弥补建设项目制度上的管理漏洞。

(3) 加强基建财务管理，规范采购行为和工程管理，提高基建管理水平。

(4) 建立健全基建工程“全过程管理监督”制约机制，加大指导和审计监督检查和处罚力度。

(5) 组建基建管理专业团队。

(6) 研究和探索适合实际情况的基本建设管理模式。

2. 竣工财务决算报表

根据国家财政部颁发的关于《基本建设财务管理规定》(财建〔2002〕394 号)的通知，建设项目竣工决算报表包括：基本建设项目概况表、基本建设项目竣工财务决算表、基本建设项目交付使用资产总表、基本建设项目交付使用资产明细表，有关表格形式分别如表 8-1～表 8-4 所示。

已具备竣工验收条件的项目，3 个月内不办理竣工验收和固定资产移交手续的，视同项目已正式投产，其费用不得从基建投资中支付，所实现的收入作为生产经营收入，不再作为基建收入管理。

1) 基本建设项目概况表

基本建设项目概况表如表 8-1 所示。该表综合反映了建设项目的概况，内容包括该项目总投资、建设起止时间、新增生产能力、完成主要工程量及基本建设支出情况，为全面考核和分析投资效果提供依据。

表 8-1　基本建设项目概况表

<table>
<tr><td>建设项目(单项工程)名称</td><td colspan="3"></td><td>建设地址</td><td></td><td rowspan="9">基建支出</td><td>项目</td><td>概算/元</td><td>实际/元</td><td>备注</td></tr>
<tr><td>主要设计单位</td><td></td><td></td><td></td><td>主要施工企业</td><td></td><td>建筑安装工程</td><td></td><td></td><td></td></tr>
<tr><td rowspan="3">占地面积</td><td>设计</td><td>实际</td><td rowspan="3">总投资/万元</td><td>设计</td><td>实际</td><td>设备、工具、器具</td><td></td><td></td><td></td></tr>
<tr><td rowspan="2"></td><td rowspan="2"></td><td rowspan="2"></td><td rowspan="2"></td><td>待摊投资</td><td></td><td></td><td></td></tr>
<tr><td>其中：建设单位管理费</td><td></td><td></td><td></td></tr>
<tr><td rowspan="2">新增生产能力</td><td colspan="3">能力(效益)名称</td><td>设计</td><td>实际</td><td>其他投资</td><td></td><td></td><td></td></tr>
<tr><td colspan="3"></td><td colspan="2"></td><td>待核销基建支出</td><td></td><td></td><td></td></tr>
<tr><td rowspan="2">建设起止时间</td><td>设计</td><td colspan="4">从　年　月　日开工
至　年　月　日竣工</td><td>非经营项目转出投资</td><td></td><td></td><td></td></tr>
<tr><td>实际</td><td colspan="4">从　年　月　日开工
从　年　月　日竣工</td><td>合计</td><td></td><td></td><td></td></tr>
<tr><td>设计概算批准文号</td><td colspan="10"></td></tr>
<tr><td rowspan="3">完成主要工程量</td><td colspan="5">建设规模</td><td colspan="5">设备(台、套、吨)</td></tr>
<tr><td colspan="3"></td><td colspan="2"></td><td colspan="3"></td><td colspan="2"></td></tr>
<tr><td colspan="3"></td><td colspan="2"></td><td colspan="3"></td><td colspan="2"></td></tr>
<tr><td rowspan="4">收尾工程</td><td colspan="3">工程项目、内容</td><td colspan="2">已完成投资额</td><td colspan="3">尚需投资额</td><td colspan="2">完成时间</td></tr>
<tr><td colspan="3"></td><td colspan="2"></td><td colspan="3"></td><td colspan="2"></td></tr>
<tr><td colspan="3"></td><td colspan="2"></td><td colspan="3"></td><td colspan="2"></td></tr>
<tr><td colspan="3">小计</td><td colspan="2"></td><td colspan="3"></td><td colspan="2"></td></tr>
</table>

表 8-1 可按下列要求填写。

(1) 建设项目名称、建设地址、主要设计单位和主要施工单位，要按全称填列。

(2) 表中各项目的设计指标，根据批准的设计文件的数字填列。

(3) 表中所列新增生产能力、完成主要工程量的实际数据，根据建设单位统计资料和施工单位提供的有关资料填列。

(4) 表中基建支出是指建设项目从开工起至竣工为止发生的全部基本建设支出，包括形成资产价值的交付使用资产，如固定资产、流动资产、无形资产、递延资产的支出，还包括不形成资产价值按照规定应核销的非经营项目的待核销基建支出和转出投资。上述支出，应根据国家财政部门历年批准的“基建投资表”中的有关数据填列。按照国家财政部印发的财建〔2002〕394 号关于《基本建设财务管理若干规定》的通知，需要注意以下几点。

① 建设成本包括建筑安装工程投资支出、设备投资支出、待摊投资支出和其他投资支出。

② 建筑安装工程投资支出是指建设单位按项目概算内容发生的建筑工程和安装工程的实际成本，其中不包括被安装设备本身的价值以及按照合同规定支付给施工企业的预付备料款和预付工程款。

③ 设备投资支出是指建设单位按照项目概算内容发生的各种设备的实际成本，包括需要安装设备、不需要安装设备和为生产准备的不够固定资产标准的工具、器具的实际成本。需要安装设备是指必须将其整体或几个部位装配起来，安装在基础上或建筑物支架上才能使用的设备；不需要安装设备是指不必固定在一定位置或支架上就可以使用的设备。

④ 待摊投资支出是指建设单位按项目概算内容发生的，按照规定应当分摊计入交付使用资产价值的各项费用支出，包括：建设单位管理费、土地征用及迁移补偿费、土地复垦及补偿费、勘察设计费、研究试验费、可行性研究费、临时设施费、设备检验费、负荷联合试车费、合同公证及工程质量监理费、(贷款)项目评估费、国外借款手续费及承诺费、社会中介机构审计(查)费、招投标费、经济合同仲裁费、诉讼费、律师代理费、土地使用税、耕地占用税、车船使用税、汇兑损益、报废工程损失、坏账损失、借款利息、固定资产损失、器材处理亏损、设备盘亏及毁损、调整器材调拨价格折价、企业债券发行费用、航道维护费、航标设施费、航测费、其他待摊投资等。

建设单位要严格按照规定的内容和标准控制待摊投资支出，不得将非法的收费、摊派等计入待摊投资支出。

⑤ 其他投资支出是指建设单位按项目概算内容发生的构成基本建设实际支出的房屋购置和基本畜禽、林木等购置、饲养、培育支出以及取得各种无形资产和递延资产发生的支出。

⑥ 建设单位管理费是指建设单位从项目开工之日起至办理竣工财务决算之日止发生的管理性质的开支。包括：不在原单位发工资的工作人员工资、基本养老保险费、基本医疗保险费、失业保险费，办公费、差旅交通费、劳动保护费、工具用具使用费、固定资产使用费、零星购置费、招募生产工人费、技术图书资料费、印花税、业务招待费、施工现场津贴、竣工验收费和其他管理性质的开支。

业务招待费支出不得超过建设单位管理费总额的 10%。

施工现场津贴标准比照当地财政部门制定的差旅费标准执行。

(5) 表中“设计概算批准文号”，按最后经批准的日期和文件号填列。

(6) 表中收尾工程是指全部工程项目验收后尚遗留的少量收尾工程，在表中应明确填写收尾工程内容、完成时间，这部分工程的实际成本可根据实际情况进行估算并加以说明，完工后不再编制竣工决算。

2) 基本建设项目竣工财务决算表

基本建设项目竣工财务决算表如表 8-2 所示。该表反映竣工的大中型建设项目从开工到

竣工为止全部资金来源和资金运用的情况，它是考核和分析投资效果，落实节余资金，并作为报告上级核销基本建设支出和基本建设拨款的依据。在编制该表前，应先编制出项目竣工年度财务决算，根据编制出的竣工年度财务决算和历年财务决算编制项目的竣工财务决算。此表采用平衡表形式，即资金来源合计等于资金支出合计。具体编制方法如下。

表 8-2　基本建设项目竣工财务决算表　　单位：元

资金来源	金　额	资金占用	金　额
一、基建拨款		一、基本建设支出	
1. 预算拨款		1. 交付使用资产款	
2. 基建基金拨款		2. 在建工程款	
其中：国债专项资金拨款		3. 待核销基础支出款	
3. 专项建设基金拨款		4. 非经营项目转出投资款	
4. 进口设备转账拨款		二、应收生产单位投资借款	
5. 器材转账拨款		三、拨付所属投资借款	
6. 煤代油专用基金拨款		四、器材款	
7. 自筹资金拨款		其中：待处理器材损失款	
8. 其他拨款		五、货币资金	
二、项目资本		六、预付及应收款	
1. 国家资本金		七、有价证券	
2. 法人资本金		八、固定资产总额	
3. 个人资本金		固定资产原价	
4. 外商资本金		减：累计折旧总额	
三、项目资本公积金		固定资产净值	
四、基建借款		固定资产清理费	
其中：国债转贷款		待处理固定资产损失费	
五、上级拨入投资借款			
六、企业债券资金			
七、待冲基建支出款			
八、应付款			
九、未交款			
1. 未交税金			
2. 其他未交款			
十、上级拨入资金			
十一、留成收入款			
合计		合计	

注：如果需要的话，可在表中增加一列“补充资料”，其内容包括：基建投资借款期末余额、应收生产单位投资借款期末数、基建结余资金。

(1) 资金来源包括基建拨款、项目资本金、项目资本公积金、基建借款、上级拨入投资

借款、企业债券资金、待冲基建支出、应付款和未交款以及上级拨入资金和留成收入等。

① 项目资本金指经营性项目投资者按国家有关项目资本金的规定，筹集并投入项目的非负债资金，在项目竣工后，相应转为生产经营企业的国家资本金、法人资本金、个人资本金和外商资本金。

② 项目资本公积金是指经营性项目对投资者实际缴付的出资额超过其资金的差额(包括发行股票的溢价净收入)、接受捐赠的财产、外币资本折算差额等，在项目建设期间作为资本公积金，项目建成交付使用并办理竣工决算后，相应转为生产经营企业的资本公积金。

③ 基建借款是基建过程中形成的各项工程建设副产品变价净收入、负荷试车的试运行收入以及其他收入。在表中基建借款以实际销售收入扣除销售过程中所发生的费用和税后的实际纯收入填写。

(2) 表中“交付使用资产”“预算拨款”“自筹资金拨款”“其他拨款”“项目资本金”和“基建投资借款”等项目，是指自工程项目开工建设至竣工止的累计数，上述有关指标应根据历年批复的年度基本建设财务决算和竣工年度的基本建设财务决算中资金平衡表相应项目的数字进行汇总填写。

(3) 表中其余项目费用办理竣工验收时的结余数，根据竣工年度财务决算中资金平衡表的有关项目期末数填写。

(4) 资金支出反映建设项目从开工准备到竣工全过程资金支出的情况，内容包括基本建设支出、应收生产单位投资借款、拨付所属投资借款、器材款、货币资金、预付及应收款、有价证券和库存固定资产总额等。表中资金支出总额应等于资金来源总额。

(5) 补充材料的“基建投资借款期末余额”反映竣工时尚未偿还的基本投资借款额，应根据竣工年度资金平衡表内的“基建投资借款”项目期末数填写；“应收生产单位投资借款期末数”，根据竣工年度资金平衡表内的“应收生产单位投资借款”项目的期末数填写；“基建结余资金”反映竣工的结余资金，根据竣工决算表中的有关项目计算填写。

(6) 基建结余资金可以按下列公式计算：

基建结余资金=基建拨款+项目资本金+项目资本公积金+基建投资借款+企业债券基金
+待冲基建支出款−基本建设支出款−应收生产单位投资借款 (8-1)

3) 基本建设项目交付使用资产总表

基本建设项目交付使用资产总表如表 8-3 所示。它反映建设项目建成后新增固定资产、流动资产、无形资产和递延资产的情况和价值，作为财产交接、检查投资计划完成情况和分析投资效果的依据。

表 8-3 基本建设项目交付使用资产总表 单位：元

序号	单项工程项目名称	总计	固定资产				流动资产	无形资产	递延资产
			合计	建筑安装	工程	设备其他			

续表

序号	单项工程项目名称	总计	固定资产				流动资产	无形资产	递延资产
			合计	建筑安装	工程	设备其他			

支付单位：　　　　负责人：　　　　接收单位：　　　　负责人：

(盖章)　　　年　月　日　　　(盖章)　　　年　　月　　日

注意：表中各栏目数据根据“交付使用明细表”的固定资产、流动资产、无形资产、递延资产的各相应项目的汇总数分别填写，表中“总计”栏的总计数应与竣工财务决算表中的交付使用资产的金额一致。

4) 基本建设项目交付使用资产明细表

基本建设项目交付使用资产明细表如表 8-4 所示。该表用来反映交付使用资产的详细内容，即交付使用的固定资产、流动资产、无形资产和递延资产及其价值的明细情况，是办理资产交接的依据和接收单位登记资产账目的依据，是使用单位建立资产明细账和登记新增资产价值的依据。编制时要做到齐全完整、数字准确，各栏目价值应与会计账目中相应科目的数据保持一致。建设项目交付使用资产明细表见表 8-4，具体编制方法如下。

(1) 表中“建筑工程 ”项目应按单项工程名称填列其结构、面积和价值。其中“结构”是指项目按钢结构、钢筋混凝土结构、混合结构等结构形式填写；面积则按各项目实际完成面积填列；价值按交付使用资产的实际价值填写。

(2) 编制时固定资产部分，要逐项盘点填列；工具、器具和家具等低值易耗品，可分类填列。

(3) 表中“流动资产”“无形资产”“递延资产”项目应根据建设单位实际交付的名称和价值分别填列。

表 8-4　基本建设项目交付使用资产明细表

单项工程名称	建筑工程			设备 工具 器具 家具						流动资产		无形资产		递延资产	
	结构	面积/m²	价值/元	名称	规格型号	单位	数量	价值/元	安装设备费/元	名称	价值/元	名称	价值/元	名称	价值/元

3. 建设工程竣工图

建设工程竣工图是真实地记录各种地上、地下建筑物、构筑物等情况的技术文件，是工程进行交工验收、运行维护、改建和扩建的依据，是国家的重要技术档案。按照国家规定：各项新建、扩建、改建的基本建设工程，特别是基础、地下建筑、结构、管线、井巷、桥梁、隧道、港口、水坝以及设备安装等隐蔽部位，都要编制竣工图。为了确保竣工图的质量，必须在施工过程中(不能在竣工后)及时做好隐蔽工程检查记录，整理好设计变更文件。

其具体要求如下。

(1) 根据原施工图未变动的，由施工单位(包括总包和分包施工单位，下同)在原施工图上加盖“竣工图”标志后，作为竣工图。

(2) 在施工过程中，尽管发生了一些设计变更，但能将原施工图加以修改补充作为竣工图的，可以不重新绘制，由施工单位负责在原施工图(必须是新蓝图)上注明修改的部分，并附以设计变更通知单和施工说明，加盖“竣工图”标志后作为竣工图。

(3) 凡结构形式改变、工艺改变、平面布置改变、项目改变以及有其他重大改变时，不宜再在原施工图上修改、补充者，应重新绘制改变后的竣工图。属于原设计原因造成的，由设计单位负责重新绘制；属于施工原因造成的，由施工单位负责重新绘制；属于其他原因造成的，由建设单位自行绘制或委托设计单位绘制。施工单位负责在新图上加盖“竣工图”标志，并附以有关记录和说明，作为竣工图。

(4) 为了满足竣工验收和竣工决算需要，还应绘制反映竣工工程全部内容的工程设计平面示意图。

4. 工程造价分析比较

对施工中控制工程造价所采取的措施、效果及其动态的变化应进行认真的比较对比，总结经验教训。批准的概算是考核建设工程造价的依据。分析时，可先对比整个项目的总概算，然后将建筑安装工程费、设备工器具费和其他工程费用逐一与竣工决算表中所提供的实际数据和相关资料及批准的概算、预算指标、实际的工程造价进行对比分析，以确定竣工项目总造价是节约还是超支，并在分析比较的基础上，总结先进经验，找出节约或超支的原因，提出改进措施。一般应主要分析以下内容。

(1) 主要实物工程量的变化。对于实物工程量出入比较大的情况，必须查明原因。

(2) 主要材料的消耗量。考核主要材料消耗量，要按照竣工决算表中所列明的三大材料实际超概算的消耗量，查明是在工程的哪个环节超出量最大，再进一步查明超耗的原因。

(3) 建设单位管理费、规费要按照国家和各地有关规定的标准及所列的项目进行取费。根据竣工决算报表中所列的建设单位管理费与概预算所列的建设单位管理费数额进行比较，依据规定查明是否存在多列或少列的费用项目，确定其节约或超支的数额，并查明原因。

8.1.3 竣工决算的编制

1. 竣工决算的编制要求

为了严格执行建设项目竣工验收制度，正确核定新增固定资产价值，考核分析投资效

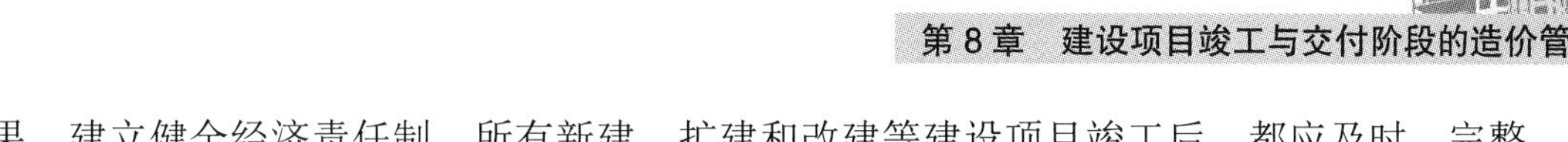

果，建立健全经济责任制，所有新建、扩建和改建等建设项目竣工后，都应及时、完整、正确地编制好竣工决算。建设单位要做好以下工作。

1) 按照有关规定组织竣工验收并及时编制竣工决算

组织竣工验收，是对建设工程的全面考核，所有的建设项目(或单项工程)按照批准的设计文件所规定的内容建成后，具备了投产和使用条件的，都要及时组织验收。对于竣工验收中发现的问题，应及时查明原因，采取措施加以解决，以保证建设项目按时交付使用和及时编制竣工决算。

2) 积累、整理竣工项目资料，保证竣工决算的完整性

积累、整理竣工项目资料是编制竣工决算的基础工作，它关系到竣工决算的完整性和质量的好坏。因此，在建设过程中，建设单位必须随时收集项目建设的各种资料，并在竣工验收前，对各种资料进行系统整理，分类立卷，为编制竣工决算提供完整的数据资料，为投产后加强固定资产管理提供依据。在工程竣工时，建设单位应将各种基础资料与竣工决算一起移交给生产单位或使用单位。

3) 认真清理、核对各项账目，保证竣工决算的正确性

工程竣工后，建设单位要认真核实各项交付使用资产的建设成本；做好各项账务、物资以及债权的清理结余工作，应偿还的及时偿还，该收回的应及时收回，对各种结余的材料、设备、施工机械工具等，要逐项清点核实，妥善保管，按照国家有关规定进行处理，不得任意侵占；对竣工后的结余资金，要按规定上交财政部门或上级主管部门。完成上述工作，在核实各项数字的基础上，正确编制从年初起到竣工月份止的竣工年度财务决算，以便根据历年的财务决算和竣工年度财务决算进行整理汇总，编制建设项目决算。

按照规定，竣工决算应在竣工项目办理验收交付手续后一个月内编好，并上报主管部门，有关财务成本部分，还应送经办行审查签证。主管部门和财政部门对报送的竣工决算审批后，建设单位即可办理决算调整和结束有关工作。

2. 竣工决算的编制步骤

1) 收集、整理和分析工程资料

收集和整理出一套较为完整的资料，是编制竣工决算的前提条件。在工程进行过程中，就应注意保存和搜集、整理资料，在竣工验收阶段则要系统地整理出所有工料结算的技术资料、经济文件、施工图纸和各种变更与签证资料，并分析它们的准确性。

2) 清理各项财务、债务和结余物资

在收集、整理和分析工程有关资料中，应特别注意建设工程从筹建到竣工投产(或使用)的全部费用的各项账务，债权和债务的清理，做到工程完毕账目清晰，既要核对账目，又要查点库有实物的数量，做到账与物相等、相符，对结余的各种材料、工器具和设备要逐项清点核实、妥善管理，并按规定及时处理，收回资金。对各种往来款项要及时进行全面清理，为编制竣工决算提供准确的数据和结果。

3) 填写竣工决算报表

按照建设项目竣工决算报表的内容，根据编制依据中有关资料进行统计或计算各个项目的数量，并将其结果填入相应表格的栏目中，完成所有报表的填写，这是编制工程竣工决算的主要工作。

4) 编制建设工程竣工决算说明书

按照建设工程竣工决算说明的内容要求，根据编制依据材料填写在报表中的结果，编写文字说明。

5) 进行工程造价对比分析

实际工作中进行工程造价比较分析时，应具体分析以下内容。

(1) 主要实物工程量。概(预)算编制的主要实物工程数量的增减变化必然使工程的概(预)算造价和实际工程造价随之变化，因此，对比分析中应审查项目的建设规格、结构、标准是否遵循设计文件的规定，其间的变更部分是否按照规定的程序办理，对造价的影响如何，对于实物工程量出入比较大的情况，必须查明原因。

(2) 主要材料消耗量。在建筑安装工程投资中，材料费用所占的比重往往很大，因此考核材料费用也是考核工程造价的重点。考核主要材料消耗量，要按照竣工决算表中所列明的三大材料实际超概算的消耗量，查清是在工程的哪一个环节超出量最大，再进一步查明超耗的原因。

(3) 考核建设单位管理费。要根据竣工决算报表中所列的建设单位管理费，与概(预)算所列的控制额比较，确定其节约或超支数额，并进一步查清节约或超支的原因。

6) 清理、装订竣工图

按照时间、项目名称、项目地点分类清理装订图纸。及时清理作废的图纸，避免造成混乱。

7) 上报主管部门审查

以上编写的文字说明和填写的表格经核对无误，可装订成册，即作为建设工程竣工决算文件，并上报主管部门审查，同时把其中财务成本部分送交开户银行签证。竣工决算在上报主管部门的同时，抄送有关设计单位。大、中型建设项目的竣工决算还应抄送国家财政部、建设银行总行以及省、市、自治区的财政局和建设银行分行各一份。建设工程竣工决算的文件，由建设单位负责组织人员编写，在竣工建设项目办理验收一个月之内完成。

上述程序可用图 8-1 来表示。

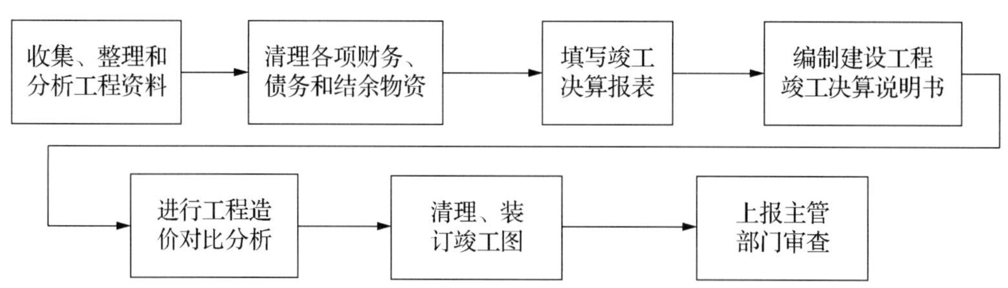

图 8-1　建设项目竣工决算编制流程图

3. 新增资产价值的确定

竣工决算是办理交付使用财产的依据，因此，正确核定新增资产的价值，不但有利于建设项目交付使用后的财务管理，而且还可以作为建设项目经济后评估的依据。

1) 新增资产的分类

按照新的财务制度和企业会计准则，新增资产按资产性质可分为固定资产、流动资产、

无形资产、递延资产和其他资产等五大类。

(1) 固定资产是指使用期限超过一年，单位价值在规定标准以上，并且在使用过程中保持原有实物形态的资产，包括房屋、建筑物、机电设备、运输设备、工器具等。不同时具备以上两个条件的资产为低值易耗品，应列入流动资产范围，如企业自身使用的工具、器具、家具等。

(2) 流动资产是指可以在一年内或者超过一年的营业周期内变现或者耗用的资产。它是企业资产的重要组成部分。流动资产按资产的占用形态可分为现金、存货(指企业的库存材料、在产品、产成品、商品等)、银行存款、短期投资、应收账款及预付账款。

(3) 无形资产是指为企业所控制的，不具有实物形态，对生产经营长期发挥作用且能带来经济利益的资产，主要包括专利权、著作权、非专利技术、商标权、商誉、土地使用权等。

(4) 递延资产是指不能全部计入当年损益，应在以后年度内较长时期摊销的其他费用支出，包括开办费、经营租赁租入固定资产改良支出、固定资产大修理支出等。

(5) 其他资产是指具有专门用途，但不参加生产经营的经国家批准的特种物资、银行冻结存款和冻结物资、涉及诉讼的财产等。

2) 新增资产价值的确定

(1) 新增固定资产价值的确定方法。新增固定资产亦称交付使用的固定资产，是投资项目竣工投产后所增加的固定资产，是以价值形态表示的固定资产投资的最终成果的综合性指标。其内容主要包括：已经投入生产或交付使用的建筑安装工程造价；达到固定资产标准的设备工器具的购置费用；增加固定资产价值的其他费用，有土地征用及迁移补偿费、联合试运转费、勘察设计费、项目可行性研究费、施工机构迁移费、报废工程损失、建设单位管理费等。

新增固定资产价值是以独立发挥生产能力的单项工程为对象的。单项工程建成后，经有关部门验收鉴定合格，正式移交生产或使用，即应计算新增固定资产价值。一次性交付生产或使用的工程一次计算新增固定资产价值；分期分批交付生产或使用的工程，应分期分批计算新增固定资产价值。在计算时应注意以下几种情况。

① 对于为了提高产品质量、改善劳动条件、节约材料消耗、保护环境而建设的附属辅助工程，只要全部建成，正式验收交付使用后就要计入新增固定资产价值。

② 对于单项工程中不构成生产系统，但能独立发挥效益的非生产性工程，如住宅、食堂、医务所、托儿所、生活服务网点等，在建成并交付使用后，也要计算新增固定资产价值。

③ 凡购置达到固定资产标准不需安装的设备、工器具，应在交付使用后计入新增固定资产价值。

④ 属于新增固定资产价值的其他投资，应随同受益工程交付使用的同时一并计入。

⑤ 交付使用财产的成本，应按下列内容计算。

房屋、建筑物、管道、线路等固定资产的成本包括建筑工程成本和应分摊的待摊投资；动力设备和生产设备等固定资产的成本包括需要安装设备的采购成本、安装工程成本、设备基础支柱等建筑工程成本或砌筑锅炉及各种特殊炉的建筑工程成本、应分摊的待摊投资；运输设备及其他不需要安装的设备、工具、器具、家具等固定资产一般仅计算采购成本，不计分摊的“待摊投资”。

新增固定资产的其他费用，如果是属于整个建设项目或两个以上单项工程的，在计算

新增固定资产价值时，应在各单项工程中按比例分摊。在分摊时，什么费用应由什么工程负担应按具体规定执行。一般情况下，建设单位管理费按建筑工程、安装工程、需安装设备价值总额的比例分摊；而土地征用费、勘察设计费等费用则按建筑工程造价分摊。

【例 8.1】某工业建设项目及其装配车间的建筑工程费、安装工程费、需安装设备费以及应摊入费用如表 8-5 所示，计算总装车间新增固定资产价值。

表 8-5　分摊费用计算表　　单位：万元

项目名称	建筑工程	安装工程	需安装设备	建设单位管理费	土地征用费	勘察设计费
建设单位竣工决算	2000	800	1200	60	120	40
装配车间竣工决算	400	200	400			

解：计算过程如下。

① 应分摊的建设单位管理费=(400+200+400)÷(2 000+800+1 200)×60=15(万元)

② 应分摊的土地征用费= 400÷2000×120 = 24(万元)

③ 应分摊的勘察设计费= 400÷2000×40 = 8(万元)

则装配车间新增固定资产价值= (400 + 200 + 400) +(15 + 24 + 8)= 1 047(万元)

(2) 新增流动资产价值的确定方法。流动资产是指可以在一年内或者超过一年的一个营业周期内变现或者运用的资产，包括现金、短期投资、存货等。

① 货币资金。货币资金是指现金、各种银行存款及其他货币资金，其中现金是指企业的库存现金，包括企业内部各部门用于周转使用的备用金；各种银行存款是指企业的各种不同类型的银行存款；其他货币资金是指除现金和银行存款以外的其他货币资金，根据实际入账价值核定。

② 应收及预付款项。应收账款是指企业因销售商品、提供劳务等应向购货单位或受益单位收取的款项；预付款项是指企业按照购货合同预付给供货单位的购货定金或部分货款。应收及预付款包括应收票据、应收款项、其他应收款、预付货款和待摊费用。一般情况下，应收及预付款项按企业销售商品、产品或提供劳务时的成交金额入账核算。

③ 短期投资包括股票、债券、基金。股票和债券根据是否可以上市流通分别采用市场法和收益法确定其价值。

④ 存货是指企业的库存材料、在产品、产成品等。各种存货应当按照取得时的实际成本计价。存货的形成，主要有外购和自制两个途径。外购的存货，按照买价加运输费、装卸费，保险费，途中合理损耗，入库前加工、整理及挑选费用以及应缴纳的税金等计价；自制的存货，按照制造过程中的各项实际支出计价。

(3) 新增无形资产价值的确定方法。根据我国 2001 年颁布的《资产评估准则——无形资产》规定，无形资产是指企业所控制的，不具有实物形态，对生产经营长期发挥作用且能够带来经济利益的资源。

① 投资者按无形资产作为资本金或者合作条件投入时，按评估确认或合同协议约定的金额计价。遵循以下计价原则。

- 购入的无形资产，按照实际支付的价款计价。
- 企业自创并依法申请取得的，按开发过程中的实际支出计价。
- 企业接受捐赠的无形资产，按照发票账单所持金额或者同类无形资产市价作价。
- 无形资产计价入账后，应在其有效使用期内分期摊销。

② 无形资产按照以下的方法计价。

专利权的计价。专利权分为自创和外购两类。自创专利权的价值为开发过程中的实际支出，主要包括专利的研制成本和交易成本。研制成本包括直接成本和间接成本。直接成本是指研制过程中直接投入发生的费用(主要包括材料费用、工资费用、专用设备费、资料费、咨询鉴定费、协作费、培训费和差旅费等)；间接成本是指与研制开发有关的费用(主要包括管理费、非专用设备折旧费、应分摊的公共费用及能源费用)。交易成本是指在交易过程中的费用支出 (主要包括技术服务费、交易过程中的差旅费及管理费、手续费、税金)。由于专利权是具有独占性并能带来超额利润的生产要素，因此，专利权转让价格不按成本估价，而是按照其所能带来的超额收益计价。

非专利技术的计价。非专利技术具有使用价值和价值，使用价值是非专利技术本身应具有的；非专利技术的价值在于非专利技术的使用所能产生的超额获利能力，应在研究分析其直接和间接的获利能力的基础上，准确计算出其价值。对于外购非专利技术，应由法定评估机构确认后再进行估价，其方法往往通过能产生的收益采用收益法进行估价。如果非专利技术是自创的，一般不作为无形资产入账，自创过程中发生的费用，按当期费用处理。

商标权的计价。如果商标权是自创的，尽管商标设计、制作、注册、广告宣传等都发生一定的费用，但其一般不作为无形资产入账，而是直接作为销售费用计入当期损益。只有当企业购入或转让商标时，才需要对商标权计价。商标权的计价一般根据被许可方新增的收益确定。

土地使用权的计价。根据取得土地使用权的方式不同，计价有以下几种方式：当建设单位向土地管理部门申请土地使用权并为之支付一笔出让金时，土地使用权作为无形资产核算；若建设单位获得的土地使用权是通过行政划拨的，这时土地使用权就不能作为无形资产核算，只有在将土地使用权有偿转让、出租、抵押、作价入股和投资，按规定补交土地出让价款时，才作为无形资产核算。

(4) 递延资产价值的确定方法。

① 开办费。

开办费是指在筹集期间发生的费用，主要包括筹建期间人员工资、办公费、员工培训费、差旅费、印刷费、注册登记费以及不计入固定资产和无形资产购建成本的汇兑损益、利息支出等。根据现行财务制度的规定，企业筹建期间发生的费用，不能计入固定资产或无形资产价值的费用，应先在长期待摊费用中归集，并于开始生产经营起当月起一次计入开始生产经营当期的损益。企业筹建期间开办费的价值可按其账面价值确定。

② 以经营租赁方式租入的固定资产改良支出。

以经营租赁方式租入的固定资产改良支出是指企业已经支出，但摊销期限在一年以上的以经营、租赁方式租入的固定资产改良，应在租赁有限期限内摊入制造费用。

③ 固定资产大修理支出的计价。

固定资产大修理支出的计价是指企业已经支出，但摊销期限在一年以上的固定资产大修理支出，应当将发生的大修理费用在下一次大修理前平均摊销。

(5) 其他资产价值的确定方法。其他资产包括特准储备物资、银行冻结存款等，按实际入账价值核算。

8.2 保修费用的处理

本节主要介绍保修费用的处理，其中包括保修的范围及期限、保修费用的处理办法等内容。

8.2.1 保修的范围及期限

工程项目在竣工验收交付使用后，建立工程质量保修制度，是施工企业对工程负责的具体体现，通过工程保修可以听取和了解使用单位对工程施工质量的评价和改进意见，便于施工单位提高管理水平。

1. 建设项目保修的意义

1) 工程保修的含义

《中华人民共和国建筑法》第六十二条规定：“建筑工程实行质量保修制度 ”。建设工程质量保修制度是国家所确定的重要法律制度，它是指建设工程在办理交工验收手续后，在规定的保修期限内(按合同有关保修期的规定)，因勘察设计、施工、材料等原因造成的质量缺陷，应由责任单位负责维修。项目保修是项目竣工验收交付使用后，在一定期限内由施工单位到建设单位或用户处进行回访，对于工程发生的确实是由于施工单位施工责任造成的建筑物使用功能不良或无法使用的问题，由施工单位负责修理，直到达到正常使用的标准。保修回访制度属于建筑工程竣工后的管理范畴。

2) 工程保修的意义

建设工程质量保修制度是国家所确定的重要法律制度，它对于完善建设工程保修制度、促进承包方加强质量管理、保护用户及消费者的合法权益能够起到重要的作用。

2. 保修的范围和最低保修期限

1) 保修的范围

建筑工程的保修范围应包括地基基础工程、主体结构工程、屋面防水工程和其他土建工程，以及电气管线、上下水管线的安装工程，供热、供冷系统工程等项目。

2) 保修的期限

保修的期限应当按照保证建筑物合理寿命内正常使用，维护使用者合法权益的原则确定。具体的保修范围和最低保修期限，按照国务院《建设工程质量管理条例》第四十条的规定执行。

(1) 基础设施工程、房屋建筑的地基基础工程和主体结构工程，为设计文件规定的该工程的合理使用年限。

(2) 屋面防水工程、有防水要求的卫生间、房间和外墙面的防渗漏为 5 年。

(3) 供热与供冷系统为两个采暖期和供冷期。

(4) 电气管线、给排水管道、设备安装和装修工程为两年。

(5) 其他项目的保修期限由承发包双方在合同中规定。

建设工程的保修期，自竣工验收合格之日起计算。

建设工程在保修范围和保修期限内发生质量问题的，承包人应当履行保修义务，并对造成的损失承担赔偿责任。凡是由于用户使用不当而造成建筑功能不良或损坏，不属于保修范围；凡属工业产品项目发生问题，也不属保修范围。以上两种情况应由建设单位自行组织修理。

3. 保修的工作程序

1) 发送保修证书(房屋保修卡)

在工程竣工验收的同时(最迟不应超过 3 天到一周)，由施工单位向建设单位发送《建筑安装工程保修证书》。保修证书目前在国内没有统一的格式或规定，应由施工单位拟定并统一印刷。保修证书一般的主要内容如下。

(1) 工程简况、房屋使用管理要求。

(2) 保修范围和内容。

(3) 保修时间。

(4) 保修说明。

(5) 保修情况记录。

(6) 保修单位(即施工单位)的名称、详细地址等。

2) 要求检查和保修

在保修期间内，建设单位或用户发现房屋的使用功能出现问题，是由于施工质量造成的，则可以口头或书面形式通知施工单位的有关保修部门，说明情况，要求派人前往检查修理。施工单位必须尽快地派人检查，并会同建设单位共同做出鉴定，提出修理方案，尽快地组织人力、物力进行修理。房屋建筑工程在保修期间出现质量缺陷，建设单位或房屋建筑所有人应当向施工单位发出保修通知，施工单位接到保修通知后，应到现场检查情况，在保修书约定的时间内予以保修。发生涉及结构安全或者严重影响使用功能的紧急抢修事故，施工单位接到保修通知后，应当立即到达现场抢修。发生涉及结构安全的质量缺陷，建设单位或者房屋建筑产权人应当立即向当地建设主管部门报告，采取安全防范措施；由原设计单位或者具有相应资质等级的设计单位提出保修方案，施工单位实施保修，原工程质量监督机构负责监督。

3) 验收

在发生问题的部位或项目修理完毕后，要在保修证书的“保修记录”栏内做好记录，并经建设单位验收签认，此时修理工作完毕。

8.2.2　保修费用的处理办法

保修费用是指在保修期间和保修范围内所发生的维修、返工等各项费用支出。保修费用应按合同和有关规定合理确定和控制。保修费用一般可参照建筑安装工程造价的确定程序和方法计算，也可以按照建筑安装工程造价或承包工程合同价的一定比例计算(目前取 5%)。

根据《中华人民共和国建筑法》的规定，在保修费用的处理问题上，必须根据修理项目的性质、内容以及检查修理等多种因素的实际情况，区别保修责任的承担问题，对于保修的经济责任的确定，应当由有关责任方承担。由建设单位和施工单位共同商定经济处理办法。具体处理办法如下。

(1) 因承包单位未按国家有关规范、标准和设计要求施工而造成的质量缺陷，由承包单位负责返修并承担经济责任。

(2) 因设计方面的原因造成的质量缺陷，由设计单位承担经济责任，设计单位提出修改方案，可由施工单位负责维修，其费用按有关规定通过建设单位向设计单位索赔，不足部分由建设单位负责协同有关方解决。

(3) 因建筑材料、建筑构配件和设备质量不合格而造成的质量缺陷，属于工程质量检测单位提供虚假或错误检测报告的，由工程质量检测单位承担质量责任并负责维修费用；属于承包单位采购的或经其验收同意的，由承包单位承担质量责任和经济责任；属于建设单位采购的，由建设单位承担经济责任。

(4) 因使用单位使用不当造成的损坏问题，由使用单位自行负责。

(5) 因地震、洪水、台风等自然灾害造成的质量问题，施工单位、设计单位不承担经济责任，由建设单位负责处理。

(6) 根据《中华人民共和国建筑法》第七十五条的规定，建筑施工企业违反该法规定，不履行保修义务的，责令改正，可以处以罚款。在保修期间若有屋顶、墙面渗漏、开裂等质量缺陷，有关责任企业应当依据实际损失给予实物或价值补偿。质量缺陷因勘察设计原因、监理原因或者建筑材料、建筑构配件和设备等原因造成的，根据民法规定，施工企业可以在保修和赔偿损失之后，向有关责任者追偿。因建设工程质量不合格而造成损害的，受损害人有权向责任者要求赔偿。因建设单位或者勘察设计的原因、施工的原因、监理的原因产生的建设质量问题，造成他人损失的，以上单位应当承担相应的赔偿责任。受损害人可以向任何一方要求赔偿，也可以向以上各方提出共同赔偿要求。有关各方之间在赔偿后，可以在查明原因后向真正的责任人追偿。

涉外工程的保修问题，除参照上述办法进行处理外，还应依照原合同条款的有关规定执行。

本 章 小 结

竣工决算是以实物数量和货币指标为计量单位，综合反映竣工项目的建设成果和财务情况，是竣工验收报告的重要组成部分。工程项目在竣工验收交付使用后，建立工程质量保修制度，是施工企业对工程负责的具体体现，通过工程保修可以听取和了解使用单位对工程施工质量的评价和改进意见，便于施工单位提高管理水平。

思考与练习

(1) 建设项目竣工决算的作用主要有哪些？

(2) 编制建设项目概况表应注意哪些问题？

(3) 简述竣工决算编制的程序。

(4) 简述保修费用的处理方法。

(5) 某工业建设项目由甲、乙、丙三个单项工程组成，其中：建设单位管理费为 160 万元，勘察设计费为 200 万元，建设项目建筑工程费为 6000 万元、安装工程费为 1000 万元、设备费为 9000 万元，甲工程建筑工程费为 2500 万元、安装工程费为 500 万元、设备费为 4000 万元，则甲单项工程新增固定资产价值是多少？

第 9 章　工程建设定额原理

学习目标

(1) 了解工程建设定额的概念和分类。

(2) 掌握施工定额消耗量的确定方法。

(3) 熟悉人工、材料、机械台班单价的确定方法及影响因素。

(4) 掌握施工定额、预算定额、概算定额与概算指标、投资估算指标的概念及它们之间的联系和区别。

(5) 了解分部分项工程单价的概念及编制方法。

本章导读

定额是一切企业实行科学管理的必要条件，工程建设定额是诸多定额中的一种，它研究的是工程建设产品生产过程中的资源消耗标准，能为工程造价提供可靠的基本管理数据，同时它也是工程造价管理的基础和必备条件。在造价管理的研究工作和实际工作中都必须重视定额的确定。本章介绍工程建设定额的类别及确定方法。

项目案例导入

某分包商承包了某专业分项工程，分包合同中规定：工程量为 2400 m^3；合同工期为 30 天，6 月 11 日开工，7 月 10 日完工；逾期违约金为 1000 元/天。

该分包商根据企业定额规定：正常施工情况下(按计划完成每天安排的工作量)，采用计日工资的日工资标准为 60 元/工日(折算成小时工资为 7.5 元/小时)延时加班，每小时按小时工资标准的 120%计；夜间加班，每班按日工资标准的 130%计。

该分包商原计划每天安排 20 人(按 8 小时计算)施工，由于施工机械调配出现问题，致使该专业分项工程推迟到 6 月 18 日才开工。为了保证按合同工期完工，分包商可采取延时加班(每天延长工作时间，不超过 4 小时)或夜间加班(每班按 8 小时计算)两种方式赶工。延时加班和夜间加班的人数与正常作业的人数相同。

案例中提到的定额是指在正常的施工条件下，以施工过程为标定对象而规定的生产单位合格产品所需消耗的人工、材料、机械台班的数量标准。该分包商所行使的定额规定是否符合规定？这个问题将在学习完本章后得到解决。

9.1　工程建设定额的分类

工程建设定额是工程建设中各类定额的总称，是根据国家一定时期的管理体制和管理制度，根据不同定额的用途和适用范围，由指定机构按照一定的程序制定，并按照规定的程序审批和颁发执行。由于工程建设和管理的具体目的、要求、内容等的不同，工程建设定额的形式、内容和种类也不相同。工程管理中包括许多种类的定额，它们是一个互相联系的、有机的整体，在实际工作中需要配合起来使用。按其内容、形式和用途等的不同，可以按照不同的原则和方法对它进行科学分类，常见的有下列几种划分方法：按生产要素分类；按编制程序和用途分类；按编制单位和执行范围分类；按专业性质分类。

9.1.1　按生产要素分类

工程建设定额按生产要素可分为劳动消耗定额、材料消耗定额和机械消耗定额。它直接反映出生产某种单位合格产品所必须具备的因素。实际上，日常生产工作中使用的任何一种概预算定额都包括这三种定额的表现形式，也就是说，这三种定额是编制各种使用定额的基础，因此称为基本定额。

1. 劳动消耗定额

劳动消耗定额简称劳动定额，亦称工时定额或人工定额，是完成一定单位合格产品(工程实体或劳务)所规定的活劳动消耗的数量标准。它反映了建筑工人在正常施工条件下的劳动生产率水平，表明每个工人为生产一定单位合格产品所必须消耗的劳动时间，或者在一定的劳动时间内所生产的合格产品数量。

2. 材料消耗定额

材料消耗定额简称材料定额，指在有效地组织施工、合理地使用材料的情况下，生产一定单位合格产品(工程实体或劳务)所必须消耗的某一定规格的建筑材料、成品、半成品、构配件、燃料以及水、电等资源的数量标准。材料作为劳动对象构成工程实体，需用数量大，种类繁多，在建筑工程中，材料消耗量的多少，消耗是否合理，不仅关系到资源的有效利用，而且直接影响市场供求状况和材料价格，对建设工程的项目投资、建筑工程的成本控制都起着决定性影响。

3. 机械消耗定额

机械消耗定额又称机械台班定额或机械台班使用定额，指在正常施工条件下，为完成单位合格产品(工程实体或劳务)所规定的某种施工机械设备所需要消耗的机械“台班”“台时”的数量标准。其表示形式可分为机械时间定额和机械产量定额两种。它是编制机械需要计划、考核机械效率和签发施工任务书、评定奖励等方面的依据。

9.1.2　按编制程序和用途分类

工程建设定额按编制程序和用途，可分为工序定额、施工定额、预算定额、概算定额、概算指标和投资估算指标等，它们的作用和用途各不相同。按编制程序，首先是编制工序定额和施工定额，然后以施工定额为基础，进一步编制预算定额，而概算定额、概算指标和投资估算指标等的编制又以预算定额为基础。

1. 工序定额

工序定额是以个别工序(或个别操作)为标定对象，表示生产产品数量与时间消耗关系的

定额，它是组成定额的基础，因此又称为基本定额。例如，在砌砖工程中可以分别制定出铺灰、砌砖、勾缝等工序定额；钢筋制作过程可以分别制定出调直、剪切、弯曲等工序定额。工序定额，由于比较细碎，除用作编制个别工序的施工任务单外，很少直接用于施工中，它主要是在制定或审查施工定额时作为原始资料。

2. 施工定额

施工定额是以同一性质的施工过程为标定对象，表示生产产品数量与时间消耗综合关系的定额。它以工序定额为基础，由工序定额综合而成。例如砌砖工程的施工定额包括调制砂浆、运送砂浆及铺灰浆、砌砖等所有个别工序及辅助工作在内所需要消耗的时间；混凝土工程施工定额包括混凝土搅拌、运输、浇灌、振捣、抹平等所有个别工序及辅助工作在内所需要消耗的时间。

3. 预算定额

预算定额是用来计算工程造价和计算工程中劳动、材料、机械台班需要量的一种计价性定额，分别以房屋或构筑物各个分部分项工程为对象编制。

从编制程序来看，预算定额是以施工定额为基础综合和扩大编制而成的，在工程建设定额中占有很重要的地位。它的内容包括劳动定额、材料消耗定额及机械台班定额三个基本部分，并列有工程费用。例如，每浇灌 $1\,m^3$ 混凝土需要的人工、材料、机械台班数量及费用等。

4. 概算定额

概算定额是编制扩大初步设计概算时，以扩大的分部分项工程为对象，计算和确定工程概算造价，计算人工、材料、机械台班需要量所使用的定额。其项目划分粗细，与扩大初步设计的深度相适应。从编制程序来看，概算定额以预算定额为编制基础，是预算定额的综合和扩大，即是在预算定额的基础上综合而成的，每一分项概算定额都包括了数项预算定额。

5. 概算指标

概算指标比概算定额更加扩大、综合，它以整个建筑物或构筑物为对象，以更为扩大的计量单位来计算和确定工程的初步设计概算造价，计算劳动、材料、机械台班需要量。这种定额的设定和初步设计的深度相适应，一般是在概算定额和预算定额的基础上编制。如每 $100\,m^3$ 建筑物、每 1000 m 道路、每座小型独立构筑物所需要的劳动力、材料和机械台班的数量等。

6. 投资估算指标

投资估算指标是在项目建议书和可行性研究阶段编制投资估算、计算投资需要量时使用的一种定额。它的编制基础仍然离不开预算定额、概算定额，但比概算定额具有更大的综合性和概括性。它包括建设项目指标、单项工程指标和单位工程指标等。

9.1.3 按编制单位和执行范围分类

目前，我国现行的工程建设定额按编制单位和执行范围可分为全国统一定额、行业定额、地方定额、企业定额和补充定额等五种。

1. 全国统一定额

全国统一定额由国家发展与改革委员会、中华人民共和国建设部或中央各职能部(局)、中华人民共和国劳动部等国家行政主管部门，综合全国工程建设中技术和施工组织管理的情况统一组织编制，并在全国范围内颁发和执行，如《全国统一建筑工程基础定额》《全国统一安装工程预算定额》等。

全国统一定额是全国与工程建设有关的单位必须共同执行和贯彻的定额，并由各省、市(通过省、市建设厅或建设委员会)负责督促、检查和管理。

2. 行业定额

行业定额由中央各部门，根据各行业部门专业工程技术特点，以及施工组织管理水平情况统一组织编制和颁发，一般只在本行业和相同专业性质的范围内使用，如水运工程定额、矿井工程定额、铁路工程定额、公路工程定额等。

3. 地方定额

地方定额是根据“统一领导，分级管理”的原则，由全国各省、自治区、直辖市或计划单列市建设主管部门根据本地区的物质供应、资源条件、交通、气候及施工技术和管理水平等条件编制，由省、市地方政府批准颁发，仅在所属地区范围内适用并执行。地方定额主要是考虑到地区性特点、地方条件的差异或为全国统一定额中所缺项而补充编制的。

由于各地区的气候条件、经济技术条件、物质资源条件和交通运输条件等的不同，构成了对定额项目、内容和水平的影响，是地方定额存在的客观依据。地方定额编制时，应连同有关资料及说明报送主管部门、国家建设部及劳动部门备案，以供编制全国统一定额时参考。

4. 企业定额

企业定额是指由建筑施工企业考虑本企业具体情况，参照国家、行业或地区定额的水平自行编制，用于企业内部的施工生产与管理以及对外的经营管理活动。当施工企业执行全国统一定额和地方定额时，由于定额缺项或某些项目的定额水平不能满足本企业施工生产的需要，工程企业或总承包单位就会在基于相关水平的前提下，参照国家和地方颁发的价格标准、材料消耗等资料，编制企业定额。

企业定额只在企业内部使用，主要应根据企业自身的情况、特点和能力进行编制，是企业在完成合格产品过程中必须消耗的人工、材料和施工机械台班的数量标准，反映企业的技术水平、管理水平和综合实力。企业定额水平一般应高于国家现行定额，才能满足生产技术发展、企业管理和市场竞争的需要。

5. 补充定额

补充定额亦称临时定额，它是指随着设计、施工技术的发展，现行定额不能满足需要的情况下，为了补充缺项而编制的定额。补充定额只能在指定的范围内使用，可以作为以后修订定额的基础。

9.1.4 按专业性质分类

由于工程建设涉及众多的专业，不同的专业所含的内容也不同，就确定人工、材料和机械台班消耗数量标准的工程定额来说，也需要按不同的专业分别进行编制和执行。这些特殊专业的专用定额，只能在指定范围内使用。按专业性质划分，常见的有下列几种专业定额。

1. 建筑工程定额

(1) 装饰工程定额(亦称装饰定额)。
(2) 房屋修缮工程定额(亦称房修定额)。

2. 安装工程定额

(1) 机械设备安装工程定额。
(2) 电气设备安装工程定额。
(3) 送电线路工程定额。
(4) 通信设备安装工程定额。
(5) 通信线路工程定额。
(6) 工艺管道工程定额。
(7) 长距离输送管道工程定额。
(8) 给排水、采暖、煤气工程定额。
(9) 通风、空调工程定额。
(10) 自动化控制装置及仪表工程定额。
(11) 工艺金属结构工程定额。
(12) 炉窑砌筑工程定额。
(13) 刷油、绝热、防腐蚀工程定额。
(14) 热力设备安装工程定额。
(15) 化学工业设备安装工程定额。
(16) 非标准设备制作工程定额。

3. 沿海港口建设工程定额

(1) 沿海港口水工建筑工程定额。
(2) 沿海港口装卸机械设备安装定额。

4. 其他特殊专业建设工程定额

(1) 市政工程定额。
(2) 水利工程定额。
(3) 铁路工程定额。

(4) 公路工程定额。

(5) 园林、绿化工程定额。

(6) 公用管线工程定额。

(7) 矿山工程专业定额。

(8) 人防工程定额。

(9) 水运工程定额等。

“定额”，从字义上说，就是限定数量。“工程建设定额”，是指为了完成某工程项目，必须消耗的人力、物力和财力资源的数量，是在正常施工条件下，合理地组织劳动、合理地使用材料和机械的情况下，完成单位合格工程新产品所消耗的资源数量的标准。一方面，定额随着社会生产力水平的变化而变化，是一定时期社会生产力的反映；另一方面，这些资源的消耗是随着工程施工对象、施工方式和施工条件的变化而变化的，不同的工程有不同的质量要求，不能把定额看成是单纯的数量关系，而应看成是质、量和安全的统一体。只有考察总体建设过程中的各生产因素，制定出社会平均必需的数量标准，才能形成工程建设定额。

19 世纪末随着现代资本主义社会化大生产的出现，生产规模日益扩大，生产技术迅速发展，劳动分工和协作越来越细，对生产消费进行科学管理的要求也更加迫切。企业为了加强竞争地位，获取最大限度的利润，千方百计地降低单位产品上的活劳动和物化劳动的消耗，以便使自己企业生产的产品所需劳动消耗低于社会必要劳动时间，产品中的个别成本低于社会平均水平。定额作为一门对生产消费进行研究和科学管理的重要学科应运而生，并随着时代的变迁而更新，对于工程建设定额的制定也随之在深入研究和发展之中。

我国工程建设定额管理工作经历了一个漫长、曲折的发展过程，现已逐渐建立和日趋完善，在经济建设中，发挥着越来越重要的作用。据史书记载，我国自唐朝起，就有国家制定的有关营造业的规范。公元 1103 年，北宋颁布了将工料限量与设计、施工、材料结合在一起的《营造法式》，可谓由国家制定的一部建筑工程定额。清朝，经营建筑的国家机关分设了“样房”和“算房”。“样房”负责图样设计，“算房”则专门负责施工预算。

中华人民共和国成立后，吸取了苏联定额工作的经验，20 世纪 70 年代后期又参考了欧、美、日等国家有关定额方面的管理科学内容，结合我国在各个时期工程建设施工的实际情况，编制了适合我国工程建设的切实可行的定额。近十年来，为了将定额工作纳入标准化管理的轨道，国家就相继编制了一系列定额。如 1995 年 12 月 15 日中华人民共和国建设部编制颁发了《全国统一建筑工程基础定额》(土建工程)和《全国统一建筑工程预算工程量计算规则》，2003 年 2 月 17 日颁发了《建设工程工程量清单计价规范》(GB 50500—2003)。

9.2　定额消耗量的确定方法

本节主要介绍定额消耗量的确定方法，其中主要包括工时消耗的确定、人工定额消耗量的确定方法、机械台班定额消耗量的确定方法、材料定额消耗量的确定方法等相关内容。

9.2.1 工时消耗的确定

1. 工时的概念

所谓工时，即工作时间，就是工作班的延续时间。工作时间是按现行制度规定的，如我国现行法定工作制的工作时间是每周五天、每天八小时，午休时间不包括在内。

研究工作时间，是将劳动者在整个生产过程中所消耗的工作时间，根据性质、范围和具体情况，予以科学地划分、归纳，明确哪些属于消耗时间，哪些属于非消耗时间，找出造成非消耗时间的原因，以便采取技术和组织措施，消除产生非消耗时间的因素，以充分利用工作时间，提高劳动效率。

研究工作时间消耗量及其性质，是确定定额消耗量的基本步骤和内容之一，也是编制劳动定额的基础工作。

2. 工作时间分析

1) 工人工作时间分析

工人工作时间分析如图 9-1 所示。

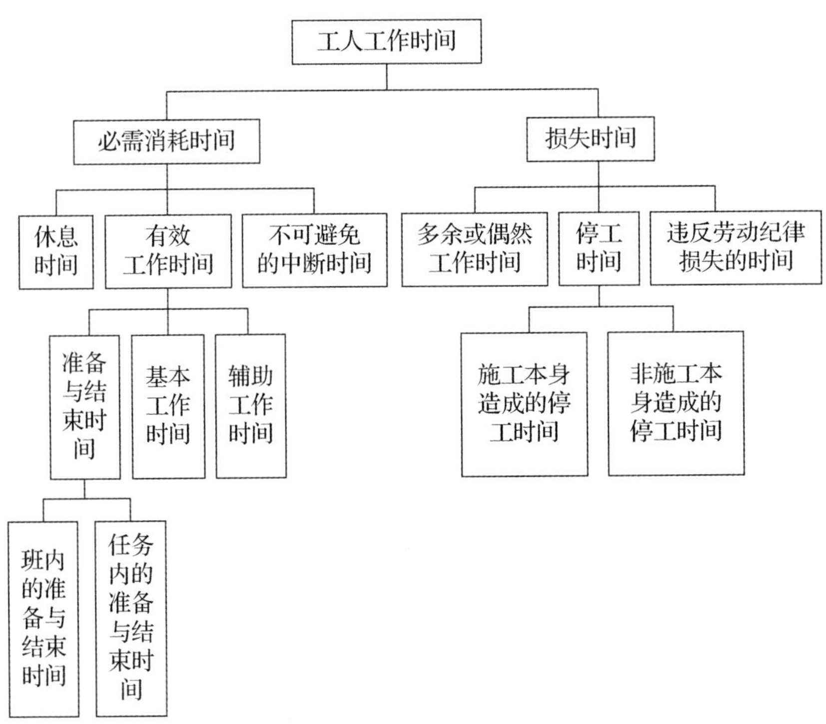

图 9-1　工人工作时间分析图

(1) 必需消耗的时间。指在正常施工条件下，工人为完成一定产品所必须消耗的工作时间。它包括有效工作时间、休息时间、不可避免的中断时间。

① 有效工作时间。指与完成产品有直接关系的工作时间消耗。其中包括准备与结束时间、基本工作时间、辅助工作时间。

准备与结束时间一般分为班内的准备与结束时间和任务内的准备与结束时间两种。班

内的准备和结束工作具有经常性的每天工作时间消耗的特性，如领取料具、工作地点布置、检查安全技术措施、调整和保养机械设备、清理工地、交接班等。任务内的准备与结束工作，由工人接受任务的内容决定，如接受任务书、技术交底、熟悉施工图纸等。

基本工作时间是指直接与施工过程的技术作业发生关系的时间消耗。例如砌砖工作中，从选砖开始直至将砖铺放到砌体上的全部时间消耗。通过基本工作，使劳动对象直接发生变化，如改变材料外形、改变材料的结构和性质、改变产品的位置、改变产品的外部及表面性质等。基本工作时间的消耗与生产工艺、操作方法、工人的技术熟练程度有关，并与任务的大小成正比。

辅助工作时间是指与施工过程的技术作业没有直接关系的工序，为了保证基本工作的顺利进行而做的辅助性工作所需要消耗的时间。辅助性工作不直接导致产品的形态、性质、结构位置发生变化。如工具磨快、校正、小修、机械上油、移动人字梯、转移工地、搭设临时跳板等均属辅助性工作。

② 休息时间。工人休息时间是指工人必需的休息时间，是工人在工作中，为了恢复体力所必需的短时间休息，以及工人由于生理上的要求所必须消耗的时间(如喝水、上厕所等)。休息时间的长短与劳动强度、工作条件、工作性质等有关，例如在高温、高空、重体力、有毒性等条件下工作时，休息时间应多一些。

③ 不可避免的中断时间。不可避免的中断时间是指由于施工工艺特点引起的工作中断所需要的时间，如汽车司机在等待装卸货物和等交通信号时所消耗的时间。因为这类时间消耗与施工工艺特点有关，因此，应包括在定额时间内。

(2) 损失时间。损失时间是指和产品生产无关，但与施工组织和技术上的缺点有关，与工人在施工过程中的个人过失或某些偶然因素有关的时间消耗，包括多余或偶然工作的时间、停工时间、违反劳动纪律的时间。

① 多余或偶然工作时间。是指在正常施工条件下不应发生的时间消耗，或由于意外情况所引起的工作所消耗的时间。如质量不符合要求，返工造成的多余时间消耗，不应计入定额时间中。

② 停工时间。停工时间包括施工本身造成的和非施工本身造成的停工时间。施工本身造成的停工，是由于施工组织和劳动组织不善、材料供应不及时、施工准备工作做得不好等而引起的停工，不应计入定额。非施工本身而引起的停工，如设计图纸不能及时到达、水电供应临时中断，以及由于气象条件(如大雨、风暴、严寒、酷热等)所造成的停工损失时间，这都是由于外部原因的影响，而非施工单位的责任而引起的停工，因此，在拟定定额时应适当考虑其影响。

③ 违反劳动纪律的时间。这是指工人不遵守劳动纪律而造成的时间损失，如上班迟到、早退，擅自离开岗位，工作时间聊天，以及由于个别人违反劳动纪律而使别的工人无法工作等时间损失。

损失时间不应计入定额。

2) 机械工作时间分析

机械工作时间分析如图 9-2 所示。

(1) 必需消耗的时间。

① 有效工作时间。包括正常负荷下和降低负荷下的工作时间消耗。

正常负荷下的工作时间是指机械在与机械说明书规定的负荷相等的正常负荷下进行工作的时间。在个别情况下，由于技术上的原因，机械可能在低于规定负荷下工作。如汽车载运重量轻而体积大的货物时，不可能充分利用汽车的载重吨位，因而不得不降低负荷工作，此种情况亦视为正常负荷下工作。

降低负荷下的工作时间是指由于施工管理人员或工人的过失，以及机械陈旧或发生故障等原因，使机械在降低负荷的情况下进行工作的时间。这类时间不能计入定额时间。

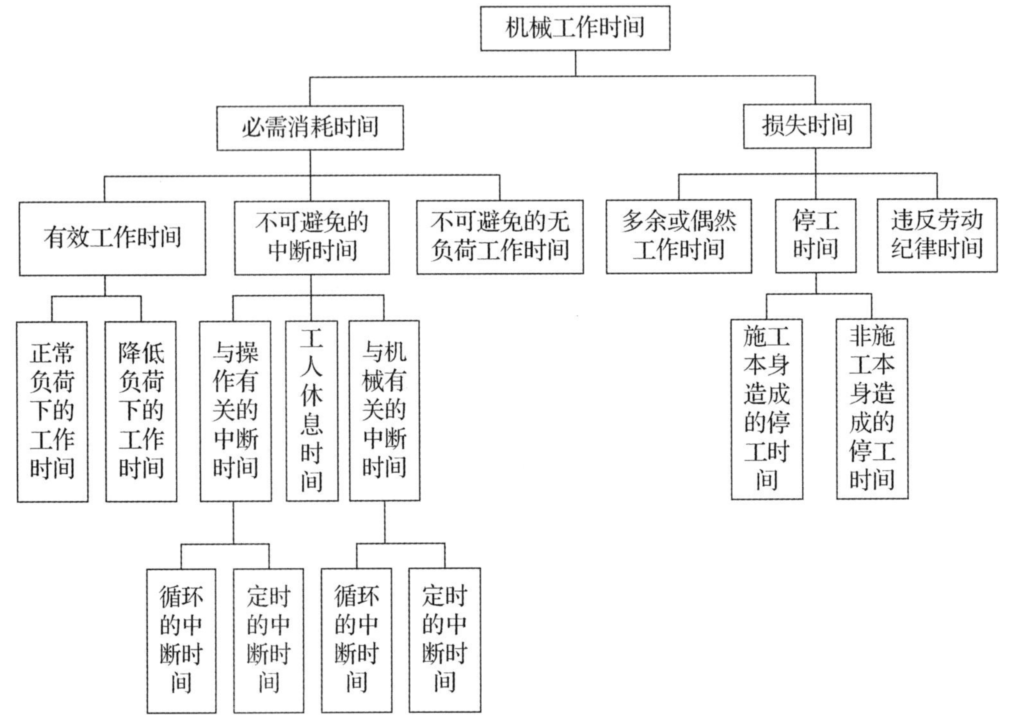

图 9-2　机械工作时间分析图

② 不可避免的无负荷工作时间。这种情况是指由于施工过程的特性和机械结构的特点所造成的机械无负荷工作时间，一般分为循环的和定时的两类。

循环的不可避免的无负荷工作时间是指由于施工过程的特性所引起的空转所消耗的时间，它在机械工作的每一个循环中重复一次。如铲运机返回到铲土地点。

定时的不可避免无负荷工作时间主要是指发生在载重汽车或挖土机等工作中的无负荷工作时间，如工作班开始和结束时来回无负荷的空行或工作地段转移所消耗的时间。

③ 不可避免的中断时间。是指由于施工过程的技术和组织的特性所造成的机械工作中断时间，包括与操作有关的和与机械有关的两种中断时间消耗。

与操作有关的不可避免中断时间。通常有循环的和定时的两种。循环的是指在机械工作的每一个循环中重复一次，如汽车装载、卸货的停歇时间。定时的是指经过一定时间重复一次。如喷浆器喷白，从一个工作地点转移到另一个工作地点时，喷浆器工作的中断时间。

与机械有关的不可避免中断时间。是指用机械进行工作的人在准备与结束工作时使机械暂停的中断时间，或者在维护保养机械时必须使其停转所发生的中断时间。前者属于准备与结束工作的不可避免中断时间；后者属于定时的不可避免中断时间。

(2) 损失时间。

① 多余或偶然的工作时间。多余或偶然的工作有两种情况：一是可避免的机械无负荷工作，即工人没有及时供给机械用料引起的空转；二是机械在负荷下所做的多余工作，如混凝土搅拌机搅拌混凝土时超过规定搅拌时间，即属于多余工作时间。

② 停工时间。停工时间按其性质又分为以下两种。施工本身造成的停工时间指由于施工组织不善引起的机械停工时间，如临时没有工作面，未能及时供给机械用水、燃料和润滑油，以及机械损坏等所引起的机械停工时间。非施工本身造成的停工时间是由于外部的影响引起的机械停工时间。如水源、电源中断(不是由于施工原因)，以及气候条件(暴雨、冰冻等)的影响而引起的机械停工时间；在岗工人突然生病或机器突然发生故障而造成的临时停工所消耗的时间。

③ 违反劳动纪律时间。由于工人违反劳动纪律而引起的机械停工时间。损失时间不应计入定额消耗时间。

3. 工时消耗量的确定方法

工时消耗量的确定一般采用计时观察法

1) 计时观察法的用途

计时观察法，是确定工作时间消耗的一种技术测定方法。它以研究工时消耗为对象，以观察测时为手段，通过密集抽样和粗放抽样等技术进行直接的工时研究。在机械化水平不太高的建筑施工中应用较为广泛。

施工中运用计时观察法可以：查明工作时间消耗的性质和数量，查明和确定各种因素对工作时间消耗数量的影响，找出工时损失的原因和研究缩短工时、减少损失的可能性。

2) 计时观察方法

对施工过程进行观察、测时，计算实物和劳务产量，记录施工过程所处的施工条件和确定影响工时消耗的因素，是计时观察法的主要工作内容和要求。计时观察法的种类很多，其中最主要的有测时法、写实记录法、工作日写实法和工作抽查法等四种(如图 9-3 所示)。

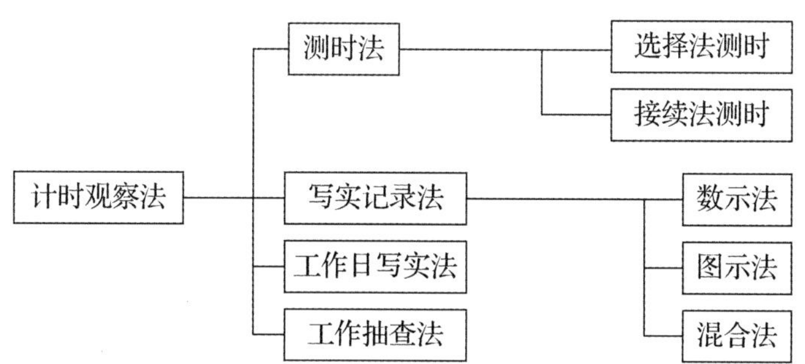

图 9-3　常用的计时观察方法

(1) 测时法。测时法是一种精度比较高的测定方法，主要用于研究以循环形式不断重复进行的作业。它用于观测研究施工过程循环组成部分的工作时间消耗，不研究工人休息、准备与结束及其他非循环的工作时间。采用测时法，可以为制定定额的消耗量提供单位产品所必需的基本工作时间数据，分析、研究工人的操作或动作，总结经验，帮助工人班组提高劳动效率。

(2) 写实记录法。写实记录法用于研究所有种类的工作时间消耗，包括基本工作时间、辅助工作时间、不可避免的中断时间、准备与结束时间以及各种损失时间。通过写实记录可以获得分析工作时间消耗和制定定额时所必需的全部资料。这种测定方法比较简便、易于掌握，并能保证所需的精确度。因此，写实记录法在实际中得到广泛采用。

写实记录法分为个人写实和集体写实两种。由一个人单独操作或产品数量可单独计算时，采用个人写实记录。如果由小组集体操作，而产品数量又无法单独计算时，可采用集体写实记录。

(3) 工作日写实法。工作日写实法是对工人在整个工作日中的工时利用情况，按照时间消耗的顺序进行实地观察、记录和分析研究。它侧重于研究工作日的工时利用情况，总结推广先进的工时利用经验，为制定劳动定额提供必需的准备和结束时间、休息时间和不可避免的中断时间的资料。采用工作日写实法，可以在详细调查工时利用情况的基础上，分析哪些时间消耗对生产是有效的，哪些时间消耗是无效的，找出工时损失的原因，拟定改进的技术和组织措施，提高劳动生产效率。

根据写实对象的不同，工作日写实法可分为个人工作日写实法、小组工作日写实法和机械工作日写实法三种。个人工作日写实法是测定一个工人在工作日的工时消耗，这种方法最为常用。小组工作日写实法是测定一个小组的工人在工作日内的工时消耗，它可以是相同工种的工人，也可以是不同工种的工人。前者是为了取得同工种工人的工时消耗资料；后者则主要是为了取得确定小组成员和改善劳动组织的资料。机械工作日写实法是测定某一机械在一个台班内机械效能发挥的程度，以及配合工作的劳动组织是否合理，其目的在于最大限度地发挥机械的效能。

(4) 工作抽查法。工作抽查法亦称抽样调查法，是应用统计学中抽样方法的原理来研究人或机械的活动情况和消耗时间。这种被抽查的活动，可以是一个操作工人(或一个操作班组，或一台机械)在生产某一产品的全部活动过程中每一活动的消耗时间，也可以是其中一项活动的消耗时间。抽样可以由调查目的和要求来确定。它的优点：一是抽查工作单一，观察人员思想集中，有利于提高调查的原始数据的质量；二是所需的总时间较短，费用可以降低。工作抽查法的基本原理是概率论。即在相同条件下，一系列的试验或观察，而每次的试验和观察的可能结果不止一个，并在试验或观察之前无法预知它的确切结果，但在大量重复试验或观察下，它的结果却呈现出某种规律性。工作抽查法就是利用这个客观的规律。在相同的条件下，重复工作的活动，对它进行若干次瞬时观察，从这些观察的结果便可认定该项活动是否正常；而累计更多次的瞬时观察结果，便可代表其全部情况。

9.2.2 人工定额消耗量的确定方法

1. 分析、整理基础资料

1) 计时观察资料的整理、分析

对每次计时观察的资料要进行认真分类、整理，对整个施工过程的观察资料进行系统的分析研究。

施工过程对工时消耗数值的影响有系统性因素和偶然性因素，整理观察资料时大多采用平均修正法，即在对测时数列进行修正的基础上，求出平均值。修正测时数列，剔除或修正那些偏高、偏低的可疑数值，保证不受偶然性因素的影响。当测时数列不受或很少受

产品数量影响时，可采用算术平均值；如果测时数列受到产品数量的影响，则应采用加权平均值。

2) 日常积累资料的整理、分析

日常积累的资料主要有：现行定额的执行情况及存在问题；企业和现场补充定额资料，如现行定额漏项而编制的补充定额资料，因采用新技术、新结构、新材料和新机械而产生的定额缺项所编制的补充定额资料；已采用的新工艺和新的操作方法的资料；现行的施工技术规范、操作规程、安全规程和质量标准等。

对于日常积累的各类资料要进一步补充完备，并加以系统整理和分析，为制定定额编制方案提供依据。

3) 拟定定额的编制方案

在系统收集施工过程的人工消耗量，分析、整理基础资料的基础上，拟定定额的编制方案。编制方案的内容包括：提出对拟编定额的定额水平总的设想；拟定定额分章、分节、分项的目录；选择产品和人工、材料、机械的计量单位；设计定额表格的形式和内容。

2. 确定正常的施工条件

拟定施工的正常条件包括以下几个方面。

1) 拟定工作地点的组织

工作地点是工人施工活动场所。拟定工作地点的组织时，要特别注意使工人在操作时不受妨碍，所使用的工具和材料应按使用顺序放置于工人最便于取用的地方，以减少疲劳和提高工作效率，工作地点应保持清洁和秩序井然。

2) 拟定工作组成

拟定工作组成就是将工作过程按照劳动分工的可能划分为若干工序，以合理使用技术工人。一般采用两种基本方法：一种是把工作过程中单个简单的工序，划分给技术熟练程度较低的工人去完成；一种是分出若干个技术程度较低的工人，去帮助技术程度较高的工人工作。采用后一种方法就把个人完成的工作过程，变成小组完成的工作过程。

3) 拟定施工人员编制

拟定施工人员编制即确定小组人数、技术工人的配备，以及劳动的分工和协作。原则是使每个工人都能充分发挥作用，均衡地担负工作。

3. 确定人工定额消耗量

时间定额和产量定额是人工定额的两种表现形式。拟定出时间定额，也就可以计算出产量定额。时间定额是在拟定基本工作时间、辅助工作时间、不可避免中断时间、准备与结束的工作时间，以及休息时间的基础上制定的。

基本工作时间在必需消耗的工作时间中占的比重最大。在确定基本工作时间时，必须细致、精确。基本工作时间消耗一般应根据计时观察资料来确定。其做法是，首先确定工作过程每一组成部分的工时消耗，然后再综合出工作过程的工时消耗。如果组成部分的产品计量单位和工作过程的产品计量单位不符，就需先求出不同计量单位的换算系数，进行产品计量单位的换算，然后再相加，求得工作过程的工时消耗。

辅助工作和准备与结束工作时间的确定方法与基本工作时间相同。但是，如果这两项工作时间在整个工作班工作时间消耗中所占比重不超过 5%～6%，则可归纳为一项，以工作

过程的计量单位表示，确定出工作过程的工时消耗。如果在计时观察时不能取得足够的资料，也可采用工时规范或经验数据来确定。如果有现行的工时规范，可以直接利用工时规范中规定的辅助和准备与结束工作时间的百分比来计算。

在确定不可避免中断时间的定额时，必须注意由工艺特点所引起的不可避免中断才可列入工作过程的时间定额。

不可避免中断时间也需要根据测时资料通过整理分析获得，也可以根据经验数据或工时规范，以占工作日的百分比表示此项工时消耗的时间定额。

休息时间应根据工作班作息制度、经验资料、计时观察资料，以及对工作的疲劳程度作全面分析来确定。同时，应考虑尽可能利用不可避免中断时间作为休息时间。

从事不同工种、不同工作的工人，疲劳程度有很大差别。为了合理确定休息时间，往往要对从事各种工作的工人进行观察、测定，以及进行生理和心理方面的调试，以便确定其疲劳程度。国内外往往按工作轻重和工作条件好坏，将各种工作划分为不同的级别。如某地区工时规范将体力劳动分为最沉重、沉重、较重、中等、较轻、轻便六类。划分出疲劳程度的等级后，就可以合理规定休息需要的时间。

确定的基本工作时间、辅助工作时间、准备与结束工作时间、不可避免中断时间和休息时间之和，就是劳动定额的时间定额。

时间定额=基本工作时间+辅助工作时间+准备与结束工作时间
+不可避免中断时间和休息时间 (9-1)

9.2.3 机械台班定额消耗量的确定方法

1. 确定正常的施工条件

拟定机械工作正常条件，是拟定工作地点的合理组织和合理的工人编制。

工作地点的合理组织，是对施工地点机械和材料的放置位置、工人从事操作的场所，做出科学合理的平面布置和空间安排。它要求施工机械和操纵机械的工人在最小范围内移动，但又不阻碍机械运转和工人操作，应使机械的开关和操纵装置尽可能集中地装置在操作工人的近旁，以节省工作时间和减轻劳动强度，最大限度发挥机械的效能，减少工人的手工操作。

拟定合理的工人编制，是根据施工机械的性能和设计能力，以及工人的专业分工和劳动工效，合理确定操纵机械的工人和直接参加机械化施工过程的工人编制。拟定合理的工人编制，应要求保持机械的正常生产率和工人正常的劳动工效。

2. 确定机械

利用 1 小时纯工作的正常生产率确定机械正常生产率时，必须首先确定出机械纯工作 1 小时的正常生产效率。

机械纯工作时间，就是指机械的必需消耗时间。机械 1 小时纯工作正常生产率，就是在正常施工组织条件下，具有必需的知识和技能的技术工人操纵机械 1 小时的生产率。

根据机械工作特点的不同，机械 1 小时纯工作正常生产率的确定方法也有所不同。

对于循环动作机械，确定机械纯工作 1 小时正常生产率的计算公式如下：

机械一次循环的正常延续时间=∑循环各组成部分正常延续时间−交叠时间　(9-2)

机械纯工作 1 小时循环次数=60×60(s)÷一次循环的正常延续时间　(9-3)

机械纯工作 1 小时正常生产数=机械纯工作 1 小时循环次数×一次循环生产的产品数量(9-4)

对于连续动作机械，确定机械纯工作 1 小时正常生产率要根据机械的类型和结构特征，以及工作过程的特点来进行。其计算公式如下：

连续动作机械纯工作 1 小时正常生产率=工作时间内生产的产品数量÷工作时间(h) (9-5)

工作时间内的产品数量和工作时间的消耗，要通过多次现场观察，进行多次工作日写实并考虑机械说明书等有关资料，认真分析后取定。

同一机械对不同对象的作业属于不同的工作过程，如挖掘机所挖土壤的类别不同，碎石机所破碎的石块硬度和粒径不同，均需分别确定其纯工作 1 小时的正常生产率。

3. 确定施工机械的正常利用系数

确定施工机械的正常利用系数，是指机械在工作班内对工作时间的利用率。机械的利用系数和机械在工作班内的工作状况有着密切的关系。要确定机械的正常利用系数，首先要拟定机械工作班的正常工作状况，保证合理利用工时。

确定机械正常利用系数，要计算工作班正常状况下准备与结束工作，机械启动、机械维护等工作所必须消耗的时间，以及机械有效工作的开始与结束时间。从而进一步计算出机械在工作班内的纯工作时间和机械正常利用系数。

4. 计算施工机械台班定额

计算施工机械定额是编制机械定额工作的最后一步。在确定了机械工作正常条件、机械 1 小时纯工作正常生产率和机械正常利用系数之后，采用下列公式计算施工机械的产量或定额：

施工机械台班产量定额=机械 1 小时纯工作正常生产率×工作班纯工作时间　(9-6)

施工机械台班产量定额=机械 1 小时纯工作正常生产率×工作班延续时间×机械正常利用系数　(9-7)

施工机械时间定额=1÷机械台班产量定额指标　(9-8)

9.2.4　材料定额消耗量的确定方法

1. 材料消耗的性质

工程施工中所消耗的材料，按其消耗的方式可以分成两种：一种是在施工中一次性消耗的、构成工程实体的材料，如砌筑砖墙用的标准砖、浇筑混凝土构件用的混凝土等，一般把这种材料称为直接性材料；另一种是为直接性材料消耗工艺服务且在施工中周转使用的材料，其价值是分批分次地转移到工程实体中去的，这种材料一般不构成工程实体，而是在工程实体形成过程中发挥辅助作用，是措施项目清单中发生消耗的材料，如砌筑砖墙用的脚手架、浇筑混凝土构件用的模板等，一般把这种材料称为周转性材料。

施工中材料的消耗，可分为必需的材料消耗和损失的材料两类性质。

必须消耗的材料，是指在合理用料的条件下，生产合格产品所需消耗的材料。它包括：

直接用于建筑和安装工程的材料；不可避免的施工废料；不可避免的材料损耗。

必须消耗的材料属于施工正常消耗，是确定材料消耗定额的基本数据。其中：直接用于建筑和安装工程的材料，应编制材料净用量定额；不可避免的施工废料和材料损耗，应编制材料损耗定额。

合理确定材料消耗定额，必须研究和区分材料在施工过程中消耗的性质。

2. 确定材料消耗量的基本方法

确定材料净用量定额和材料损耗定额的计算数据，是通过现场技术测定、实验室试验、现场统计和理论计算等方法获得的。

1) 现场技术测定法

通过施工现场对材料使用的观察、测定，取得产品产量和材料消耗的基础数据，为编制材料定额提供技术根据。

2) 实验室试验法

编制材料净用量定额。通过试验，对材料的结构、化学成分和物理性能以及按强度等级控制的混凝土、砂浆配比做出科学结论，为编制材料消耗定额提供有技术根据的、比较精确的计算数据。

3) 现场统计法

现场统计法是通过对现场进料、用料的大量统计资料进行分析计算，获得材料消耗的数据。这种方法由于不能分清材料消耗的性质，因而不能作为确定材料净用量定额和材料损耗定额的依据。

上述三种方法的选择必须符合国家有关标准规范，即材料的产品标准，计量要使用标准容器和称量设备，质量符合施工验收规范要求，以保证获得可靠的定额编制依据。

4) 理论计算法

这是运用一定的数学公式计算材料消耗定额的方法。

9.3　人工、材料、机械台班单价的确定

为了合理地确定建设项目直接工程费的多少，一方面必须仔细地考虑工程所需的人工、材料、施工机械台班的消耗数量；另一方面需要正确地确定人工、材料和施工机械台班的预算价格。因此，合理地确定人工单价、材料预算价格和机械台班预算单价是正确地计算直接工程费的关键之一。

直接工程费是指施工过程中耗费的构成工程实体的各项费用，包括人工费、材料费、施工机械使用费。这三项费用是以建筑安装工程概、预算定额中或施工单位的企业定额中所规定的人工、材料、机械台班消耗量，分别与各地的人工工资单价、材料预算价格、机械台班费相乘。即：

$$\text{直接工程费}=\text{人工费}+\text{材料费}+\text{机械使用费} \tag{9-9}$$

$$\text{其中：人工费}=\sum(\text{定额工日数}\times\text{相应的人工单价}) \tag{9-10}$$

$$\text{材料费}=\sum(\text{定额材料消耗量}\times\text{相应的材料预算价格}) \tag{9-11}$$

$$机械使用费=\sum(定额机械台班消耗量\times相应的施工机械台班预算价格) \tag{9-12}$$

9.3.1　人工单价的确定

1. 人工单价

人工单价是指一个建筑工人一个工作日在工程造价中应计入的全部人工费用，包括基本工资(G_1)、工资性补贴(G_2)、生产工人辅助工资(G_3)、职工福利费(G_4)、生产工人劳动保护费(G_5)。

目前，我国的人工单价均采用综合人工单价的形式，即根据综合取定的不同工种、不同技术等级的工人的人工单价以及相应的工时比例进行加权平均所得，它是能够反映工程建设中生产工人一般价格水平的人工单价。人工单价一般是以工日来计量的，即人工工日单价，又称人工工资标准或工资率，是计时制下的人工工资标准。该单价只指建筑生产工人每人每日的人工费用，企业经营管理人员的人工费用不包括在此范围内。日工资单价的具体构成及计算公式如下：

$$日工资单价(G=\sum_1^5 G) \tag{9-13}$$

人工费的内容如下。

(1) 基本工资：是指发放给生产工人的基本工资。其计算公式为：

$$基本工资(G_1)=生产工人平均月工资\div年平均每月法定工作日 \tag{9-14}$$

(2) 工资性补贴：是指按规定标准发放的物价补贴，煤、燃气补贴，交通补贴，住房补贴，流动施工津贴等。其计算公式为

$$\begin{aligned}工资性补贴(G_2)=&\sum年发放标准\div(全年日历日-法定假日+每工作日发放标准)\\&+\sum月发放标准\div年平均每月法定工作日\end{aligned} \tag{9-15}$$

(3) 生产工人辅助工资：是指生产工人年有效施工天数以外非作业天数的工资，包括职工学习、培训期间的工资，调动工作、探亲、休假期间的工资，因气候影响的停工工资，女工哺乳时期的工资，病假在六个月以内的工资及产、婚、丧假期的工资。其计算公式为：

$$生产工人辅助工资(G_3)=全年无效工作日\times(G_1+G_2)\div(全年日历日-法定假日) \tag{9-16}$$

(4) 职工福利费：是指按规定标准计提的职工福利费。其计算公式为：

$$职工福利费(G_4)=(G_1+G_2+G_3)\times福利费计提比例\% \tag{9-17}$$

(5) 生产工人劳动保护费：是指按规定标准发放的劳动保护用品的购置费及修理费、职工服装补贴、防暑降温费、在有碍身体健康环境中施工的保健费用等。其计算公式为：

$$生产工人劳动保护费(G_5)=生产工人年平均支出劳动保护费\div(全年日历日-法定假日) \tag{9-18}$$

人工工日单价的制定涉及的政策性因素多，其中的每一项内容都应根据有关法规、政策文件的精神，结合本部门、本地区的特点，通过反复测算最终确定。

2. 影响人工单价的因素

影响建筑安装工人人工单价的因素很多，归纳起来有以下几个方面。

1) 政策因素

如政府推行的有关劳动工资制度、最低工资标准、住房消费、养老保险、失业保险等社会保障和福利政策规定，必定会影响人工单价的变动。确定具体工程的人工单价时，必须充分考虑为满足上述政策而必须发生的费用。

2) 社会平均工资水平

社会平均工资水平取决于社会经济发展水平。建筑安装工人人工单价必然与社会平均工资水平趋同。我国改革开放以来经济迅速增长，社会平均工资大幅增长，从而导致人工单价的大幅提高。

3) 生活消费指数

生活消费指数的变动取决于物价的变动，尤其取决于生活消费品物价的变动。生活消费指数的提高会使人工单价提高，以维持生产工人原有的生活水平。

4) 劳动力市场供需变化

在劳动力市场，如果需求大于供给，人工单价就会提高；供给大于需求，人工单价就会下降。在确定具体工程的人工单价时，必须根据具体的市场条件，如市场供求关系对劳动力价格的影响、不同地区劳动力价格的差异、雇佣工人的不同方式，以及不同的雇佣合同条款等来确定相应的人工单价水平。

5) 管理因素

在确定具体工程的人工单价时，必须结合一定的劳动管理模式，在充分考虑所使用的管理模式对人工单价影响的基础上，确定人工单价水平。例如，在计时工资制的条件下，不论施工现场的生产效率如何，因为是按工作时间发放工资，所以其生产工人的人工单价是一样的；但是，在计件工资制的条件下，因为工人一个工作班的劳动报酬与其在该工作班完成的合格产品产量成正比关系，所以施工现场的生产效率直接影响到人工单价的水平。

9.3.2 材料单价的确定

直接工程费中的材料费，是指施工过程中耗用的构成工程实体的原材料、辅助材料、构配件、零件、半成品的费用。

我国现行体制下的材料单价一般也称为材料预算价格，是指材料(包括构件、零件、半成品等)由来源地运达工地仓库或施工现场存放材料地点后的出库价格。

建筑安装工程所耗用的材料品种多、数量大，其来源地、供应和运输方式也多种多样。各种材料从发货地点到施工现场出库保管为止，中间要经过材料的订货、采购、包装、运输、装卸、保管等过程，在这些过程中需要发生的一切费用，包括材料原价、供销部门手续费、包装费、运输费、运输损耗费、采购及保管费等，构成了材料的预算价格。

1. 材料单价

材料单价是编制施工图预算、确定工程预算造价的主要依据。合理确定材料预算价格构成，正确编制材料预算价格，有利于合理确定和有效控制工程造价。材料单价的高低取决于材料从其来源地到达施工现场过程中所发生费用的多少。

1) 材料单价的构成

建筑安装工程中的材料单价由以下几部分费用组成。

(1) 材料原价。材料原价是指材料生产单位的出厂价格或者材料供应商的批发价或市场采购价格。在确定材料原价时，一般采用询价的方法确定该材料的供应单位，在此基础上通过签订材料供销合同来确定材料原价。从理论上讲，不同的材料应分别确定其原价。对同一种材料，因产地、供应渠道不同而出现几种原价时，其综合原价可按其供应量的比例加权平均计算。计费的原则包括以下几个方面。

① 列入国家《重要生产资料目录》的产品，应以国家最高限价或各地区大中城市生产资料交易市场价为依据，并按当地一定时期销售量和成交价格确定。

② 未列入《重要生产资料目录》的其他产品，按国家有关规定，执行各地物价部门批准的价格。

③ 市场采购的材料，按当地商业部门规定的批发价格或批发牌价计算。国家或地方的工业产品，按国营工业产品出厂价格计算，并根据情况加计供销部门手续费和包装费。如供应情况、交货条件不明确时，可采用当地规定的价格计算。

④ 地方性材料：地方性材料包括外购的砂、石材料等，按实际调查价格或当地主管部门规定的出厂预算价格计算。

⑤ 构件、成品或半成品，以各生产单位主管部门批准的价格或按照现行预算定额相应规定的方法计算。

⑥ 进口材料，按国内同规格同材质相应价格计算，没有相应价格时，可按外贸到岸完税价格计算。

⑦ 自采材料：自采的砂、石、黏土等自采材料，按定额中开采单价加辅助生产现场经费计算。

(2) 供销部门手续费。供销部门手续费是指材料不能直接从生产厂家获得，需通过当地经营建筑材料的材料公司或供销部门供应时所应发生的经营管理费用。随着商品市场的不断开放，需通过国家专门的物资部门供应的材料越来越少，相应地需计算供销部门手续费的材料也越来越少。

供销部门手续费的计算公式为：

$$\text{供销部门手续费}=\text{材料原价}\times\text{供销部门手续费费率} \tag{9-19}$$

或：

$$\text{供销部门手续费}=\text{材料净重}\times\text{供销部门单位重量手续费} \tag{9-20}$$

供销部门手续费计算的原则包括以下几个方面。

① 只有通过专门的供销部门购买的材料，才计算供销部门手续费，直接向生产厂家采购的材料，不计算供销部门手续费。

② 已包括在材料原价中的供销手续费，不再重复计算。

③ 若所采购的材料不是全部由供销部门供应，应首先计算经仓比重，再据此计算供销部门手续费。即：

$$\text{供销部门手续费}=\text{材料原价}\times\text{供销部门手续费率}\times\text{经仓比重} \tag{9-21}$$

④ 供销部门手续费一般是以材料原价或综合原价为基础，按一定的手续费率计取，费率应按国家主管部门的有关规定执行。

(3) 包装费。包装费是指为使材料在搬运、保管中不受损失或便于运输而对材料进行包装所发生的净费用，但不包括已计入材料原价的包装费。当该材料需包装时，应计算其包装费用，包括水运、陆运的支撑、篷布、包装袋、包装箱、绑扎材料等费用。材料运到现场或使用后，要对包装材料进行回收并按规定从材料价格中扣回包装品回收的残值。包装材料的回收价值，如地区有规定，应按规定计算；地区无规定时，可按实际情况，参照有关包装材料回收率、残值率表自行规定。

① 由生产厂负责包装，包装品回收价值的计算公式为：

包装品回收价值=(包装品原价×回收率×回收价值率)÷包装品标准容量　(9-22)

② 由采购单位自备包装。采购单位自备包装者，包装费应按多次使用、分次摊销的方法计算，并计入材料预算价格内。计算公式为：

材料包装费=[包装品原价×(1−回收率×回收价值率) + 使用期间维修费]÷(包装品周转次数×包装品标准容量)　(9-23)

(4) 材料运杂费。材料运杂费是指材料由采购地点或发货地点运至施工现场的仓库或工地存放点，含外埠中转运输过程中所发生的一切费用。一般包括：运输费(包括市内和市外的运费)、装卸费、运输保险费、有关过境费及上缴必要的管理费、运输损耗费等。在一些量重价低的材料预算价格中，材料运杂费占的比重很大，有的甚至超过供应价。

材料运杂费的费用标准的取定，应根据材料的来源地、运输里程、运输方法，并根据国家有关部门或地方政府交通运输管理部门规定的运价标准分别计算。

(5) 采购及保管费。采购及保管费是指为组织材料的采购、供应和保管所发生的各项必要费用。采购及保管费所包含的具体费用项目有采购保管人员的人工费、办公费、差旅及交通费、采购保管该材料时所需的固定资产使用费、工具用具使用费、劳动保护费、检验试验费、材料储存损耗及其他。其计算公式为：

材料采购及保管费=(材料原价+供销部门手续费+包装费+运输及运输损耗费)×采购及保管费率　(9-24)

2) 材料单价的确定

上述各项之和即为材料单价，其一般计算公式如下：

材料预算价格=(材料原价+供销部门手续费+包装费+运输及运输损耗费)×(1+采购及保管费率)−包装品回收价值　(9-25)

确定材料预算价格的各种文件和规定随国家政策及市场物价的变化而经常在改变，因此，在编制和使用材料预算价格时应注意按新文件或规定执行。

2. 影响材料单价变动的因素

在市场经济条件下，材料单价会受到多种因素的影响。主要包括以下几个方面。

(1) 当市场供大于需时，价格就会下降，反之，价格就会上升，从而也就会影响材料价格的涨落。

(2) 材料生产成本的变动直接影响材料价格的波动。

(3) 流通环节的多少和材料供应体制也会影响材料价格。

(4) 运输距离和运输方法的改变会影响材料运输费用的增减，从而也会影响材料价格。

(5) 国际市场行情会对进口材料价格产生影响。

9.3.3　机械台班单价的确定

1. 机械施工台班和机械台班单价

1) 机械施工台班

一台施工机械工作一个工作班(按 8 小时工作制计)即称为一个机械台班。

(1) 机械使用总台班：

$$机械使用总台班=机械使用年限\times年工作台班 \tag{9-26}$$

(2) 机械年工作台班。

$$机械年工作台班=(365天-节假日-全年平均气候影响工日)\times机械利用率\times工作班次系数 \tag{9-27}$$

2) 机械台班单价

机械台班单价就是一个机械台班中，为使机械正常运转所支出和分摊的人工、材料、折旧、燃料动力、维修以及养路费等各项费用的总和。

施工机械台班使用费是组成建筑安装工程费的主要费用之一，它将随着施工机械化水平的提高而增加。因此，正确、合理地确定机械台班预算单价，对控制工程成本有着重要的意义。

根据不同的获取方式，工程施工中所使用的机械设备一般可分为外部租用和内部租用两种情况。

外部租用是指向外单位(如设备租赁公司、其他施工企业等)租用机械设备。此种方式下的机械台班单价一般以该机械的租赁单价为基础加以确定。

内部租用是指使用企业自有的机械设备。此种方式下的机械台班单价一般可以在该机械折旧费(及大修理费)的基础上再加上相应的运行成本等费用，通过企业内部核算来加以确定。

我国现行体制规定机械台班单价一律根据统一的费用划分标准，按照有关会计制度的规定由政府授权部门在综合平均的基础上统一编制，其价格水平属于社会平均水平，是合理控制工程造价的一个重要依据。

2. 施工机械台班预算单价的组成

在正常运转条件下，一个施工机械台班单价由七项费用组成，包括台班折旧费、大修费、经常修理费、安拆费及场外运费、燃料动力费、人工费、养路费及车船使用税等。

1) 台班折旧费

台班折旧费是指机械设备在规定的使用年限内，陆续收回其原值及所支付贷款利息的费用。其计算公式如下：

$$台班折旧费=[机械预算价格\times(1-残值率)\times贷款利息系数]\div耐用总台班数 \tag{9-28}$$

2) 大修理费

一次大修理费是指机械设备按规定的大修范围和大修间隔台班必须进行的大修理，以恢复机械正常功能所需支出的工时、配件、辅助材料、机油燃料以及送修运输等全部费用。台班大修理费则是机械使用期限内全部大修理费之和在台班费中的分摊额。其计算公式为

$$台班大修费=(一次大修费\times寿命期内大修次数)\div耐用总台班 \tag{9-29}$$

式中：

$$大修次数=使用总台班数÷大修理间隔台班-1 \tag{9-30}$$

或：

$$大修次数=使用周期数-1 \tag{9-31}$$

3) 经常修理费

经常修理费是指机械设备除大修以外必须进行的各级保养(包括一、二、三级保养)，以及临时故障排除和机械停置期间的维护保养等所需的各项费用；为保障机械正常运转所需替换设备、随机工具附具的摊销及维护费用；机械运转及日常保养所需润滑、擦拭材料费用。机械寿命期内上述各项费用之和分摊到台班费中，即为台班经常修理费。其计算公式为：

$$\begin{aligned}台班经常修理费=&(各级保养一次费用×保养次数+临时故障排除费用)÷大修间隔台班\\&+\sum[替换设备工具及附具费×(1-残值率)+替换设备及工具附具\\&维修费]÷替换设备及工具及附具耐用台班+润滑擦拭材料一次费用\\&×大修间隔期的平均次数÷大修间隔台班\end{aligned} \tag{9-32}$$

4) 安拆费及场外运费

安拆费是指机械在施工现场进行安装、拆卸所需人工、材料、机械和试运转费用，以及安装所需的机械辅助设施(如基础、底座、固定锚桩、行走轨道、枕木等)的折旧、搭设、拆除等费用。场外运费是指机械整体或分体从停置地点运至施工现场或从一工地运至另一工地的运输、装卸、辅助材料以及架线等费用。

定额台班基价内所列安拆费及场外运输费，均分别按不同机械、型号、重量、外形、体积、安拆和运输方法测算其工、料、机械的耗用量综合计算取定。除地下工程机械外，均按年平均运输 4 次、运输路程平均在 25 km 以内计算。

安拆费及场外运输费的计算公式如下：

$$台班安拆费=一次安拆费×年安拆次数÷年工作台班+台班辅助设施摊销费 \tag{9-33}$$

$$台班辅助设施摊销费=辅助设施一次费用×(1-残值率)÷辅助设施耐用台班 \tag{9-34}$$

$$\begin{aligned}台班场外运费=&(一次运费及装卸费+辅助设施一次摊销费+一次架线费)\\&×年平均运输次数÷年工作台班\end{aligned} \tag{9-35}$$

5) 燃料动力费

燃料动力费是指机械设备在运转施工作业中所耗用的固体燃料(如煤炭、木材)、液体燃料(如汽油、柴油)、电力、水等费用。动力燃料费用要按当地的动力物资的工地预算价格规定计算。其计算公式如下：

$$台班燃料动力费=台班燃料动力消耗量×相应单价 \tag{9-36}$$

台班燃料动力消耗量，应以实测消耗量为主、以现行定额消耗量和调查消耗量为辅的方法确定。

6) 人工费

人工费是指机上司机、司炉和其他操作人员的工作日，以及上述人员在机械规定的年工作台班以外的人工费用。工作台班以外机上人员人工费用，以增加机上人员的工日数形式列入定额内。其计算公式如下：

$$\begin{aligned}增加工日系数=&(年日历天数-规定节假公休日-辅助工资中年非工作日\\&-机械年工作台班)÷机械年工作台班\end{aligned} \tag{9-37}$$

7) 养路费及车船使用税

养路费及车船使用税是指按照国家有关规定应交纳的运输机械养路费和车船使用税，按各省、自治区、直辖市规定标准计算后列入定额。其计算公式为

台班养路费及车船使用税=载重量(核定吨位)×[养路费(元/吨・月)×12 月
+车船使用税 (元/吨・年)]　(9-38)

下列机械台班中不计养路费及车船使用税：第一类是金属切削加工机械等，由于该类机械系安装在固定的车间房屋内，不需经常安拆运输；第二类是不需要拆卸安装自身能开行的机械，如水平运输机械；第三类是不适合按台班摊销本项费用的机械，如特、大型机械，其安拆费及场外运输费按定额规定另行计算。

上述施工机械台班折旧费、大修理费、经常修理费、安拆费及场外运费、燃料动力费、人工费、养路费及车船使用税等七项费用之和即为机械台班单价，其计算公式如下：

机械台班单价=台班折旧费+台班大修费+台班经常修理费+台班安拆费及场外运费
+台班燃料动力费+台班人工费+台班养路费及车船使用税　(9-39)

在我国现行体制条件下，政府授权部门根据以上所述的机械台班单价的费用组成及确定方法，经综合后统一编制，并以《全国统一施工机械台班费用定额》的形式作为一种经济标准，要求在进行工程估价(如施工图预算、设计概算、编制标底、投标报价等)及结算工程造价时必须按该标准执行，不得任意调整及修改。目前在国内编制确定工程造价时，均以《全国统一施工机械台班费用定额》或该定额在某一地区的单位估价表所规定的台班单价作为计算机械费的依据。

3. 影响机械台班单价变动的因素

1) 施工机械的价格

施工机械的价格是影响折旧费，从而也影响机械台班单价的重要因素。

2) 机械设备的采购方式

施工机械设备的不同采购方式，会带来不同的机械价格和资金流量。常见的采购方式有现金或当场采购、租购、租赁等。

3) 机械设备的使用年限

机械设备的使用年限不仅影响折旧费的提取，也影响到大修理费和经常修理费的开支。

4) 机械设备的性能

机械设备的性能决定着施工机械的生产能力、使用中的消耗、需要修理的情况及故障率等状况，而这些状况直接影响机械在其寿命期内所需的大修理费用、日常的运行成本、使用寿命及转让价格等。

5) 折旧方法

同一种机械用不同的方法提取折旧，每次所计提的费用也不同。折旧的方法有直线折旧法、余额递减折旧法、定额存储折旧法等。

6) 市场条件

市场条件主要是指市场的供求及竞争条件。市场条件直接影响着机械的供给与需求。

7) 机械的使用效率和管理水平

不同的机械使用效率和管理水平有不同的管理费用。

8) 政府征收税费及有关政策规定

按政府规定必须征收的税费、办理的保险费，以及其他有关规费等，也能影响机械台班单价的大小。

9.4　施工定额与预算定额

本节主要介绍施工定额与预算定额的相关知识，下面分别进行介绍。

9.4.1　施工定额

施工定额，是完成一定计量单位产品所必需的人工、材料和施工机械台班消耗量的标准，由劳动定额、材料消耗定额和机械台班消耗定额构成。

1. 施工定额的性质

施工定额既是施工企业进行施工成本管理、经济核算和投标报价的基础，也是编制施工组织设计和施工计划的依据。它是建筑安装企业内部管理的定额，属于企业定额的性质。

施工定额和生产结合最紧密，施工定额的定额水平反映出企业施工生产的技术水平和管理水平，是企业加强管理、降低劳动消耗、控制成本开支、提高劳动生产率和企业经济效益的有效手段，根据施工定额计算得到的计划成本是企业确定投标报价的根据。

施工定额是施工企业管理工作的基础，也是工程定额体系中的基础性定额。尤其是在《建设工程工程量清单计价规范》颁布执行后，它在施工企业的生产管理和内部经济核算工作中发挥着越来越重要的作用。正确认识施工定额的企业定额性质，把施工定额同其他定额从性质上区别开来是很有必要的。

2. 施工定额的作用

施工定额在企业管理工作中的基础作用主要表现在以下几个方面。

1) 企业计划管理的依据

施工组织设计和施工作业计划是企业计划管理中不可缺少的环节，经济合理的施工方案的编制必须依据施工定额。

2) 组织和指挥施工生产的有效工具

企业通过下达施工任务书和限额领料单来实现组织管理和指挥施工生产。施工任务单是下达给班组的工程任务，包括工程名称、工作内容、质量要求、开工和竣工日期、计划用工量、实物工程量、定额指标、计件单价和平均技术等级等内容。施工任务单上的工程计量单位、产量定额和计件单位，均需取自施工的劳动定额。

限额领料单是根据施工任务和施工的材料定额填写，是施工队随任务单同时签发的领取材料的凭证。其中领料的数量，是班组为完成规定的工程任务消耗材料的最高限额。这一限额也是评价班组完成任务情况的一项重要指标。

3) 计算工人劳动报酬的依据和企业激励工人的条件

工人的劳动报酬是根据工人劳动的数量和质量来计量的，施工定额为此提供了一个衡量标准，它是计算工人计件工资的基础，也是计算奖励工资的基础。

4) 施工定额有利于推广先进技术

施工定额水平中包含着某些已成熟的先进的施工技术和经验，工人要达到和超过定额，就必须掌握和运用这些先进技术。如果工人要想大幅度超过定额，他就必须创造性地劳动，在工作中注意改进工具和改进技术操作方法，注意节约，避免原材料和能源的浪费。

3. 施工定额的编制原则

1) 平均先进水平原则

所谓平均先进水平，是指在正常条件下，多数施工班组或生产者经过努力可以达到，少数班组或生产者可以接近，个别班组或生产者可以超过的水平。通常，它低于先进水平，略高于平均水平。这种水平使先进的班组和工人感到有一定压力，大多数处于中间水平的班组或工人感到定额水平可望也可即。平均先进水平不迁就少数落后者，而是使他们产生努力工作的责任感，尽快达到定额水平。平均先进水平是一种鼓励先进、勉励中间、鞭策后进的定额水平。贯彻“平均先进水平”原则，能促进企业科学管理和不断提高劳动生产率，达到提高企业经济效益的目的。

2) 简明适用性原则

所谓简明适用是指定额结构合理，定额步距大小适当，文字通俗易懂，计算方法简便，易为群众掌握运用，便于基层使用；具有多方面的适应性，能在较大范围内满足不同情况、不同用途的需要。

3) 以专家为主编制定额的原则

制定施工定额是一项政策性很强的技术经济工作。它要求参加定额制定工作的人员具有丰富的技术知识和管理工作经验，有专门的机构来进行大量的组织工作和协调指挥。广大工人群众是生产实践活动的主体，他们对劳动消耗情况最为了解，对定额的执行情况和问题也最清楚，制定定额时应广泛征求工人群众的意见。

4) 独立自主的原则

施工企业有编制和颁发企业施工定额的管理权限。企业应该根据自身的具体条件，参照国家有关规范、制度，自己编制定额，自行决定定额的水平。

5) 时效性原则

施工定额有很强的时效性，企业必须根据企业的经济技术条件、市场的需求和竞争环境，不断修改、更新施工定额。

6) 保密原则

施工定额属企业定额的性质，在市场经济条件下，企业定额是企业的商业秘密，对外进行保密，才能在市场上具有竞争能力。

4. 施工定额的编制

编制施工定额最关键的工作是确定人工、材料和机械台班的消耗量，计算分项工程单价或综合单价。这是一项非常复杂的工作，事先必须做好充分准备和全面规划。编制前的准备工作一般包括：明确编制任务和指导思想；系统整理和研究日常积累的定额基本资料；

拟定定额编制方案，确定定额水平、定额步距、表达方式等；确定定额测定计划。

1) 劳动定额的编制

(1) 劳动定额的表现形式。劳动定额可用时间定额和产量定额两种形式表示。

①时间定额。指在一定的生产技术和生产组织条件下，某工种和某种技术等级的工人小组或个人，完成单位合格产品所必须消耗的工作时间，是在拟定基本工作时间、辅助工作时间、必要的休息时间、生理需要时间、不可避免的工作中断时间、工作的准备和结束时间的基础上制定的。

时间定额的计量单位，通常以消耗的工日来表示。每个工日工作时间按现行制度，一般规定为 8 个小时。

$$单位产品的时间定额(工日)=1\div每工日产量 \tag{9-40}$$

② 产量定额。是指在一定的生产技术和生产组织条件下，某工种和某种技术等级的工人小组或个人，在单位时间(工日)内完成合格产品的数量。产量定额的计算方法规定如下：

$$每工日产量=1\div单位产品的时间定额(工日) \tag{9-41}$$

从上面的两个定额计算公式中可以看出，时间定额与产量定额是互为倒数的关系，即：

$$时间定额=1\div产量定额 \tag{9-42}$$

按定额的标定对象不同，劳动定额又分单项(工序)定额和综合定额两种：

③ 单项定额。指完成单位产品消耗于某一工种 (或工序)的工作时间或在单位时间内完成某一工种(或工序)产品的数量。

④ 综合定额。就是完成同一产品的各单项 (工序或工种)定额的综合。其计算方法如下：

$$综合时间定额=\sum各单项(工序或工种)时间定额 \tag{9-43}$$

(2) 劳动定额的编制内容，包括拟定施工的正常条件和拟定定额时间两部分。

① 拟定正常的施工作业条件。拟定施工的正常条件，是要规定执行定额时应该具备的条件，正常条件若不能满足，则就可能达不到定额中的劳动消耗量标准。因此，正确拟定施工的正常条件有利于定额的实施。拟定施工的正常条件包括：拟定施工作业的内容；拟定施工作业的方法；拟定施工作业地点的组织；拟定施工作业人员的组织等。

② 拟定施工作业的定额时间。施工作业的定额时间，是在拟定基本工作时间、辅助工作时间、准备与结束时间、不可避免的中断时间以及休息时间的基础上编制的。

上述各项时间是以时间研究为基础，通过时间测定方法得出相应的观测数据，经加工整理计算后得到的。计时测定的方法如前述有许多种，如测时法、写时记录法、工作日写实法等。

(3) 制定劳动定额的方法。制定劳动定额的方法主要有经验估工法、统计分析法、比较类推法、技术测定法等几种。

① 经验估工法。经验估工法是由定额人员、工序技术人员和工人三方相结合，根据个人或集体的实践经验，经过图纸分析和现场观察，了解施工工艺，分析施工 (生产)的生产技术组织条件和操作方法的繁简难易情况，进行座谈讨论，从而制定定额的方法。

运用经验估工法制定定额，应以工序(或单项产品)为对象，将工序分为操作(或动作)，分别计算出操作(或动作)的基本工作时间，然后考虑辅助工作时间、准备时间、结束时间和休息时间，经过综合整理，并对整理结果予以优化处理，即得出该项工序(或产品)的时间定额或产品定额。

这种方法的优点是方法简单，速度快。其缺点是容易受到参加制定人员的主观因素和局限性的影响，使制定的定额出现偏高或偏低的现象。因此，经验估工法只适用于企业内部，作为某些局部项目的补充定额。

② 统计分析法。统计分析法是把过去施工中同类工程和同类产品的工时消耗的统计资料，与当前生产技术组织条件的变化因素结合起来进行分析研究以制定定额的方法。由于统计分析资料反映的是工人过去已经达到的水平，在统计时没有也不可能剔除施工(生产)中不合理的因素，因而这个水平一般偏于保守。为了克服统计分析资料的这个缺陷，使制定出来的定额水平保持平均先进水平的性质，可采用“二次平均法”计算平均先进值作为确定定额水平的依据。

用统计分析法得出的结果，一般偏向于先进，可能大多数工人达不到，不能较好地体现平均先进的原则。近年来推行一种概率测算法，这种方法是以有多少百分比的工人可达到或超过定额作为确定定额水平的依据。

③ 比较类推法。比较类推法又称作典型定额法，它是以同类型或相似类型的产品(或工序)的典型定额项目的定额水平为标准，经过分析比较，类推出同一组定额各相邻项目的定额水平的方法。

这种方法的特点是计算简便，工作量小，只要典型定额选择恰当，切合实际，又具有代表性，则类推出的定额一般都比较合理。这种方法适用于同类型规格多、量小的施工(生产)过程。随着施工机械化、标准化、装配化程度的不断提高，方法的适用范围还会逐步扩大。为了提高定额水平的精确度，通常采用主要项目作为典型定额来类推。采用这种方法时，要特别注意掌握工序、产品的施工工艺和劳动组织类似或近似的特征，细致地分析施工过程的各种影响因素，防止将因素变化很大的项目作为典型定额比较类推。

④ 技术测定法。技术测定法是根据先进合理的生产(施工)技术、操作方法、合理的劳动组织和正常的生产(施工)条件对施工过程中的具体活动进行实地观察，详细地记录施工中工人和机械的工作时间消耗、完成单位产品的数量及有关影响因素，将记录的结果加以整理，客观地分析各种因素对产品的工作时间消耗的影响，据此进行取舍，以获得各个项目的时间消耗资料，从而制定出劳动定额的方法。

这种方法具有较高的准确性和科学性，是制定新定额和典型定额的主要方法。技术测定法通常采用的方法有测时法、写实记录法、工作抽查法等数种。

2) 材料消耗定额的编制

材料消耗定额是指在合理和节约使用材料的条件下，生产单位合格产品所必须消耗的一定品种、规格的原材料、燃料、半成品、配件和水、电、动力等资源(统称为材料)的数量标准。

施工中有构成工程实体的各种直接性材料消耗和施工措施项目中为直接性材料消耗工艺服务的一些工具性的周转性材料消耗，应根据要求分别编制材料消耗量定额。

(1) 直接性材料消耗的确定。它包括产品净消耗量与损耗量两部分，单位合格产品中某种材料的消耗数量等于该材料的净耗量和损耗量之和。材料损耗量与材料消耗量之比，称为材料损耗率。其相互关系为：

$$材料消耗量=净耗量+损耗量 \tag{9-44}$$

制定直接性材料消耗定额最基本的方法有前述的观察法、试验法、统计法和计算法。

(2) 周转性材料消耗的确定。周转性材料的定额消耗量是指每使用一次应分摊到施工企业成本核算或预算用中摊销的数量，按周转性材料在其使用过程中发生消耗的规律，其摊销量的计算公式为：

模板及支架的摊销量=[一次使用量×(1 + 施工损耗)]÷[1 +(周转次数-1)×补损率÷周转次数-(1-补损率)50%÷周转次数]　(9-45)

脚手架的摊销量=单位一次使用量×(1-残值率)÷(耐用期÷一次使用期)　(9-46)

其中，一次使用量是指周转性材料一次使用的基本量，即一次投入量。周转性材料的一次使用量根据施工图计算，其用量与各分部分项工程部位、施工工艺和施工方法有关。

一次使用量=施工图纸用量×(1+损耗率)　(9-47)

损耗率是指周转性材料每使用一次后的损失率。为了下一次的正常使用，必须用相同数量的周转性材料对上次的损失进行补充，用来补充损失的周转性材料的数量称为周转性材料的“补损量”。按一次使用量的百分数计算，该百分数即为损耗率。周转性材料的损耗率应根据材料的不同材质、不同的施工方法及不同的现场管理水平通过统计工作来确定。

周转次数是指周转性材料从第一次使用起可重复使用的次数。它与不同的周转性材料、使用的工程部位、施工方法及操作技术有关。周转次数的确定要经现场调查、观测及统计分析，取平均合理的水平。正确规定周转次数，对准确计算用料，加强周转性材料管理和经济核算有重要作用。一般金属模板的周转次数均在 100 次以上，而木模板的周转次数都在 6 次或 6 次以下。

3) 机械台班使用定额的编制

在建筑施工过程中，有些项目是由人工完成的，有些工程是由机械完成的，有些是由机械和人工共同完成的。在由机械完成或由人工机械同时完成产品时，就有一个完成单位合格产品机械所消耗的工作时间，即机械台班使用定额，也称为机械台班消耗定额。

(1) 机械台班使用定额的表达形式。机械台班使用定额有两种表示方法：一种可用时间定额表示，此时的计量单位为台班；另一种可用产量定额表示，此时的计量单位为产品物理量。机械的时间定额和产量定额互为倒数关系。

① 机械时间定额。机械时间定额是指在正常的施工条件和劳动组织条件下，使用某种规定的机械，完成单位合格产品所必须消耗的台班数量。其完成单位合格产品所必需的工作时间，包括有效工作时间、不可避免的中断时间、不可避免的无负荷工作时间。

机械时间定额= 1÷机械台班产量定额　(9-48)

② 机械台班产量定额。它是指在正常的施工条件和劳动组织条件下，某种机械在一个台班时间内必须完成的单位合格产品的数量。

机械台班产量定额= 1÷机械台班时间定额　(9-49)

台班车次是完成定额台班产量每台、班内每车必须往返的次数。可按下式计算：

定额台班产量=台班车次×额定装载量×装载系数　(9-50)

(2) 编制施工机械台班使用定额主要包括以下内容。

① 拟定机械工作的正常施工条件。包括工作地点的合理组织，施工机械作业方法的拟定；确定配合机械作业的施工小组的组织，以及机械工作班制度等。

② 确定机械净工作率。即确定机械净工作 1 小时的正常劳动生产率。

③ 确定机械的利用系数。机械的正常利用系数是指机械在施工作业班内对作业时间的

利用率。

④ 计算施工机械定额台班。

施工机械台班产量定额=机械生产率×工作班延续时间×机械利用系数 (9-51)

⑤ 拟定工人小组的定额时间。工人小组的定额时间是指配合施工机械作业的工人小组的工作时间总和：

工人小组定额时间=施工机械时间定额×工人小组的人数 (9-52)

9.4.2 预算定额

预算定额是确定一定计量单位分项工程或结构构件的人工、材料、施工机械台班消耗的数量标准，是编制施工图预算的主要依据，也是确定工程造价、控制工程造价的基础。是决定建设单位的工程费用支出和决定施工单位企业收入的重要因素。

预算定额是由国家主管机关或被授权单位组织编制并颁发执行的，是工程建设预算制度中的一项重要的技术经济法规，它的法令性保证了在定额适用范围内，建筑工程有了统一的造价与核算尺度。

1. 预算定额编制的基本要求

(1) 确定预算定额的计量单位。

预算定额的计量单位关系到预算工作的繁简和准确性。因此，要根据分部分项工程的形体和结构构件特征及其变化，正确地确定各分部分项工程的计量单位。一般依据以下建筑结构构件形体的特点确定。

① 凡建筑结构构件的断面有一定形状和大小，但是长度不定时，可按长度以延长米为计量单位。如踢脚线、楼梯栏杆、木装饰条、管道线路安装等。

② 凡建筑结构构件的厚度有一定规格，但是长度和宽度不定时，可按面积以平方米为计量单位。如地面、楼面、墙面和天棚面抹灰等。

③ 凡建筑结构构件的长度、厚(高)度和宽度都变化时，可按体积以立方米为计量单位。如土方、钢筋混凝土构件等。

④ 钢结构由于重量与价格差异很大，形状又不固定，采用重量以吨为计量单位。

⑤ 凡建筑结构没有一定规格，而其构造又较复杂时，可按个、台、座、组为计量单位。如卫生洁具安装、铸铁水斗等。

(2) 按典型设计图纸和资料计算工程数量。

(3) 确定预算定额各项目人工、材料和机械台班消耗指标。

(4) 编制定额表及拟定有关说明。

2. 预算定额与施工定额的联系与区别

预算定额代表的是社会平均水平，即在现实的平均生产条件、平均劳动熟练程度、平均劳动强度下，多数企业能够达到或超过的水平。而施工定额代表的是施工企业的平均先进水平，两者相比，预算定额水平要相对低一些。预算定额实际考虑的因素要比施工定额多，两者水平之间的差异用幅度差来表示，需要保留一个合理的幅度差，幅度差是预算定额与施工定额的重要区别。

所谓幅度差，是指在正常施工条件下，定额中未包括，而在施工过程中又可能发生而增加的附加额。幅度差常常包括以下几方面的影响因素。

1) 确定劳动消耗指标时考虑的因素

(1) 工序搭接时间。

(2) 机械的临时维护、小修、移动发生的不可避免的停工损失。

(3) 工程检查所需的时间。

(4) 细小的难以测定的不可避免的工序和零星用工所需的时间等。

2) 确定材料消耗指标时考虑的因素

如果材料质量不符合标准或材料数量不足造成对材料用量和加工费用的影响，则这些不是由于施工企业的原因造成的。

3) 确定机械台班消耗指标时需要考虑的因素

(1) 机械在与少量手工操作的工作配合中不可避免的停歇时间。

(2) 在工作班内机械变换位置所引起的停歇时间和配套机械相互影响的损失时间。

(3) 机械临时性维修和小修引起的停歇时间。

(4) 机械的偶然临时停水、停电所引起的工作间歇。

(5) 施工开始和结束时由于施工条件和工作不饱和所损失的时间。

(6) 工程质量检查影响机械工作损失的时间。

为考虑这些因素，要求在施工定额的基础上，根据有关因素影响程度的大小，规定出一个附加额，如人工幅度差、机械幅度差，这种附加额用相对数来表示，称为幅度差系数。

3. 预算定额的编制原则、步骤

1) 预算定额的编制原则

(1) 按社会平均水平确定预算定额水平。即按照“在现有的社会正常生产条件下，在社会平均的劳动熟练程度和劳动强度下制造某种使用价值所需要的劳动时间”来确定定额水平。预算定额的平均水平，是在正常的施工条件、合理的施工组织和工艺条件、平均劳动熟练程度和劳动强度下，完成单位分项工程基本构造要素所需的劳动时间。

(2) 简明适用，严谨准确。预算定额的内容和形式，既要满足各方面使用的需要，具有多方面的适应性，同时又要简明扼要、层次清楚、结构严谨，以免在执行中因模棱两可而产生争议。

(3) 坚持统一性和差别性相结合。所谓统一性，是从培育全国统一市场规范计价行为出发，由国家建设主管部门(如建设部)归口管理，依照国家的方针政策和经济发展的要求，统一制定编制定额的方案、原则和办法，颁发相关条例和规章制度。这样，建筑产品才有统一的计价依据，对不同地区设计和施工的结果进行有效的考核和监督，避免地区或部门之间缺乏可比性。所谓差别性，是在统一性的基础上，各部门和省、自治区、直辖市主管部门可以在自己的管辖范围内，根据本部门和地区的具体情况，编制本地区、本部门的预算定额，颁发补充性的条例规定，以及对预算定额实行经常性的管理。

2) 预算定额的编制步骤

预算定额的编制工作不但工作量大，而且政策性强，组织工作复杂。编制预算定额一般分为以下三个阶段。

(1) 准备阶段。准备阶段的任务是成立编制机构，拟订编制方案，明确定额项目，提出对预算定额编制的要求，收集各种定额相关资料，包括收集现行规定、规范和政策法规资料，定额管理部门积累的资料，专项查定及实验资料，专题座谈会记录等。

(2) 编制预算定额初稿，测试定额水平阶段。在这个阶段，根据确定的定额项目和基础资料，进行反复分析，制定工程量计算规则，计算定额人工、材料、机械台班耗用量，编制劳动力计算表、材料及机械台班计算表，并附说明；然后汇总编制预算定额项目表，编预算定额初稿。

编出预算定额初稿后，要进行定额复核，要将新编定额与现行定额进行测算，并分析比现行定额提高或降低的原因，写出定额水平测算工作报告。

(3) 审查定稿、报批阶段。在这个阶段，将新编定额初稿及有关编制说明和定额水平测算情况等资料，印发各有关部门审核，或组织有关基本建设单位和施工企业座谈讨论，广泛征求意见并修改、定稿后，送上级主管部门批准、颁发执行。

4. 预算定额中消耗量指标的确定

1) 人工消耗量指标的确定

(1) 人工工日消耗量指标的确定。人工的工日数可以有两种确定方法：一种是以劳动定额为基础确定，一种是以现场观测资料为基础计算。预算定额中人工消耗量指标应包括为完成该分项工程定额单位所必需的用工数量，即应包括基本用工和其他用工两部分。人工消耗量指标可以以现行的《全国建筑安装工程统一劳动定额》为基础进行计算。

① 基本用工。基本用工指完成单位合格产品所必需消耗的技术工种用工。例如：为完成墙体砌筑工程中的砌砖、调运砂浆、铺砂浆、运砖等所需要的工日数量。基本用工以技术工种相应劳动定额的工时定额计算，以不同工种列出定额工日。其计算公式为

$$\text{相应工序基本用工数量}=\sum(\text{某工序工程量}\times\text{相应工序的劳动定额}) \tag{9-53}$$

② 其他用工。其他用工是指辅助基本用工完成生产任务所耗用的人工。按其工作内容的不同可分为以下三类。

超运距用工：指预算定额中规定的材料、半成品的平均水平运距超过劳动定额规定的运输距离的用工。

$$\text{超运距用工}=\sum(\text{超运距运输材料数量}\times\text{相应超运距劳动定额}) \tag{9-54}$$

$$\text{超运距}=\text{预算定额取定运距}-\text{劳动定额已包括的运距} \tag{9-55}$$

辅助用工：指技术工种劳动定额内不包括而在预算定额内又必须考虑的用工。例如：筛砂、淋灰用工，机械土方配合用工等。

$$\text{辅助用工}=\sum(\text{某工序工程数量}\times\text{相应劳动定额}) \tag{9-56}$$

人工幅度差：它主要是指预算定额与劳动定额由于定额水平不同而引起的水平差，另外还包括定额中未包括，但在一般施工作业中又不可避免的而且无法计量的用工，例如：各工种间工序搭接、交叉作业时不可避免的停歇工时消耗，施工机械转移、水电线路移动以及班组操作地点转移造成的间歇工时消耗，质量检查影响操作消耗的工时，以及施工作业中不可避免的其他零星用工等。其计算公式为：

$$\text{人工幅度差}=(\text{基本用工}+\text{辅助用工}+\text{超运距用工})\times\text{人工幅度差系数} \tag{9-57}$$

由上述得知，建筑工程预算定额各分项工程的人工消耗量指标就等于该分项工程的基

本用工数量与其他用工数量之和。即：

某分项工程人工消耗量指标=相应分项工程基本用工数量+相应分项工程其他用工数量 (9-58)

其他用工数量=辅助用工数量+超运距用工数量+人工幅度差用工数量 (9-59)

(2) 人工消耗指标的计算依据。预算定额是一项综合性定额，它是按组成分项工程内容的各工序综合而成的。编制分项定额时，要按工序划分的要求测算，综合取定工程量，即按照一个地区历年实际设计房屋的情况，选用多份设计图纸，进行测算取定数量。

(3) 计算预算定额用工的平均工资等级。在确定预算定额项目的平均工资等级时，应首先计算出各种用工的工资等级系数和工资等级总系数，然后计算出定额项目各种用工的平均工资等级系数，再查对“工资等级系数表”，最后求出预算定额用工的平均工资等级。

其计算式如下：

劳动小组成员平均工资等级系数=$\sum$(某一等级的工人数量×相应等级工资系数)÷小组工人总数 (9-60)

某种用工的工资等级总系数=某种用工的总工日×相应小组成员平均工资等级系数 (9-61)

幅度差平均工资等级系数=幅度差所含各种用工工资等级总系数之和÷幅度差总工日 (9-62)

幅度差工资等级总系数可根据某种用工的工资等级总系数的计算式计算。

定额项目用工的平均工资等级系数=(基本用工工资等级总系数+其他用工工资等级总系数)÷(基本用工总工日数+其他用工总工日数) (9-63)

2) 材料消耗量指标的确定

(1) 材料消耗量计算方法。材料消耗量的计算方法主要有以下几种。

① 凡有标准规格的材料，按规范要求计算定额计量单位耗用量。

② 凡设计图纸标注尺寸及下料要求的，按设计图纸尺寸计算材料净用量。

③ 换算法。

④ 测定法。包括试验室试验法、统计法和现场观察法等。

(2) 材料消耗量的确定。材料消耗定额中有直接性材料、周转性材料和其他材料，计算方法和表现形式也有所不同。

① 直接性材料消耗量指标的确定。直接性材料消耗量指标包括主要材料净用量和材料损耗量，其计算公式为：

材料损耗率=损耗量÷净耗量×100% (9-64)

材料消耗量=材料净用量×(1+损耗率) (9-65)

在确定预算定额中的材料消耗量时，还必须充分考虑分项工程或结构构件所包括的工程内容、分项工程或结构构件的工程量计算规则等因素对材料消耗量的影响。另外，预算定额中材料的损耗率与施工定额中材料的损耗率不同，预算定额中材料损耗率的损耗范围比施工定额中材料损耗率的损耗范围更广，它必须考虑整个施工现场范围内材料堆放、运输、制备、制作及施工操作过程中的损耗。

② 其他材料消耗量的确定。对于用量很少、价值又不大的次要材料，估算其用量后，合并成“其他材料费”，以“元”为单位列入预算定额表中。

③ 周转性材料摊销的确定。施工措施项目中为直接性材料消耗工艺服务的一些工具性的周转材料应按多次使用、分次摊销的方式计入预算定额。

3) 机械消耗量指标的确定

预算定额中的建筑施工机械消耗量指标，是以台班为单位进行计算，每一台班为 8 小时工作制。预算定额的机械化水平，应以多数施工企业采用的和已推广的先进施工方法为标准。预算定额中的机械台班消耗量按合理的施工方法取定并考虑增加了机械幅度差。

(1) 机械幅度差。机械幅度差是指在施工定额(机械台班量)中未曾包括的，而机械在合理的施工组织条件下所必需的停歇时间，在编制预算定额时，应予以考虑。其内容包括以下几个方面。

① 施工机械转移工作面及配套机械互相影响损失的时间。

② 在正常的施工情况下，机械施工中不可避免的工序间歇。

③ 检查工程质量影响机械操作的时间。

④ 临时水、电线路在施工中移动位置所发生的机械停歇时间。

⑤ 工程结尾时，工作量不饱满所损失的时间。

机械幅度差系数一般根据测定和统计资料取定。大型机械的幅度差系数规定为：土石方机械 25%；吊装机械 30%；打桩机械 33%；其他专用机械如打夯、钢筋加工、木工、水磨石等，幅度差系数为 10%；其他均按统一规定的系数计算。

由于垂直运输用的塔吊、卷扬机及砂浆、混凝土搅拌机是按小组配合，应以小组产量计算机械台班产量，不另增加机械幅度差。

(2) 机械台班消耗量指标的计算。

① 小组产量计算法：按小组日产量大小来计算耗用机械台班多少。

② 台班产量计算法：按台班产量大小来计算定额内机械消耗量大小。

根据施工定额或以现场测定资料为基础确定机械台班消耗量的计算公式如下：

$$预算定额机械耗用台班=施工定额机械耗用台班\times(1+机械幅度差系数) \tag{9-66}$$

9.5　概算定额、概算指标、投资估算指标

本节主要介绍概算定额、概算指标和投资估算指标的相关内容，下面分别进行介绍。

9.5.1　概算定额

概算定额是指在正常的生产建设条件下，为完成一定计量单位的扩大分项工程或扩大结构构件的生产任务所需人工、材料和机械台班的消耗数量标准。概算定额是在综合施工定额或预算定额的基础上，根据有代表性的工程通用图纸和标准图集等资料，进行综合、扩大和合并而成。

概算定额是一种计价性定额，其主要作用是作为编制设计概算的依据，也是我国目前控制工程建设投资的主要依据。概算定额与预算定额应保持一致水平，即在正常条件下，反映大多数企业的设计、生产及施工管理水平，其定额水平一般取社会平均水平。

概算定额是初步设计阶段编制建设项目概算的依据，也是设计方案比较、编制概算指标的依据，同时也可在实行工程总承包时作为已完工程价款结算的依据。

1. 概算定额与预算定额的联系与区别

概算定额与预算定额的相同之处在于，它们都是以建(构)筑物各个结构部分和分部分项工程为单位表示的，内容也包括人工、材料和机械台班使用量定额三个基本部分，并列有基准价。概算定额表达的主要内容、主要方式及基本使用方法都与预算定额相近。

定额基准价=定额单位人工费+定额单位材料费+定额单位机械费

=∑(人工概算定额消耗量×人工工资单价)+∑(材料概算定额消耗量×材料预算价格)+∑(施工机械概算定额消耗量×机械台班费用单价) (9-67)

概算定额是在预算定额的基础上，经适当地合并、综合和扩大后编制的，二者的区别主要表现在以下两个方面。

(1) 预算定额反映的基本上是社会平均水平。概算定额在综合过程中，与预算定额的水平基本一致，但应使概算定额与预算定额之间留有余地，即在两者之间应保留一个必要、合理的幅度差，应控制在 5%以内。一般控制在 3%左右。这样才能使设计概算起到控制施工图预算的作用。

(2) 预算定额是按分项工程或结构构件划分和编号的，而概算定额是按工程形象部位的不同，以主体结构分部为主，将预算定额中一些施工顺序相衔接、相关性较大的分项工程合并成一个扩大分项工程项目。即在预算定额中要分别编制各个分项工程定额，而在概算定额中，只需将其合并成定额项目表中的一个项目即可。由此可见，概算定额不论在工程量计算方面，还是在编制概算书等方面，都比编制施工图预算简单，当然精确性方面就相对降低。

2. 概算定额的编制原则

概算定额，是编制初步设计概算和技术设计修正概算的依据，初步设计概算或技术设计修正概算经批准后是控制建设项目投资的依据。因此，概算定额应遵循下列原则编制。

1) 与设计、计划相适应的原则

概算定额应尽可能地适应设计、计划、统计和拨款的要求，方便建筑工程的管理工作。

2) 满足概算能控制工程造价的原则

要细算粗编。“细算”是指含量的取定上，一定要正确地选择有代表性且质量高的图纸和可靠的资料，精心计算，全面分析。“粗编”是指综合内容时，贯彻以主代次的指导思想，以影响水平较大的项目为主，并将影响水平较小的项目综合进去，但应尽量不留活口或少留活口。

3) 简明适用的原则

“简明”就是在章节的划分、项目的编排、说明、附注、定额内容和表现形式等方面清晰醒目，一目了然。“适用”就是面对本地区，综合考虑到各种情况都能应用。

4) 贯彻国家政策、法规的原则

概算定额的编制，除应严格贯彻国家有关政策、法规外，还应将国家对于工程造价控制方面的有关指导精神如“打足投资，不留缺口”“改进概算管理办法，解决超概算问题”

“工程造价实行动态管理”等贯彻到概算定额编制中去。

5) 贯彻社会平均水平的原则

3. 概算定额的主要编制依据

由于概算定额的适用范围不同，其编制依据也略有区别。编制依据一般有以下几种。

(1) 国家有关方针、政策及规定等。

(2) 现行建筑和安装工程预算定额。

(3) 现行的设计标准规范。

(4) 现行标准设计图纸或有代表性的设计图和其他设计资料。

(5) 编制期人工工资标准、材料预算价格、机械台班费用及其他的价格资料。

4. 概算定额的编制步骤

概算定额的编制一般分为三个阶段：准备阶段、编制阶段和审查报批阶段。

1) 准备阶段

准备阶段主要是确定编制机构和人员组成，进行调查研究，了解现行概算定额执行情况与存在问题，明确编制目的、编制范围。在此基础上制定概算定额的编制方案、细则和概算定额项目划分。

2) 编制阶段

收集和整理各种编制依据，对各种资料进行深入细致的测算和分析，确定人工、材料和机械台班的消耗量指标，测算、调整新编制概算定额与原概算定额及现行预算定额之间的水平。最后编制概算定额初稿。

3) 审查报批阶段

在征求意见修改之后形成报批稿，经批准之后交付印刷。

9.5.2　概算指标

概算指标是指以统计指标的形式反映工程建设过程中生产单位合格工程建设产品所需资源消耗量的水平。它比概算定额更为综合和概括，通常是以整个建筑物或构筑物为对象，以建筑面积、体积或成套设备装置的台或组为计量单位，包括人工、材料和机械台班的消耗量标准和造价指标。

1. 概算指标的作用

概算指标和概算定额、预算定额一样，都是与各个设计阶段相适应的多次性计价的产物，它主要用于投资估价、初步设计阶段，特别是当工程设计形象尚不具体时或计算分部分项工程量有困难时，无法查用概算定额，同时又必须提供建筑工程概算的情况下，利用概算指标。概算指标的作用主要如下。

(1) 可以作为编制投资估算的参考。

(2) 概算指标中的主要材料指标可以作为匡算主要材料用量的依据。

(3) 是设计单位进行设计方案比较和投资经济效果分析、建设单位选址的依据。

(4) 是编制固定资产投资计划、确定投资额和主要材料计划的主要依据。

2. 概算指标与概算定额的主要区别

1) 确定各种消耗量指标的对象不同

概算定额是以单位扩大分项工程或单位扩大结构构件为对象，而概算指标则是以整个建筑物(如 100 m^3 或 1000 m^3 的建筑物)和构筑物为对象。因此概算指标比概算定额更加综合与扩大。用概算指标来编制概算更为简便，但是，它的精确性也就更差了。

2) 确定各种消耗量指标的依据不同

概算定额以现行预算定额为基础，通过计算之后才综合确定出各种消耗量指标，而概算指标中各种消耗量指标的确定，则主要来自各种实际工程的预算或结算资料。

3. 概算指标的编制

1) 概算指标的编制依据

(1) 标准设计图纸和各类工程具有代表性的典型设计图纸。

(2) 国家颁发的建筑标准、设计规范、施工规范等。

(3) 各类工程造价资料。

(4) 现行的概算定额和预算定额及补充定额。

(5) 人工工资标准、材料预算价格、机械台班预算价格及其他价格资料。

2) 概算指标编制的原则

(1) 按平均水平确定概算指标。在市场经济条件下，概算指标作为确定工程造价的依据，应遵照价值规律的客观要求，在其编制时必须按社会必要劳动时间，贯彻平均水平的编制原则，只有这样才能使概算指标合理确定和控制工程造价的作用得到充分发挥。

(2) 概算指标的内容和表现形式，要简明适用。为适应市场经济的客观要求，概算指标的项目划分应根据用途的不同，确定其项目的综合范围，遵循粗而不漏、适用面广的原则，体现综合扩大的性质。概算指标从形式到内容应简明易懂，要便于在采用时根据拟建工程的具体情况进行必要的调整换算，能在较大范围内满足不同用途的需要。

(3) 概算指标的编制依据，必须具有代表性。编制概算指标所依据的工程设计资料，应是有代表性的，技术上先进、经济上合理。

3) 概算指标的编制步骤

(1) 首先成立编制小组，拟定工作方案，明确编制原则和方法，确定指标的内容及表现形式，确定基价所依据的人工工资单价、材料预算价格、机械台班单价。

(2) 编制概算指标。收集整理编制指标所必需的标准设计、典型设计以及有代表性的工程设计图纸，设计预算等资料，计算出每一结构构件或分部工程的工程数量。

(3) 在计算工程量指标的基础上，按基价所依据的价格要求计算综合指标，并计算必要的主要材料消耗指标，用于调整价差的万元人工、材料和机械的消耗指标，一般可按不同类型的工程划分项目进行计算。

(4) 计算出每平方米建筑面积和每立方米建筑物体积的单位造价，计算出该计量单位所需要的主要人工、材料和机械实物消耗量指标，次要人工、材料和机械的消耗量，综合为其他人工、其他机械、其他材料，用金额“元”表示。

(5) 最后经过核对审核、平衡分析、水平测算、审查定稿，才能最后定稿报批。随着有使用价值的工程造价资料积累制度和数据库的建立，以及计算机、网络的充分发展利用，

概算指标的编制工作将得到根本改观。

9.5.3　投资估算指标

投资估算是指在建设项目的投资决策阶段，确定拟建项目所需投资数量的费用计算文件。编制投资估算的主要目的：一是作为拟建项目投资决策的依据，二是作为拟建项目实施阶段投资控制的目标值。

工程建设投资估算指标是编制建设项目建议书、可行性研究报告等前期工作阶段投资估算的依据，也可以作为编制固定资产长远规划投资额的参考。投资估算指标为完成项目建设的投资估算提供依据和手段，它在固定资产的形成过程中起着投资预测、投资控制、投资效益分析的作用，是合理确定项目投资的基础。

估算指标中的主要材料消耗量也是一种扩大材料消耗量指标，可以作为计算建设项目主要材料消耗量的基础，估算指标的正确制定对于提高投资估算的准确度、对建设项目的合理评估、正确决策具有重要的意义。

1. 投资估算指标的编制原则

投资估算指标属于项目建设前期进行估算投资的技术经济指标，它不但要反映实施阶段的静态投资，还必须反映项目建设前期和交付使用期内发生的动态投资。以投资估算指标为依据编制的投资估算，包含项目建设的全部投资额。投资估算指标比其他各种计价定额具有更大的综合性和概括性。因此，投资估算指标的编制工作，除了应遵循一般定额的编制原则外，还必须坚持下述原则。

(1) 投资估算指标项目的确定，应考虑以后几年编制建设项目建议书和可行性研究报告投资估算的需要。

(2) 投资估算指标的分类、项目划分、项目内容、表现形式等要结合各专业的特点，并且要与项目建议书、可行性研究报告的编制深度相适应。

(3) 投资估算指标的编制内容，典型工程的选择，必须遵循国家的有关建设方针政策，符合国家技术发展方向，贯彻国家高科技政策和发展方向原则，使指标的编制既能反映现实的科技成果、正常建设条件下的造价水平，也要尽量使其能适应今后若干年的科技发展水平。

(4) 投资估算指标的编制要反映不同行业、不同项目和不同工程的特点，投资估算指标要适应项目前期工作深度的需要，具有更大的综合性。投资估算指标的编制必须密切结合行业特点、项目建设的特定条件，在内容上既要贯彻指导性、准确性和可调性的原则，又要具有一定的深度和广度。

(5) 投资估算指标的编制要体现国家对固定资产投资实施间接调控作用的特点。要贯彻能分能合、有粗有细、细算粗编的原则，使投资估算指标能满足项目建议书和可行性研究各阶段的要求，既要有能反映一个建设项目的全部投资及其构成的指标，又要有组成建设项目投资的各个单项工程投资指标；做到既能综合使用，又能个别分解使用，使投资估算能够根据建设项目的具体情况合理准确地编制。

(6) 投资估算指标的编制要贯彻静态和动态相结合的原则。要考虑到建设期的价格、建

设期利息、固定资产投资方向调节税及涉外工程的汇率等动态因素对投资估算的影响，尽可能减少这些动态因素对投资估算准确性的影响，使指标具有较强的实用性和可操作性。

2. 投资估算指标的内容

投资估算指标是确定和控制建设项目全过程各项投资支出的技术经济指标，其范围涉及建设前期、建设实施期和竣工验收交付使用期等各个阶段的费用支出，内容因行业不同而各异，一般可分为建设项目综合指标、单项工程指标和单位工程指标三个层次。

1) 建设项目综合指标

建设项目综合指标指按规定应列入建设项目总投资的从立项筹建开始至竣工验收交付使用的全部投资额，包括单项工程投资、工程建设其他费用和预备费等。

建设项目综合指标一般以项目的综合生产能力单位投资表示，如“元 / t”“元 / kW”，或以使用功能表示，如医院床位：“元 / 床”。

2) 单项工程指标

单项工程指标指按规定应列入能独立发挥生产能力或使用效益的单项工程内的全部投资额，包括建筑工程费，安装工程费，设备、工器具及生产家具购置费和其他费用。单项工程一般按主要生产设施、辅助生产设施、公用工程、环境保护工程、总图运输工程、厂区服务设施、生活福利设施、厂外工程等进行划分。单项工程指标一般以单项工程生产能力单位投资额表示，如“元/t”“元/ m^3 ”等。

3) 单位工程指标

单位工程指标指按规定应列入能独立设计、施工的工程项目的费用，即建筑安装工程费用。单位工程指标一般以如下方式表示：如房屋区别不同结构形式以“元/ m^2 ”表示；管道区别不同材质、管径以“元/ m^3 ”表示等。

3. 投资估算指标的编制方法

投资估算指标的编制工作，涉及建设项目的产品规模、产品方案、工艺流程、设备选型、工程设计和技术经济等各个方面，既要考虑到现阶段的技术状况，又要展望近期技术发展趋势和设计动向，从而可以指导以后建设项目的实践。投资估算指标的编制应当成立专业齐全的编制小组，编制人员应具备较高的专业素质，并应制定一个包括编制原则、编制内容、指标的层次相互衔接，含有项目划分、表现形式、计量单位、计算、复核、审查程序等内容的编制方案或编制细则，以便编制工作有章可循。投资估算指标的编制一般分为三个阶段进行。

1) 收集整理资料阶段

收集整理已建成或正在建设的，符合现行技术政策和技术发展方向，有可能重复采用的、有代表性的工程设计施工图、标准设计以及相应的竣工决算或施工图预算资料等，这些资料是编制工作的基础。资料收集得越广泛，反映出的问题越多，编制工作考虑得越全面，就越有利于提高投资估算指标的实用性和覆盖面。同时，对调查收集到的资料要选择占投资比重大、相互关联多的项目进行认真的分析整理，由于已建成或正在建设的工程的设计意图、建设时间和地点、资料的基础等不同，相互之间的差异很大，需要去粗取精、去伪存真地加以整理，才能重复利用。将整理后的数据资料按项目划分栏目加以归类，按照编制年度的现行定额、费用标准和价格，调整成编制年度的造价水平。

2) 平衡调整阶段

由于调查收集的资料来源不同，虽然经过一定的分析整理，但难免会由于设计方案、建设条件和建设时间上的差异带来某些影响，使数据失准或漏项等，因而必须对有关资料进行综合平衡调整。

3) 测算审查阶段

测算是将新编的指标和选定工程的概预算，在同一价格条件下进行比较，检验其“量差”的偏离程度是否在允许偏差的范围之内。如偏差过大，则要查找原因，进行修正，以保证指标的确切、实用。测算同时也是对指标编制质量进行一次系统检查，应由专人进行，以保持测算口径的统一，在此基础上组织有关专业人员予以全面审查定稿。

9.6　分部分项工程单价

本节主要介绍分部分项工程单价的相关知识，其中包括工程单价的概念与性质、分部分项工程单价的编制方法等内容。

9.6.1　工程单价的概念与性质

1. 分部分项工程单价的含义

所谓分部分项工程单价，一般是指单位假定建筑安装产品的不完全价格，通常是指建筑安装工程的预算单价和概算单价。

工程单价是在采用单位估价法编制工程预算时形成的特有概念。现阶段我国建设工程的工程单价有两种形式：一是直接工程费单价即按预算定额、概算定额和人工工资、材料预算价格、机械台班费用计算的直接工程费。二是综合单价，它不仅含有人工、材料、机械台班三项费用，而且包括除规费、税金以外的全部费用。这种分部分项工程单价仍然是建筑安装产品的不完全价格。

2. 分部分项工程单价的种类

1) 按工程单价的适用对象划分

(1) 建筑工程单价。

(2) 安装工程单价。

2) 按用途划分

(1) 预算单价。如单位估价表、单位估价汇总表和安装价目表中所计算的工程单价。在预算定额和概算定额中列出的“预算价值”或“基价”，都应视为该定额编制时的工程单价。

(2) 概算单价。如在单位价值计算表中所计算的工程单价。

3) 按适用范围划分

(1) 地区单价。根据地区性定额和价格等资料编制，在地区范围内使用的工程单价属地区单价。如地区单位估价表和汇总表所计算和列出的预算单价。

(2) 个别单价。为适应个别工程编制概算或预算的需要而计算出的工程单价。

4) 按编制依据划分

(1) 定额单价。

(2) 补充单价。

5) 按单价的综合程度划分

(1) 直接工程费单价。分部分项工程直接工程费单价只包括人工费、材料费和机械台班使用费。

(2) 部分费用单价。分部分项工程部分费用单价除直接工程费，还包括企业管理费、利润。

(3) 全费用单价。分部分项工程全费用单价，即在单价中包含直接工程费、间接费、利润和税金。

3. 工程单价的用途

利用工程单价可以：确定和控制工程造价；编制统一性地区工程单价；对结构方案进行经济比较，优选设计方案；进行工程款的期中结算。

4. 工程单价与市场价

工程单价是编制概预算的特有概念，是通过定额量确定建筑安装概预算要素直接费的基本计价依据，是国家或地方价格管理部门有计划地制定和调整的价格。市场价格则是市场经济规律作用下的市场成交价，是完整商品意义上的商品价值的货币表现。它属于自由价格，是受市场调节制约的一种市场价。

它们的区别就在于：工程定额单价比较稳定，便于按照规定的编制程序进行概预算造价或价格的确定，有利于投资预测和企业经济核算即“两算对比”，但是它管得过严、过死，不适应于市场经济；与工程定额单价相比，市场价则比较灵活，能及时反映建筑市场行情、商品价值量和市场供求价格变化，符合以市场形成价格为主的价格机制要求，有利于要素资源的合理配置和企业竞争，但是它往往带有一定的自发性和盲目性。为克服市场价的消极影响，需以价格手段，如发布建筑材料价格信息、市场指导价等来调控市场价。

9.6.2　分部分项工程单价的编制方法

1. 工程单价的编制依据

工程单价的编制依据主要有：预算定额和概算定额；人工单价、材料预算价格和机械台班单价；措施费、规费、利润和税金的取费标准。

2. 工程单价的确定方法

1) 分部分项工程的直接工程费单价(基价)

分部分项工程的直接工程费单价 (基价)，包括单位分部分项工程的人工费、材料费、机械使用费，其确定方法见 9.3 节。

2) 综合单价

综合单价是指完成工程量清单中一个规定计量单位项目，例如分部分项工程所需的人工费、材料费、机械使用费、管理费和利润之和，并考虑风险因素。不包括为了工程项目施工，发生于该工程施工前和施工过程中技术、生活、安全等方面的非工程实体项目费用和按政府规定应交的税费。这是一种市场价格。随着《建设工程工程量清单计价规范》的推广执行，综合单价将被广泛应用于工程的投标报价和工程造价的确定。

综合单价包括完成规定计量单位的合格产品除规费、税金以外的全部费用，不但适用于分部分项工程量清单，也适用于措施项目清单、其他项目清单等。分部分项工程量清单的综合单价，不得包括招标人自行采购材料的价款。

$$综合单价=人工费+材料费+机械使用费+管理费+利润 \tag{9-68}$$

$$分部分项工程费=\sum 分部分项工程量\times 分部分项工程综合单价 \tag{9-69}$$

其中，分部分项工程综合单价由人工费、材料费、机械费、管理费、利润等组成，并考虑风险费用。

$$措施项目费=\sum 措施项目工程量\times 措施项目综合单价 \tag{9-70}$$

其中，措施项目包括通用项目、建筑工程措施项目、安装工程措施项目和市政工程措施项目，措施项目清单中所列的措施项目均以“一项”提出，计价时，首先应详细分析其所含工程内容，然后确定其综合单价。

措施项目因项目的不同，其综合单价的组成内容可能有差异，招标人提出的措施项目清单是根据一般情况确定的，没有考虑不同投标人的“个性”，投标人在报价时，可以根据本企业的实际情况增加措施项目内容报价。

$$单位工程报价=分部分项工程费+措施项目费+其他项目费+规费+税金 \tag{9-71}$$

其中，其他项目费用是指除分部分项工程费和措施项目费用以外，该工程项目施工中可能发生的其他费用，如招标文件中要求的预留金、总包服务费等。

$$单项工程报价=\sum 单位工程报价 \tag{9-72}$$

$$建设项目总报价=\sum 单项工程报价 \tag{9-73}$$

本 章 小 结

定额作为一门对生产消费进行研究和科学管理的重要学科应运而生，并随着时代的变迁而更新，对于工程建设定额的制定也随之在深入的研究和发展之中。施工定额，是完成一定计量单位产品所必需的人工、材料和施工机械台班消耗量的标准，由劳动定额、材料消耗定额和机械台班消耗定额构成。概算定额是指在正常的生产建设条件下，为完成一定计量单位的扩大分项工程或扩大结构构件的生产任务所需人工、材料和机械台班的消耗数量标准。

思考与练习

(1) 根据定额的用途和适用范围可以把工程建设定额划分为哪几种不同的类型？

(2) 人工、材料、机械台班的定额消耗量指标是如何确定的？

(3) 简述人工单价、材料单价的确定方法及影响因素。

(4) 什么是幅度差？简述幅度差的产生及影响因素。

(5) 如何理解定额水平的高低？

(6) 简述概算定额、预算定额、施工定额的定额水平及确定方法的差别。

(7) 简述概算指标、投资估算指标的概念及作用。

(8) 某装修公司采购一批花岗石，运至施工现场，已知该花岗石出厂价为 1200 元/m^2，包装费为 5 元/m^2，运杂费为 50 元/m^2，当地供销部门手续费率为 2%，当地造价管理部门规定材料采购及保管的费率为 2%，该花岗石的预算价格是多少？

第 10 章　工程造价的动态调整及管理

学习目标

(1) 了解工程造价管理的含义以及学习工程造价管理的意义。

(2) 知道工程造价的调整方法。

本章导读

加强项目施工全过程的造价控制，是当前施工企业创效增收的主要手段之一。在竞争日益激烈的市场环境下，施工企业为了生存和发展，根据自身的特点，积极倡导“合理预测、静态控制、动态管理”的施工造价管理方式，正确处理好工程造价、工期和质量的辩证关系，把“技术与经济相结合”的宗旨贯穿到整个施工过程中。

项目案例导入

为进一步加强和完善建设工程造价动态管理，根据省建设厅、发改委、财政厅《关于印发浙江省建设工程计价规则和计价依据(2003 版)的通知》(浙建〔2004〕45 号)，结合我市实际情况，现就我市工程造价动态管理有关事项通知如下。

(1) 对于单项工程造价 200 万元以内或合同工期在 12 个月以内，预计合同履行期价格变动不大的工程，结算价格可以包死。其他工程动态管理调整方法可采取以下三种方法。

① 分段计算。按照工程形象进度，划分不同阶段，实行分段计算。结算价格以相应阶段的各月份市场信息价格或市场价格为基础，按算术平均法计算出单项价格要素的结算价格。

② 一次性计算。结算价格以合同工期前 80%各月份市场信息价或市场价格为基础，按算术平均法计算出单项价格要素的结算价格。

③ 按月(季)计算。实行建设监理制度的工程，宜参照国际惯例，按月(季)测定完成的工程量，依据当月(季)市场信息价格或市场价格，分月度(或季度)计补价差。

国有投资工程宜采用第①点方法计算，对于难以划分阶段的工程可采用第②点方法计算。

(2) 实行价格动态管理的价格要素，需在招标文件和合同中明确约定具体种类和结算调整方法，并充分考虑工期、市场等因素的影响。

价格要素的数量确定办法应在招标文件中约定并写入合同，事先无约定或约定不明的，应参照中标单位所报的价格要素数量进行动态调整。

(3) 人工费动态管理按人工费指数法调整，造价管理部门负责全市范围建设工程人工价格指数的测算和发布工作。人工费调整幅度为施工期间平均人工费指数与招投标期间人工费指数的比值。调整公式如下：

人工费动态调整额=人工费总额×(调整期间平均人工费指数÷招投标期间人工费指数-1)。

其中：人工费总额由双方自行约定或参考造价管理部门发布的人工费占工程造价的比例计算。

(4) 造价动态调整额仅计取规费及税金。

凡在 2008 年 3 月 1 日以后经招投标管理机构批准招标或非招标未签订合同的工程，均

按本通知执行，2008 年 3 月 1 日以前已发出招标文件或签订合同的工程则不作改变。

本案例中体现了工程造价的动态调理。我们如何实现既兼顾市场经济的动态变化，合理调整工程造价，又能避免工程造价失控，同时保证其他竞争者的权益？动态调理主要有哪些方法？工程造价的管理包括哪些？这些都将在本章中介绍。

10.1 工程造价的管理

本节主要介绍工程造价管理的相关知识，其中包括工程造价管理的含义、意义、目的和注意事项。

10.1.1 工程造价管理的含义

工程造价管理的两种含义：一是建设工程投资费用管理，二是工程价格管理。

工程造价计价依据的管理和工程造价专业队伍建设的管理则是为这两种管理服务的。作为建设工程的投资费用管理，它属于工程建设投资管理范畴。工程建设投资费用管理，是指为了实现投资的预期目标，在撰写的规划、设计方案的条件下，预测、计算、确定和监控工程造价及其变动的系统活动。

工程价格管理，属于价格管理范畴。在微观层次上，是生产企业在掌握市场价格信息的基础上，为实现管理目标而进行的成本控制、计价、定价和竞价的系统活动。在宏观层次上，是政府根据社会经济的要求，利用法律手段、经济手段和行政手段对价格进行管理和调控，以及通过市场管理规范市场主体价格行为的系统活动。

10.1.2 工程造价管理的意义

工程造价管理是运用科学、技术原理和方法，在统一目标、各负其责的原则下，为确保建设工程的经济效益和有关各方面的经济权益而对建筑工程造价管理及建安工程价格所进行的全过程、全方位的符合政策和客观规律的全部业务行为和组织活动。建筑工程造价管理是一个项目投资的重要环节。

我国是一个资源相对缺乏的发展中国家，为了保持适当的发展速度，需要投入更多的建设资金，而筹措资金很不容易。因此，从这一基本国情出发，如何有效地利用投入建设工程的人力、物力、财力，以尽量少的劳动和物质消耗，取得较高的经济和社会效益，保持我国国民经济持续、稳定、协调发展，就成为十分重要的问题。

10.1.3 工程造价管理的目的

工程造价管理的目的不仅在于控制项目投资不超过批准的造价限额，更在于坚持倡导艰苦奋斗、勤俭建国的方针，从国家的整体利益出发，合理使用人力、物力、财力，取得最大投资效益。

10.1.4　注意事项

1. 加强施工承包合同管理

建筑工程施工承包合同是业主、监理、施工各方控制工程造价的主要依据之一，是为完成某建筑安装工程项目，明确甲、乙双方权利和义务的协议。它一经签订，是严格受到国家法律保护的。所以，要增强对合同的法律意识，把握合同条款的内涵，精心推敲合同文字的措辞，增强合同条款的严密性。在施工前，应与业主、监理、施工各方进行协商，明确合同的内容和范围以及合同文本界限，做到资料齐全、文字严密，避免含糊其辞，这样才能保证合同的顺利履行，以避免施工中和结算时双方发生争议。

2. 合理编制施工组织设计

施工组织设计是指导工程投标、签订承包合同、施工准备和施工全过程的技术经济文件，工程造价的确定，是以施工组织设计为依据，并综合考虑企业现有的人力资源、施工设备的配备情况、施工任务的饱满情况等诸多因素。工程造价是由施工组织设计确定，工程造价的高低除了与预算知识有关外，很大程度上取决于施工方案的先进与否，不同的施工方案所反映的价格是不一样的。只有根据合理的施工方案和施工技术，才能做出正确的工程单价，确定的工程造价才合理。

3. 严把材料、设备订货关

工程材料价格管理是工程造价管理的重点，也是难点。“市场形成价格”这一理论要求我们正确对待价格信息。为了控制工程造价，应主动去了解市场，控制工程造价，走向市场，了解比较多家材料供应商的产品质量和价格，筛选出几家质优、价廉的材料、设备供应商，并与这些供应商建立长期的联系，及时了解材料、设备的价格变化情况，同时，适时掌握周边商家的材料、设备价格情况。认真研究拟采购的材料、设备的技术问题，认真推敲合同的技术条款从而能较好地控制材料、设备的质量和价格，杜绝因设备采用、安装问题对今后造成不良影响，合理控制工程造价。

10.2　工程造价的调整方法

根据工程量清单计价方法下已形成的合同价格，我们如何实现既兼顾市场经济的动态变化，合理调整工程造价，又能避免工程造价失控，同时，保证其他竞争者的权益？本节提出在确定了合同价格的同时，结合施工期的市场变化情况，在工程的竣工期，对工程的合同价格进行调整，达到工程造价与市场相结合，以实现工程造价的动态管理。

10.2.1　实际价格调整法

这种方法在工程建设项目中较为少见，常为较小规模的工程项目、由建设单位自筹自建项目所采用。施工前期利用工程量清单列明施工项目和各施工项目单价，汇总工程总造

价，在综合单价分析表中列明每个施工项目单价的价格组成，如人工、主要材料、其他材料、机械费、企业管理费、现场经费、利润等。在实际施工过程中，记录各种材料的采购价格，在工程结算时，按实际采购价格调整。

这种方法虽然简便，但是对工程造价的控制较为被动，同时价格风险完全由发包人承担也不合理，在目前的工程量清单计价模式下很少使用。当建材市场波动过大，或由建设单位自筹自建项目中，时常使用。但在使用中，并非每种材料价格都要调整，通常双方规定对钢材、木材、水泥、电缆、管材等予以调整。在调整时因按承包人实际采购发票实报实销，在目前我国经济体制和法律制度不健全的情况下，发票的可信度有待调查，同时上述工程的结算过程是在未考虑损耗率的情况下进行的，如按发票的实际采购价格和采购数量直接进入结算，那么施工企业的生产水平和管理水平无法予以控制，而且采购后的材料外调也无法得到监视，故而按地区定期公布的材料价格信息进行调整就显得进步了许多。

10.2.2 调价文件计算法

这种方法是合同双方采取按当时预算价格承包，在合同工期内按照造价管理部门调价文件的规定，进行抽料补差。价格一般根据工程造价管理部门发布的材料价格执行。材料价格的调整按照地区定期公布的工程造价信息进行调整，因工程的建设期为一时间段，在此时间段内，地区工程造价管理部门不断地根据上一期市场动态和对本期预测定期公布工程造价信息，结算时，为计算方便，通常按工程竣工日期所处的当期工程造价信息的材料公布价格调整结算时的材料价格。即无论施工单位采购的是市场高价还是低价，均不作为结算依据，而以该地区公布的工程竣工日期所处的当期工程造价信息的材料公布价格为依据。按调价文件计算法调整工程的结算，其优点是按地区定期公布的建筑材料价格进行调整，可信度高，同时反映的是正常社会一般水平的材料销售价格，并不因个别工程的送货距离远近、采购材料的数量多寡、付款情况的好坏、双方合作关系如何以及谈判技巧等个性差异，造成材料采购价格差异。相比根据施工单位的发票价格调整结算的办法，该方法对发包人较为公平，对于承包人给予一定的采购压力，促使承包人增强紧迫性和市场压力，努力降低工程成本。

但根据调价文件计算法调整工程的结算也有一定的弊端，就是工程竣工日期所处当期的工程造价信息的材料公布价格，可能是工程建设期间的市场高价位，这样施工单位便可能获取价格差收益，而发包人蒙受了一定损失；如果工程竣工日期所处当期的工程造价信息的材料公布价格是工程建设期间的市场低价位，则施工单位蒙受了一定的损失，而发包人则由于价格差节省了投资资金。但无论上述何种情况，都是社会资源的不均衡分配。

10.2.3 工程造价指数法

1. 工程造价指数简介

工程造价指数按研究范围可分为单项价格指数和综合造价指数。

单项价格指数是分别反映各类工程的人工、材料、施工机械及主要设备报告期价格对

基期价格的变化程度的指标，如人工费价格指数、主要材料价格指数、施工机械台班价格指数、主要机械价格指数等。利用它可研究主要单项价格变化的情况及其发展变化的趋势。

综合造价指数是综合反映各类项目或单项工程人工费、材料费、施工机械使用费和设备费等报告期价格对基期价格变化而影响工程造价程度的指标，是研究造价总水平变动趋势程度的主要依据，如建筑安装工程造价指数、建设项目或单项工程造价指数、建筑安装工程直接费造价指数、其他直接费及间接费造价指数、工程建设其他费用造价指数等。

2. 工程造价指数的编制

工程造价指数一般应按各主要构成要素(建安工程造价、设备工器具购置费、工程建设其他费用等)分别编制价格指数，然后经汇总得到工程造价指数。

1) 建安工程造价指数

$$\text{建安工程造价指数}=\text{人工费指数}\times\text{基期人工费占建安工程造价的比例}+\sum(\text{单项材料价格指数}\times\text{基期该单项材料费占建安工程造价的比例})+\sum(\text{单项施工机械台班指数}\times\text{基期该单项机械费占建安工程造价的比例})+\text{其他直接费、间接费综合指数}\times\text{基期其他直接费、间接费占建安工程造价的比例} \tag{10-1}$$

其中，各项人工费、材料费、机械费指数的计算均按报告期人工、材料、机械的预算价格与基期人工、材料、机械的预算价格之比进行。

2) 设备、工器具价格指数

一般可按下列公式计算：

$$\text{设备、工器具价格指数}=\sum(\text{报告期设备、工器具单价}\times\text{报告期购置数量})\div(\text{基期设备、工器具单价}\times\text{报告期购置数量}) \tag{10-2}$$

3) 工程建设其他费用指数

可以按照每万元投资额中的其他费用支出定额计算，计算公式为：

$$\text{工程建设其他费用指数}=\text{报告期每万元投资支出中其他费用}\div\text{基期每万元投资支出中其他费用} \tag{10-3}$$

最后经综合得到单项工程造价指数，其计算公式为：

$$\text{单项工程造价指数}=\text{建安工程造价指数}\times\text{基期建安工程费占总造价的比例}+\sum(\text{单项设备价格指数}\times\text{基期该项设备费占总造价的比例})+\text{工程建设其他费用指数}\times\text{基期工程建设其他费用占总造价的比例} \tag{10-4}$$

3. 工程造价指数的运用

1) 工程造价指数的用途

(1) 分析价格变动趋势及原因。

(2) 指导承发包双方进行工程估价和结算。

(3) 预测工程造价变化对宏观经济形势的影响。

2) 工程造价指数的作用

(1) 可以利用工程造价指数分析价格变动趋势及其原因。

(2) 可以利用工程造价指数估计工程造价变化对宏观经济的影响。

(3) 工程造价指数是工程承发包双方进行工程估价和结算的重要依据。

4. 工程造价指数的分类

1) 按照工程范围、类别、用途分类

即前面介绍的单项价格指数和综合造价指数。

2) 按造价资料的期限长短分类

(1) 时点造价指数：是不同时点(例如 1999 年 9 月 9 日 0 时对上一年同一时点)价格对比计算的相对数。

(2) 月指数：是不同月份价格对比计算的相对数。

(3) 季指数：是不同季度价格对比计算的相对数。

(4) 年指数：是不同年度价格对比计算的相对数。

3) 按不同基数分类

(1) 定基指数：是各时期价格与某固定时期的价格对比后编制的指数。

(2) 环比指数：是各时期价格都以其前一期价格为基础计算的造价指数。例如，与上月对比计算的指数，为月环比指数。

本章小结

工程造价管理的两种含义：一是建设工程投资费用管理，二是工程价格管理。建筑工程造价管理是一个项目投资的重要环节。工程造价管理的目的不仅在于控制项目投资不超过批准的造价限额，更在于坚持倡导艰苦奋斗、勤俭建国的方针，从国家的整体利益出发，合理使用人力、物力、财力，取得最大投资效益。工程造价的调整方法有实际价格调整法、调价文件计算法和工程造价指数法。

思考与练习

(1) 工程造价管理的内容是什么？

(2) 工程造价的调整方法有哪些？

(3) 简述工程造价管理的目的和意义。

第 11 章　建设项目工程造价的审计

学习目标

(1) 熟悉不同阶段审计的依据内容。

(2) 掌握建设项目工程造价审计的方法。

本章导读

工程造价审计，尤其是政府审计部门以及社会审计组织对工程造价的审计是提高工程造价控制水平及投资效果的重要手段，是对工程造价管理方法的完善，是造价管理人员应掌握的基本技能之一。本章主要介绍了建设项目不同阶段工程造价审计的依据及方法。

项目案例导入

岳家嘴职工住宅小区二期工程，工程总建筑面积 21.83 万平方米，框架结构，包括 3 个标段共 17 栋单体住宅以及 1 个综合型地下人防车库组成，工程设计概算 5.034 亿元，其中建筑安装工程费 3.71 亿元。2008 年 2 月工程进入施工阶段招投标程序，由湖北省成套招标有限公司主持编制了该期工程项目的工程量清单及拦标价，总金额为 3.18 亿元。公司审计人员共 8 人用 8 天时间对以上结果进行了审核。

建设项目工程造价管理和控制贯穿于建设项目全过程，如何合理确定和有效控制建设项目工程造价，发挥审计机关在工程项目建设过程中的审计监督作用，以促进建设项目投资管理，提高投资效果？在工程项目中，进行项目审核应该遵从什么依据？审计可以采取什么方法？这些都是本章将要讨论的内容。

11.1　工程造价审计概述

审计一词最早见于宋代的《宋史》，是“审查会计账簿”的意思。发展到今天，审计的含义有了新的补充，在我国审计理论和实务工作者普遍认为：“审计是由专职机构和人员，对被审计单位的财政、财务收支及其他经济活动的真实性、合法性和效益性进行审查和评价的独立性经济活动。”

审计在我国源远流长，西周就有从事审计职责的“宰夫”，但是中华人民共和国成立时，学习苏联，以会计检查代替了审计，国家没有设立独立的审计机构。这样的会计检查由于缺乏独立性，无法适应经济的发展。直到 1983 年 9 月，中华人民共和国审计署成立，成为国务院的组成部门，县级以上地方各级人民政府也相继设立审计机关，审计工作才在全国范围内逐步展开；特别是自 1995 年 1 月 1 日《中华人民共和国审计法》颁布实施以来，全国各级审计机关不断建立健全审计法规，拓展审计领域，规范审计行为，探索审计方法，审计工作初步走上了法制化、制度化、规范化的轨道。

建设项目工程造价审计是指由专职审计机构的专业审计人员对建设项目工程造价形成

过程中的经济资料和经济活动，根据国家的有关法规，运用专门的方法，进行审查、复核等的一种独立性的经济监督活动。《中华人民共和国审计法》第二十三条规定：审计机关对国家建设项目预算的执行情况和决算，进行审计监督。随后针对造价审计的开展颁布了《审计机关对国家建设项目预算(概算)执行情况审计实施办法》、《审计机关对国家建设项目竣工决算审计实施办法》等一系列法律文件，使建设项目造价审计成为审计的一门新兴学科。

11.1.1 造价审计的主体

审计的主体是指实施审计活动的当事人，与其他专业审计一样，我国建设项目造价审计的主体由政府审计机关、社会审计组织和内部审计机构三大部分构成。

1. 政府审计机关

我国国务院设置的审计署及其派出机构和地方各级人民政府设置的审计厅(局)都属于政府审计机关。政府审计机关重点审计以国家投资或融资为主的基础性项目和公益性项目。

2. 社会审计组织

社会审计组织是指经政府有关部门批准和注册的社会中介组织，如会计师事务所、造价咨询机构，它们以接受被审单位或审计机关的委托的方式对委托审计的项目实施审计。在我国的审计实务中，社会审计组织接受建设单位委托实施审计的项目大多为以企业投资为主的竞争性项目，接受政府审计机关委托进行审计的项目大多为基础性项目或公益性项目。

3. 内部审计机构

内部审计机构是指部门或单位内设的审计机构。在我国，它由本部门、本单位负责人直接领导，接受国家审计机关和上级主管部门内部审计机构的指导和监督。内部审计机构重点审计在本单位或本系统内投资建设的所有建设项目。

无论是哪一种审计主体，在从事建设项目造价审计工作时，必须保持审计上的独立性。审计的独立性是指项目审计机构和审计人员在审计中应独立于项目的建设与管理的主体之外，即审计机构和审计人员在经济上、业务上和行政关系上不与被审项目的主体发生任何关系。对于内部审计人员来说，独立性还要求其保持良好的组织状态和精神上的客观性，应不受行政机构、社会团体或个人的干涉。审计的独立性是审计的本质，是保证审计工作顺利进行的必要条件。独立性可使审计人员提出客观的、公正的和不偏不倚的鉴定或评价，这对正常地开展审计工作是必不可少的。审计的独立性应体现在建设项目造价审计的全过程之中，主要表现在审计的实施阶段和审计报告阶段。

11.1.2 造价审计的客体

审计的客体亦即审计主体作用的对象，按照审计的定义，审计的客体在内涵上为审计内容或对审计内容在范围上的限定。建设项目造价审计的客体是指项目造价形成过程中的经济活动及相关资料，包括投资估算、设计概算、施工图预算和竣工决算中的所有工作以及涉及的资料。在外延上为被审计单位，在建设项目造价审计中，主要是指项目的建设单位、设计单位、施工单位、金融机构、监理单位以及参与项目建设与管理的所有部门或单位。

11.1.3　造价审计的目标、依据及作用

1. 审计目标

审计目标是指审计活动所期待的结果。建设项目工程造价审计属于一门专项审计，其目的是确定建设项目造价确定过程中的各项经济活动及经济资料的合法性、公允性、合理性、效益性。

1) 合法性

合法性是指建设项目造价确定过程中的各项经济活动是否遵循法律、法规及有关部门规章制度的规定。在工程项目造价审计中主要审计编制依据的合法性，审查采用的编制依据是否是经过国家或授权机关的批准，编制程序是否符合国家的编制规定；还要审查编制依据的适用范围，如主管部门规定各种专业定额及取费标准只能用于该部门的专业工程，各地区规定的各种定额及取费标准只适用于该地区。

2) 公允性

公允性是指建设项目的造价材料是否真实反映了造价的真实情况，是否有多列、虚列和漏列的项目；工程量计算是否符合规定，计算规则是否准确；工程取费是否执行相应计算基数和费率标准；设备、材料用量是否与定额含量或设计含量一致，设备、材料是否按国家定价或市场计价；利润和税金的计算基数、利润率、税率是否符合有关规定；预算项目是否与图纸相同。

3) 合理性

建设工程造价的合理性是指造价的组成是否必要，取费标准是否合理，有无不当之处，有无高估冒算、弄虚作假、多列费用加大开支等问题。

4) 效益性

效益性是指建设投资是否花费最小，在各预定建设方案中以及建成投产后是否效益最大。

2. 审计依据

建设项目工程造价的审计依据由以下三个层次组成。

1) 法律、法规

这是建设项目工程造价审计时必须严格遵照执行的硬性依据，主要包括：《中华人民共和国审计法》、《中华人民共和国预算法》、《中华人民共和国建筑法》、《中华人民共和国价格法》、《中华人民共和国税法》、《中华人民共和国土地法》以及国家、地方和各行业定期或不定期颁发的相关文件规定及强制性的标准等。

2) 资料文件

资料文件主要有设计施工图纸、合同、可行性研究报告以及概、预算文件等。

3) 相关的技术经济指标

相关的技术经济指标具体是指造价审计中所依循的概算定额、概算指标、预算定额、费用定额以及有关技术经济分析参数指标等。

建设项目审计的依据不是一成不变的，审计人员在使用这些依据时，必须要注意依据的时效性、地区性。

3. 审计的作用

建设项目工程造价的编制与执行反映在建设项目工程的各个阶段，项目造价管理在项目管理中发挥了不可低估的作用，要进行项目管理，必须首先控制造价，这是节约投资、科学决策的最有效途径。鉴于此，对建设项目进行造价审计显得格外重要。建设项目造价审计的作用主要体现在以下两个方面。

1) 制约作用

建设项目工程造价审计的制约作用是指审计单位对被审计单位在造价形成的经济活动和经济资料中的错误和弊端进行揭示、披露及处罚等手段，从而预防和制止其中的消极因素的作用。在实际中，“三超”非常严重，其中有许多是由于设计、施工质量低劣的原因，也有些是主观思想的原因，许多主体单位故意高估冒算，存在“审出就减，审不出就赚，粗审多赚，细审少赚”的想法，从而使投资规模失控。建设项目工程造价审计可以控制建设项目的投资规模，提高投资效益。

2) 促进作用

建设项目工程造价审计的促进作用是指审计单位通过对被审计单位的有关造价形成的经济活动和经济资料的合理性及有效性的审查，找出被审单位经济活动中存在的问题，了解经济活动中的薄弱环节，进一步提出改进意见和建议。例如，在初步设计阶段引入概算审计，通过审计单位对初步设计方案的详细审查，审计设计概算的真实性和准确性，并及时反映设计方案中的问题，从而保证设计方案经济、适用。

11.2 工程造价审计的内涵

本节主要介绍工程造价审计的内涵，其中包括投资估算审计、设计概算审计、施工图预算审计、竣工决算审计等内容。

11.2.1 投资估算审计

投资估算是项目决策的重要依据之一，是国家审批项目建议书和项目设计任务书的重要依据，也是项目决策的一项重要经济性指标。投资估算审计主要是审计估算材料的科学性及合理性，保证项目科学决策，减少投资损失，提高投资效益。投资估算的审计工作是在项目主管部门或国家及地方的有关单位审批项目建议书、设计任务书和可行性研究报告文件时一次完成，从而进一步保证投资决策的科学性。

1. 投资估算审计的依据

(1) 《中华人民共和国审计法》。

(2) 《固定资产投资项目开工前审计暂行办法》。

(3) 《关于新开工建设项目资金来源审计的通知》。

(4) 投资估算表。

(5) 可行性研究报告。

(6) 项目建议书。

(7) 设计方案、图纸、主要设备、材料表。

(8) 投资估算指标、概预算定额、设备单价及各种取费标准等。

(9) 其他相关资料。

2. 投资估算审计的方法

投资估算审计的目的是用来指导项目决策，所以要正确选择审计的时间，要变被动为主动，最好是选用跟踪审计，即审计与决策同步进行，内部审计与外部审计适当结合，充分发挥内部审计的作用。

3. 投资估算审计的内容

1) 审查投资估算的编制依据

主要审查投资估算中采取的资料、数据和估算方法。对于资料和数据的审计，主要审查它们的时效性、适用性及准确性。如使用不同时期的基础资料时就得特别注意时效性。而对于估算方法，由于不同的估算方法有不同的适用范围，在进行投资估算审计时，要重点审查投资估算采用的估算方法是否能准确反映估算的实际情况，应该尽量把误差控制在一个合理的范围内。

2) 审查投资估算内容

审查投资估算内容就是要审查估算是否合理，是否有多项、重项和漏项，重要内容不能缺。如三废处理所需投资就必须重点考虑。对于有疑问的地方要逐项列出，并要求投资估算人员予以补充说明。

3) 审查投资估算的各项费用

首先看投资估算的费用划分是否合理，是否考虑了物价的变化、费率的变动，当建设项目采用了新材料、新技术、新方法时，是否考虑了价格的变化，所取的基本预备费及涨价预备费是否合理等。

11.2.2　设计概算审计

建设项目设计概算是国家对基本建设实现科学管理和科学监督的重要措施。建设项目设计概算审计就是对概算编制过程和执行过程的监督检查，有利于投资资金的合理分配，加强投资的计划管理，减少投资缺口。设计概算在投资决策完成之后项目正式开工之前编制，但对设计概算的审计工作却反映在项目建设全过程之中。按审计要求，审计部门应在项目建设概算编制完成之后立即进行审计，这属于开工前的审计内容之一。

1. 设计概算审计的依据

(1) 《中华人民共和国预算法》。

(2) 《关于改进工程建设预算工作的若干规定》。

(3) 《中国人民建设银行基本建设贷款办法》。

(4) 《关于国家建设项目预算(概算)执行情况审计实施办法》。

(5) 批准的设计概算和修编概算书。

(6) 有关部门颁布的现行概算定额、概算指标、费用定额、建筑项目设计概算编制办法等。

(7) 有关部门发布的人工、设备和材料的价格、造价指数等。

(8) 其他相关资料。

2. 设计概算审计的方法

审查概算一般采用会审的方法，可以先由会审单位分头审查，然后再集中讨论，研究定案；也可以按专业分成不同的专业班组，分专业审查，然后再集中定案；还可以根据以往经验，及参考类似工程，选择重点项目重点审查。

3. 设计概算审计的内容

1) 审计概算编制的前提条件

主要审计建设项目是否具备了已批准的项目建议书、项目可行性报告；初步设计是否完备；是否具备了明确的建设地点；是否具备了足够的建设资金；建设规模是否符合投资估算的要求等。

2) 审计概算编制的依据

主要审计编制依据的合法性、时效性、适用性。编制依据必须是经过国家或国家授权机关批准，未经批准的依据不能采用；编制依据都有一定的适用时间，要注意编制概算的时间是否符合编制依据的适用时间；另外，主管部门规定各种专业定额及取费标准只能用于该部门的专业工程，各地区规定的各种定额及取费标准，只适用于该地区。

3) 审计概算内容

(1) 审计建设项目总概算及单项工程综合概算。首先审查概算中的各项费用是否齐全，是否有多项、重项或漏项；其次，审查概算所反映的建设规模、建筑面积、生产能力、建筑结构等是否符合设计文件和设计任务书的要求，审查建筑材料及设备的规模型号是否与设计图纸上标示的一致。

(2) 审计单位工程概算。主要从量、费、利、税四方面有重点地进行审计。对于量的审计，主要看工程量的计算方法、计算规则是否符合规定，计算结果是否准确；对于费的审查，主要是看费用的划分是否合理，费用项目是否齐全，是否有多项、重项、漏项情况，套用定额是否正确，费率的选定是否符合工程的实际情况；对利润和税金的审计，主要审计其计算基数及利润率、税率。对于工程其他费和预备费、建设期利息、固定资产投资方向调节税的审计，则主要看所列项目是否与实际相符，是否必要，是否符合有关政策规定，计算方法、计算结果是否正确。

11.2.3 施工图预算审计

施工图预算是在施工图确定后，根据批准的施工图设计、预算定额和单位估价表、施工组织设计文件以及各种费用定额等有关资料进行计算和编制的单位工程预算造价文件。

施工图预算是确定招标标底、投标报价以及签订施工承发包合同的依据。在开工前或在建设过程中，审计人员应进行施工图预算审计。相对而言，施工图预算审计比概算审计更为具体，更为细致，审计工作量大，审计方法灵活，主要为控制工程造价、保证工程质量服务。

1. 施工图预算审计的依据

为了更好地完成审计施工图预算的任务，施工图预算审计人员必须首先收集下列有关资料。

(1) 施工图纸。

(2) 预算定额；

(3) 材料的价格信息。

(4) 有关的取费文件。

(5) 施工组织设计方案。

(6) 建筑工程施工合同。

2. 施工图预算审计的方法

在一定程度上，施工图预算审计与施工图预算编制在工作过程、工作要求与工作内容上基本是一致的，只不过审计人员与编制人员由于所处位置不同而导致工作角度不同。

3. 施工图预算审计的内容

1) 审计施工图纸及设计方案

审计施工图纸所涉及项目的适用性、经济性和美观性，审计设计方案确定过程的合理性与合规性。

2) 审计施工图预算单位建筑工程造价指标

根据类似工程造价指标，初步估测其中不真实费用所占的比重，明确审计重点。

3) 审计工程量

一方面审查与图纸设计所示的尺寸数量、规格是否相符，另一方面审查计算方法与所包括的工作内容是否与工程量计算规则一致。

4) 审查选套的取费标准是否合理

审查措施费以及间接费等的划分是否符合当地的规定，是否符合施工现场实际，所取费率是否与工程类别以及企业资质等级一致。对利润与税金的审计，主要审计其计算基数与利润率及税率指标。至于对设备、工器具购置费，工程建设其他费的审计，应注意所列项目既要与实际项目相符，又要看是否必要，是否符合有关政策规定，还要看计算方法是否得当。

5) 审计施工方案与施工进度计划的可操作性

施工组织设计方案是由施工单位编制的，反映施工现场安排、施工技术方案选用及施工作业程序等多方面内容，它直接影响工程量的计算和定额的使用。施工进度计划影响施工过程中人工安排、材料供给及工程进度款的支付等有关内容。在预算的编制与审计过程中，要注重确定和使用与施工进度相吻合的有关取费文件与标准。

6) 审计施工合同

施工图预算是工程施工合同签订的主要依据，反过来，施工合同的签订又影响了施工图预算的编制与审计。合同条款将改变施工图预算的费用范围，如包干费、不可预见费等

是否进入预算，以何种形式进入预算等方面的问题，往往通过施工合同表现出来。

11.2.4 竣工决算审计

竣工决算审计，按审计机关的审计要求，所有的建设项目竣工之后，应立即组织工程验收，验收通过后，即着手编制竣工决算，一旦决算完成，则尽快实行审计。竣工决算审计是一种事后行为，直接关系到甲乙双方的经济利益。审计竣工决算，一要注重工程施工过程与竣工决算反映内容的一致性；二要看施工图预算与竣工决算的前后呼应性；三要看竣工决算本身的合理性与准确性。竣工决算审计的完成，标志着对一个建设项目投资建设阶段的监督告一段落，也标志着对项目建设造价体系审核的结束。只有具备了有关部门(政府审计、社会审计或内部审计)审核后签字认可的竣工决算，才可以进行甲乙方的工程款结算。竣工决算审计的实际意义就表现在这里。

竣工决算审计是建设工程项目审计的重要环节，它对于提高竣工决算本身质量，考核投资及概预算执行情况，正确评价投资效益，总结经验教训，改善和加强对建设项目的管理具有重要意义。

1. 竣工决算审计的依据

竣工决算审计的依据包括：竣工验收报告，工程施工合同，施工图及设计变更或竣工图，图纸会审纪要，隐蔽工程检查验收单，现场签证，经批准的施工图预算以及有关定额、费用调整的补充项目，材料、设备及其他各项费用的调整文件。

审计署颁发的《审计机关关于国家建设项目竣工决算审计实施办法》也是竣工决算审计工作必须遵循的依据。

2. 竣工决算审计的方法

建设工程项目在竣工初验结束后，应及时通知审计机关并提交必要的文件、资料，如可行性研究报告，修正总概算及审批文件，工程承包合同，标书，结算资料，投资计划，财务决算报表及批复文件，项目点交清单，物资、财产移交和盘点清单，银行往来及债权债务对账签证资料、全套决算报表及文字报告。

审计机关在收到通知后，根据年度竣工决算审计计划及有关法规和财经制度，按审计程序就地开展审计工作。审计机关应按有关规定，根据项目投资额大小所规定的时限要求提出书面意见。

3. 竣工决算审计的内容

1) 审计竣工决算编制依据

审查编制依据是否符合国家有关规定，资料是否齐全，手续是否完备，对遗留问题的处理是否合规。

2) 审计项目建设及概算执行情况

审查项目建设是否按批准的初步设计进行，各单位工程建设是否严格按批准的概算内容执行，有无概算外项目和提高建设标准、扩大建设规模的问题，有无重大质量事故和经济损失。

3) 审计交付使用财产和在建工程

审查交付使用财产是否真实、完整，是否符合交付条件，移交手续是否齐全、合规；成本核算是否正确，有无挤占成本、提高造价、转移投资的问题；核实在建工程投资完成额，查明未能全部建成、及时交付使用的原因。

4) 审计转出投资、应核销其他投资及应核销其他支出

审查其列支依据是否充分，手续是否完备，内容是否真实，核销是否合规，有无虚列投资的问题。

5) 审计尾留工程

根据修正总概算和工程形象进度，核实尾留工程的未完工量，留足投资。防止将新增项目列作尾留项目、增加新的工程内容和自行消化投资包干结余。

6) 审计结余资金

核实结余资金的重点是库存物资，防止隐瞒、转移、挪用或压低库存物资单价，虚列往来欠款，隐匿结余资金的现象。查明器材积压、债权债务未能及时清理的原因，揭示建设管理中存在的问题。

7) 审计基建收入

审查基建收入的核算是否真实、完整，有无隐瞒、转移收入的问题；是否按国家规定计算分成，足额上交或归还贷款。留成是否按规定交纳“两金”，分配和使用是否合规。

8) 审计投资包干结余

根据项目总承包合同核实包干指标，落实包干结余，防止将未完工程的投资作为包干结余参与分配；审查包干结余分配是否合规。

9) 审计竣工决算报表

审查报表的真实性、完整性、合规性。

10) 进行投资效益评价

从物资使用、工期、工程质量、新增生产能力、预测投资回收期等方面评价投资效益。

11.3　工程造价审计方法及审计程序

本节主要介绍工程造价审计方法及审计程序，下面分别进行介绍。

11.3.1　工程造价的审计方法

1. 建设工程审计的分类

1) 按审计主体来划分

按审计主体来划分，建设工程审计可分为国家审计、社会审计与内部审计。

2) 按审计过程来划分

按审计过程来划分，建设工程审计可分为前期准备阶段的投资估算审计、设计概算审计、施工图预算审计、竣工决算审计。

3) 按审计目的来划分

按审计目的来划分，建设工程审计可分为法纪审计、财务审计、效益审计、管理审计等。

4) 按审计时间来划分

按审计时间来划分，建设工程审计可分为事前(即开工前)审计、事中(即从开工到交付使用)审计、事后(竣工验收后)审计。

5) 按审计对象来划分

按审计对象来划分，建设工程审计可分为宏观审计、微观审计。

6) 按审计范围来划分

按审计范围来划分，建设工程审计可分为全面审计、专项审计、重点审计。

总之，对建设工程审计可从不同角度、不同方法来进行分类，如还可按资金来源、项目种类等进行划分。

2. 审计的主要方法

审计方法因被审事项的目的、要求、内容的不同而不尽相同，也因被审单位的规模、业绩、管理水平的不同而千差万别。通常有如下几种方法。

1) 全面审计

全面审计是对工程项目工程量清单的计算、定额子目的选套、取费标准的选用以及各项财务收支进行详尽的审计。其工作程序与原编制过程应基本相同。那些工程较小，特别是承包单位由于技术力量薄弱且缺乏必要的资料，所编预算差错率一般较大的工程项目，宜采用此方法。此方法细致、准确、涉及面广，但耗时费力，一般用不于大型工程、重点项目或问题较多的被审对象。

2) 抽样审计

抽样审计是按照统计规律，根据样本来推断总体的一种审计方法。即在审计实务中，或者只挑选主要的、造价高的部分进行审计，或者对建设工程的待审内容进行分类后，在每一类中挑选有代表性的部分进行审计，或者借鉴以往的经验，对易错的部位与环节进行审计。

3) 筛选审计

筛选审计属于快速审计，一般是先以工程的用途、结构和建筑标准相同或相近似的工程，特别是同一地区范围内其预算造价也基本相同的完成工程的各项综合数据为一个标准。将拟审对象的技术经济指标如每平方米造价、单位面积耗钢量等与规定的标准进行逐一比较，根据两者是否有差别以及相差的程度，来确定是否细化而深入审计下去。如某分部的差别较大，则细化分项再进行重点审计。此方法需积累大量可靠资料或经验数据，且不能保证发现所有问题而可能遗漏一些次重要的问题和环节。

建设工程审计是一项集成多学科内容综合应用的工作。为了保证审计质量，提高审计效率，在审计工作中往往需要多种方法结合并用，如微观审计与宏观审计相结合，事前、事中、事后审计相结合，国家审计、社会审计、内部审计相结合，审计监督与管理检查相结合，财务收支审计与技术经济审计相结合等。

11.3.2 工程造价审计的程序

无论是设计概算审计、施工图预算审计，还是竣工决算审计，也无论是政府审计、社

会审计，还是内部审计，其审计程序是基本一致的。具体过程如下。

1. 接受审计任务，下发审计通知

审计部门接受造价审计任务的主要途径有如下三种形式。

(1) 接受上级审计部门或主管部门的任务安排，完成当年审计计划的审计于内部审计工作之中。

(2) 接受建设单位委托，根据自己的业务能力情况酌情安排概预算审计工作。以审计事务所为主要代表的社会审计大多选择这种方式。

(3) 根据国家有关政策要求及当地的经济发展和城市规划安排，及时主动地承担审计范围内的项目造价审计任务，这也是政府审计，尤其是地方审计机构最常使用的方式之一。

2. 组织审计人员，做好审计准备工作

从政府审计角度来讲，在对大中型项目概预算、决算审计时，要求组织有关的工程技术人员、经济人员、财务人员参加，并成立审计小组，明确分工，落实审计任务。

从社会审计与内部审计角度来看，重点是将工程项目审计工作按专业不同再详细分工，如土建工程审计、水电工程审计、安装工程审计等。而从人员组织的现状来看，审计事务所与内部审计部门急需解决的问题是如何委托或邀请社会人员进行项目审计，形成比较稳定的社会审计网络，以补充社会审计与内部审计单位专业审计人员的不足。

3. 进入施工现场，了解项目建设过程

审计人员配备齐全之后，即进驻施工现场，与项目建设主管部门的有关工程建设负责人员接触，了解项目建设计划、施工方案、造价编制的具体要求等有关内容；并收集编制资料，如图纸、计划任务书、定额、有关的取费文件、变更资料及其他相关资料等。同时，还应进行实物测量工作，尤其是对决算审计中出现的变更部位，必须要做这项工作，这一过程也称为取证阶段。如何使证据有理有力，这里是关键的一步。

4. 审计实施阶段

这是围绕审计准备阶段制定的审计目标，以收集到的审计资料为依据，从各个方面对项目造价进行审计，如工程量审计、定额审计、取费审计等具体过程。这一环节是审计目标得以实现的重要保证，也是整个审计过程中相当重要的一个阶段。审计人员应本着实事求是、公正客观的基本原则，从技术经济分析入手，完善项目造价文件中不确切的部分内容，保证审计质量，达到审计目的，实现审计要求。

5. 编写审计报告，提出处理建议

经过一段时间的审计实施之后，审计人员将初步审计结论交给项目建设的主管领导及项目造价中涉及的有关部门，协调多方意见，将审计与编制之间的矛盾妥善解决，几方达成共识，为编写审计报告、整理审计结论做好准备工作。这样几经反复之后，审计人员再将审计结论抄送至审计领导人员手中，待领导审核批准之后，写出审计报告，提出审计处理建议。至此，项目造价审计工作即告完结。

本 章 小 结

我国建设项目造价审计的主体由政府审计机关、社会审计组织和内部审计机构三大部分构成。审计目标是指审计活动所期待的结果。建设项目工程造价审计属于一门专项审计，其目的是确定建设项目造价确定过程中的各项经济活动及经济资料的合法性、公允性、合理性、效益性。投资估算是项目决策的重要依据之一，是国家审批项目建议书和项目设计任务书的重要依据，也是项目决策的一项重要经济性指标。

思考与练习

(1) 简述工程造价资料的概念及作用。

(2) 工程造价资料积累的内容有哪些？

(3) 常用的工程造价指数有哪些？如何编制工程造价指数？

(4) 简述工程造价信息的特点、分类。

(5) 工程造价信息系统应包括哪些方面的内容？

(6) 某建设项目报告期建筑安装工程费为 1500 万元，造价指数为 110%，报告期设备、工器具单价为 80 万元，基期单价为 70 万元，报告期购置数量为 10 台，基期购置数量为 12 台，报告期工程建设其他费为 500 万元，工程建设其他费用指数为 105%，则该项目的工程造价指数是多少？

第 12 章　工程造价信息管理

学习目标

(1) 熟悉工程造价资料积累的内容及管理。
(2) 掌握建设项目及工程造价指数的编制方法。
(3) 了解工程造价信息系统建立应关注的内容。

本章导读

工程造价资料、工程造价指数及工程造价信息是编制标底、投标报价等活动的重要依据。本章主要介绍了工程造价资料的积累、工程造价指数的编制及工程造价信息系统的建立与维护应用的相关知识，并列举了大量实际的工程造价资料和工程造价指数加以说明。

项目案例导入

2003 年 7 月 1 日起我国正式实施《建设工程工程量清单计价规范》，编制了全国统一工程项目编码，国家制定了统一的工程量计算规则。

在进行工程量清单招标时，工程量清单报价就是相同的工程量，由企业根据自身的实力来填报不同的单价，其报价反映出自身的技术能力和管理能力，投标人之间的竞争完全就是价格的竞争。

随着工程量清单计价方式的应用，工程造价信息管理发挥着越来越重要的作用，如果企业根据以往投标的经验建立自己的造价资料数据库，那么在投标中就占有优势，中标的几率就会增大。

在信息技术飞速发展的今天，随着建筑市场的进一步开放，建筑产品作为商品进入市场，工程造价信息作为对造价控制的关键性资料之一，其需求量也越来越大。在工程承发包市场和工程建设过程中，工程造价总是在不停地运动着、变化着，并呈现出种种不同的特征，而人们只有通过工程造价信息来认识和掌握它。因此，工程造价信息作为一种社会资源在工程建设中的地位日趋明显，特别是随着我国逐步推行工程量清单计价制度，工程价格从政府计划的指令性价格向市场定价转化以后，信息在市场定价过程中举足轻重。目前开发工程造价管理系统，使工程造价信息作为一种资源进行开发、利用、交流、渗透，并通过计算机和网络系统而达到资源共享已是刻不容缓。从上面我们可以看出来工程造价信息在工程造价中起着重要的作用，那么工程造价信息具体包括哪些内容？关注工程造价信息有哪些重要意义？这些都将在本章进行介绍。

12.1　工程造价资料

本节主要介绍工程造价资料的相关知识，其中包括工程造价资料的概念与作用、工程造价资料积累的内容、工程造价资料的管理、中国香港地区及国外工程造价资料的积累与运用等内容。

12.1.1 工程造价资料的概念与作用

1. 工程造价资料及其分类

工程造价资料是指已建成竣工和在建的有使用价值和有代表性的工程设计概算、施工图预算、工程竣工结算、竣工决算、单位工程施工成本以及新材料、新结构、新设备、新施工工艺等建筑安装工程分部分项的单价分析等资料。

工程造价资料的分类有以下几种。

(1) 工程造价资料按照不同的工程类型(如厂房、铁路、住宅、公建、市政工程等)进行划分，并分别列出其包含的单项工程和单位工程的工程造价资料。例如某市政工程中场区照明(电缆沟及路灯基础)单位工程造价资料如表 12-1 和表 12-2 所示。

表 12-1　工程取费计算表

序　号	费用名称	计算公式	金额/元
1	直接工程费		475 643.40
2	其中：构件增值税	构件制作直接费×7.05%	5915.51
3	施工技术措施费		50 399.22
4	施工组织措施费	(1+3)×1.8%	9468.77
5	直接费	(1+3+4)	535 511.39
6	主材价差		40 000.00
7	施工管理费	(5)×2%	10 710.23
8	规费	(5)×6%	32 130.68
9	间接费	(7+8)	42 840.91
10	利润	(5+6)×2%	11 510.23
11	不含税工程造价	(5+6+9+10)	629 862.53
12	税金	(11)×3.41%	21 478.31
13	含税工程造价	(11+12)	651 340.84
	大写：陆拾伍万壹仟叁佰肆拾元捌角肆分		

注：编制说明

①编制依据：《×××高速公路连接线机电工程监控系统施工图》《2003 湖北省建筑工程消耗量定额及统一基价表》《2003 湖北省安装工程消耗量定额及单位估价表》《2004 湖北省市政工程消耗量定额及统一基价表》(上、中、下册)、《湖北省建筑安装工程费用定额》(鄂建〔2003〕44 号)。

②取费：按工程类别四类取费。

③需说明的问题：本预算仅包括照明电缆沟、检查井及路灯基础工作内容，不含照明材料及安装费用。电力电缆沟 600m，直埋式电缆 4000m；本预算未考虑路面及周围环境具体情况，发生时另行计算。

表 12-2　市政工程预算表

序号	定额编号	项　目	单位	工程量	定额基价/元	定额合价/元
1	D1-182	人工挖沟槽三类土 2m 以内	100 m^3	31.32	1 728.60	54 139.75
2	D1-197	人工挖基坑土方三类土 2m 以内	100 m^3	11.86	1908.00	22 628.88
3	D1-278	人工填土夯实	100 m^3	26.17	1193.69	31 238.87
4	D5-7 换	非定型渠道垫层 C15 碎石 40，坍落度 30～50	10 m^3	14.40	2124.38	30 591.07
5	D5-617	非定型渠道砌筑墙身砖砌	10 m^3	34.60	1786.96	61 828.82
6	D5-629	非定型渠道内墙抹灰	100 m^2	12.00	1176.49	14 117.88
7	D5-1643	非定型井垫层混凝土	10 m^3	1.98	2467.90	4886.44
8	D5-1645	非定型井砌筑砖砌矩形	10 m^3	4.45	2158.82	9606.75
9	D5-1651	非定型井内侧砖墙抹灰	100 m^2	1.39	1247.28	1733.72
10	D5-1663	非定型井钢筋混凝土井圈制作	10 m^3	3.94	2955.77	11 645.73
11	D5-1666	非定型井盖安装	10 套	75.3	217.17	16 352.90
12	D5-1668	非定型井盖预制	100 m^3	6.27	2921.27	18 316.36
13	D5-1783	独立设备基础 2 m^3 以内	10 m^3	16.24	2343.89	38 064.77
14	D7-45	现浇钢筋 ϕ10 以内	T	5.584	3229.12	18 031.41
15	D7-46	现浇钢筋 ϕ20 以内	T	2.638	3083.45	8134.14
16	D7-48	现浇钢筋 ϕ10 以内	T	4.621	3234.86	14 948.29
17	C2-830	电缆沟铺砂盖砖 1～2 根	100m	40.00	852.22	34 088.80
18	C2-1876	电缆沟支架制作	100kg	107.45	471.32	50 643.33
19	C2-1877	电缆沟支架安装	100kg	107.45	267.38	28 729.98
20	D9-128	基础垫层木模	100 m^2	2.22	2472.65	5489.28
21	D9-132	设备基础 5 m^3 以内复合木模	100 m^2	2.88	2284.76	6580.11
22	D9-162	非定型井圈木模	100 m^2	5.50	5243.35	28 838.43
23	D9-203	预制井盖板木模	10 m^3	6.27	1513.78	9491.40
定额直接工程费合计						469 727.89
施工技术措施费						50 399.22

(2) 工程造价资料按照其组成特点，一般分为建设项目、单项工程和单位工程造价资料，同时包含有关新材料、新工艺、新设备、新技术的分部分项工程单价分析资料。

(3) 工程造价资料按照其所处的不同阶段，一般分为投资估算、设计概算、施工图预算、竣工结算、竣工决算等。

2. 工程造价资料的作用

1) 作为编制固定资产投资计划的参考，用作建设成本分析

$$\text{建设成本节约额}=\text{批准概算现值}-\text{建设成本现值} \tag{12-1}$$

各种实际情况与批准值相比较的结果综合在一起，可以比较全面地描述项目投入实施的情况。

2) 进行单位生产能力投资分析

单位生产能力投资的计算公式如下：

$$\text{单位生产能力投资}=\text{全部投资完成额(现值)}\div\text{全部新增生产能力(使用能力)} \tag{12-2}$$

在其他条件相同的情况下，单位生产能力投资越小则投资效益越好。计算的结果可与类似的工程进行比较，从而评价该建设工程的效益。

3) 用作编制投资估算和初步设计概算的重要依据

设计单位的设计人员在编制估算时一般采用类比的方法，因此，需要选择若干个类似的典型工程加以分解、换算和合并，并考虑到当前的设备与材料价格情况，最后得出工程的投资估算额。有了工程造价资料数据库，设计人员就可以从中挑选出所需要的典型工程，根据工程的具体情况进行适当的调整与换算，再考虑设计人员的工程经验，最后得出较为可靠的工程投资估算额。

在编制初步设计概算时，有时要用类比的方式进行编制。这种类比法比估算要细致深入，可以具体到单位工程上。在限额设计和优化设计方案的过程中，设计人员可能要反复修改设计方案，每次修改都希望能得到相应的概算。具有较多的典型工程资料是十分有益的。多种工程组合的比较不仅有助于设计人员探索造价分配的合理方式，还为设计人员指出修改设计方案的可行途径。

4) 用作审查施工图预算的重要依据和确定标底和投标报价的参考资料

施工图预算编制完成之后，需要有经验的造价管理人员来审查，可以通过造价资料得到帮助以确定其正确性。实践过程中通过从造价资料中选取类似资料，将其造价与施工图预算进行比较，从中发现施工图预算是否有偏差和遗漏。由于设计变更、材料调价等因素所带来的造价变化，在施工图预算阶段往往无法事先估计到，此时参考以往类似工程的数据，有助于预见到这些因素发生的可能性。

在为建设单位制定标底或施工单位投标报价的工作中，无论是用工程量清单计价还是用定额计价法，尤其是工程量清单计价，工程造价资料都可以发挥重要作用。它可以向承发包双方指明类似工程的实际造价及其变化规律，使得承发包双方都可以对未来将发生的造价进行预测和准备，从而避免标底和报价的盲目性。

5) 用作技术经济分析的基础资料

由于不断地搜集和积累工程在建期间的造价资料，所以到结算和决算时能简单容易地得出结果。由于造价信息的及时反馈，使得建设单位和施工单位都可以尽早地发现问题，

并及时予以解决，对造价进行动态控制。

6) 用作编制各类定额的基础资料

通过分析不同种类分部分项工程造价，了解各分部分项工程中各类实物量消耗，掌握各分部分项工程预算和结算的对比结果，定额管理部门就可以发现原有定额是否符合实际情况，从而提出修改的方案。对于新工艺和新材料，也可以从积累的资料中获得编制新增定额的有用信息。概算定额和估算指标的编制与修订，也可以从造价资料中得到参考依据。

7) 用以测定调价系数，编制造价指数，用以研究同类工程造价的变化规律

为了计算各种工程造价指数(如材料费价格指数、人工费指数、直接费价格指数、建筑安装工程价格指数、设备及工器具价格指数、工程造价指数等)，必须选取若干个典型工程的数据进行分析与综合，在此过程中，已经积累起来的造价资料可以充分发挥作用。

建设工程技术人员可以在拥有较多的同类工程造价资料的基础上，研究出各类工程造价的变化规律，为下一个类似工程服务。

12.1.2　工程造价资料积累的内容

工程造价资料积累的内容应包括“量”(如定额模式与清单模式下工程计量规则的工程量和工程消耗量)和“价”(如内容不同的各种单价)，还要包括对造价确定有重要影响的技术经济条件，如工程的概况、建设条件等。

1. 建设项目和单项工程造价资料

(1) 对造价有主要影响的技术经济条件。如项目建设标准、建设工期、建设地点等。

(2) 主要的工程量、主要的材料量和主要设备的名称、型号、规格、数量等。

(3) 投资估算、概算、预算、竣工决算及造价指数等。

2. 单位工程造价资料

单位工程造价资料包括工程的内容、建筑结构特征、主要工程量、主要材料的用量和单价、人工工日和人工费以及相应的造价。

3. 其他

主要包括有关新材料、新工艺、新设备、新技术，分部分项工程的人工工日，主要材料用量，机械台班用量。

12.1.3　工程造价资料的管理

1. 建立造价资料积累制度

1991 年 11 月，中华人民共和国建设部印发了关于《建立工程造价资料积累制度的几点意见》的文件，标志着我国的工程造价资料积累制度正式建立起来，工程造价资料积累期工作正式开展。建立工程造价资料积累制度是工程造价计价依据极其重要的基础性工作。全面、系统地积累和利用工程造价资料，建立稳定的造价资料积累制度对于我国加强工程

造价管理，合理确定和有效控制工程造价具有十分重要的意义。

工程造价资料积累的工作量非常大，牵涉面也非常广，主要依靠国务院各有关部门和各省、自治区、直辖市建委(建设厅、计委)组织。如湖北武汉市建设工程造价管理站颁发的《市造价管理站关于报送建设工程造价资料的通知》中规定各造价咨询单位应按规定及时向市造价管理站报送建设工程造价资料。

2. 资料数据库的建立

积极推广使用计算机建立工程造价资料的资料数据库，开发通用的工程造价资料管理程序，可以提高工程造价资料的适用性和可靠性。要建立造价资料数据库，首要的问题是工程的分类与编码。由于不同的工程在技术参数和工程造价组成方面有较大的差异，必须把同类型工程合并在一个数据库文件中，而把另一类型工程合并到另一数据库文件中去，为了便于进行数据的统一管理和信息交流，必须设计出一套科学、系统的编码体系。

有了统一的工程分类与相应的编码之后，就可进行数据的搜集、整理和输入工作，数据库必须严格遵守统一的标准和规范，按规定格式积累工程造价资料，从而建立不同层次的工程造价资料数据库。

3. 工程造价资料数据库网络化管理的优越性

计算机网络的应用与发展使得工程造价资料数据库管理具有无比的优越性。

(1) 便于原始价格数据的搜集，使各地定额站相互协作，信息资料相互交流，减少各地重复搜集同样的造价资料。这项工作涉及许多部门、单位，建立一个可行的造价资料信息网，则可以大大减少工作量。

(2) 便于对价格进行宏观上的科学管理，便于对不同地区的造价水平进行比较，从而为投资决策提供必要的信息。

(3) 便于对价格的变化进行预测，使建设、设计、施工单位都可以通过网络尽早了解工程造价的变化趋势。

12.1.4 中国香港地区及国外工程造价资料的积累与运用

1. 香港地区的工程造价资料的积累与运用

工程造价信息的发布往往采取指数的形式。按照指数内涵，香港地区发布的主要工程造价指数可分为两类，即成本指数和价格指数，分别是依据建造成本和建造价格的变化趋势而编制。建造成本主要包括工料等费用支出，它们占总成本的 80%以上，其余的支出包括经常性开支(overheads)以及使用资本财产(capital goods)等费用；建造价格中除包括建造成本之外，还有承包商赚取的利润，一般以投标价格指数来反映其发展趋势。

1) 成本指数的编制

在香港地区，最有影响的成本指数要属由建筑署发布的劳工指数、建材价格指数和建筑工料综合成本指数。

(1) 劳工指数是根据一系列不同工种的建筑劳工(如木工、水泥工、架子工等)的平均日薪，以不同的权重结合而成。各类建筑工人的每月平均日薪由统计署和建造商会提供，其

计算方法是以建筑商每类建筑劳工的总开支 (包括工资及额外的福利开支)除以该类工人的工作日数，计算所用原始资料均由问卷调查方式得到。

(2) 建筑署制定的建材价格指数同样为固定比重加权指数，其指数成分多达 60 种以上。这些比重反映建材真正平均比重的程度很难测定，但由于指数成分较多，故只要所用的比重与真实水平相差不是很远，由此引起的指数误差便不会很大。

(3) 建筑工料综合成本指数实际上是劳工指数和建筑材料指数的加权平均数，比重分别定为 45%和 55%。由于建筑物的设计具有独特性，不同工程会有不同的建材和劳工组合，因此，工料综合成本指数不一定能够反映个别承建商的成本变化，但却反映了大部分香港承建商(或整个建造行业)的平均成本变化。

2) 投标价格指数的编制

投标价格指数的编制依据主要是中标的承包商在报价时所列出的主要项目单价，目前香港地区最权威的投标价格指数有三种，分别由建筑署及两家最具规模的工料测量行(即利比测量师事务所和威宁谢有限公司)编制，它们分别反映了公营部门和私营部门的投标价格变化。两所测量行的投标指数均以一份自行编制的“概念报价单”为基础，同属固定比重加权指数，而建筑署投标价格指数则是抽取编制期内中标合约中分量较重的项目，各项目的权重以合约内的实际比重为准，因此属于活比重形式。由于两种指数是各自独立编制的，就大大加强了指数的可靠性。而政府部门投标指数的增长速度相对较低，这是由于政府工程和私人工程不同的合约性质所致。

2. 美国和日本的工程造价资料的积累与运用

1) 美国

美国政府部门发布建设成本指南、最低工资标准等综合造价信息；而民间组织负责发布工料价格、建设造价指数、房屋造价指数等方面的造价信息；另外有专业咨询公司收集、处理、存储大量已完工项目的造价统计信息以供造价工程师在确定工程造价和审计工程造价时借鉴和使用。ENR(Engineering News-Record)，共编制两种造价指数：一是建筑造价指数，一是房屋造价指数。ENR 编制造价指数的目的是为了准确地预测建筑价格，确定工程造价，它是一种加权总指数，由构件钢材、波特兰水泥、木材和普通劳动力四种个体指数组成。

2) 日本

日本建设省每半年调查一次工程造价变动情况，每 3 年修订一次现场经费和综合管理费，每 5 年修订一次工程概预算定额。隶属于日本官方机构的“经济调查会”和“建设物价调查会”，专门负责调查各种相关经济数据和指标。调查会还受托对政府使用的“积算基准”进行调查，即调查有关土木、建筑、电气、设备工程等的定额及各种经费的实际情况，报告市场各种建筑材料的工程价、材料价、运输费和劳务费等。价格的资料来源是各地商社、建材店、货场或工地实地调查所得。每种材料都标明由工厂运至工地，或由库房、商店运至工地的价格、费用差别，并标明各月的升降情况。利用这种方法编制的工程预算比较符合实际，体现了市场定价的原则，而且不同地区不同价，有利于在同等条件下投标报价。同时，一些民间组织定期发布建设物价和积算资料(工程量计算)，变动较快的信息每个月发布一次。

美国、日本及我国香港都是通过政府和民间两种渠道发布工程造价信息。其中政府主要发布总体性、全局性的各种造价指数信息，民间组织主要发布相关资源的市场行情信息。这种分工既能使政府摆脱许多繁琐的商务性的工作，也可以使它们不承担误导市场，甚至是操纵市场的责任，同时可以发挥民间部门造价信息发布速度快，造价信息发布能够坚持公开、公平和公正的基本原则等优势。

我国的工程造价信息都是通过政府的工程造价管理部门发布的。因此，开创和拓宽民间工程造价信息的发布渠道，加强行业和协会的作用，是我国今后工程造价管理体制改革的重要内容之一。

12.2　工程造价指数

本节主要介绍工程造价指数的相关知识，其中包括工程造价指数的概念及作用、工程造价指数的编制等内容。

12.2.1　工程造价指数的概念及作用

1. 工程造价指数的概念

随着我国经济体制改革，特别是价格体制改革的不断深化，设备、材料价格和人工费的变化对工程造价的影响日益增大。在建筑市场供求和价格水平发生经常性波动的情况下，建设工程造价及其各组成部分也处于不断变化之中，这使不同时期的工程在“量”与“价”两方面都失去可比性，给合理确定和有效控制造价造成了困难。根据工程建设的特点，编制工程造价指数是解决这些问题的最佳途径。以合理方法编制的工程造价指数，不仅能够较好地反映工程造价的变动趋势和变化幅度，而且可用以剔除价格水平变化对造价的影响，正确反映建筑市场的供求关系和生产力发展水平。

工程造价指数是反映一定时期由于价格变化对工程造价影响程度的一种指标，是调整工程造价价差的依据。工程造价指数反映了报告期与基期相比的价格变动趋势。常用的工程造价指数有以下一些。

1)根据所依据资料的期限长短划分

指数根据所依据资料的期限长短分类，可以分为时点指数、月指数、季指数和年指数。

(1) 时点指数。时点指数是不同时点价格对比计算的相对数。

(2) 月指数。月指数是不同月份价格对比计算的相对数。

(3) 季指数。季指数是不同季度价格对比计算的相对数。

(4) 年指数。年指数是不同年度价格对比计算的相对数

2) 按照采用的基期不同划分

指数按照采用的基期不同，可分为定基指数和环比指数。

当对一个时间数列进行分析时，计算动态分析指标通常用不同时间的指标值作对比。在动态对比时作为对比基础时期的水平，叫基期水平；所要分析的时期(与基期相比较的时

期)的水平，叫报告期水平或计算期水平。定基指数是指各个时期指数都是采用同一固定时期为基期计算的，表明社会经济现象对某一固定基期的综合变动程度的指数。环比指数是以前一时期为基期计算的指数，表明社会经济现象对上一期或前一期的综合变动的指数。定基指数或环比指数可以连续将许多时间的指数按时间顺序加以排列，形成指数数列。

3) 按其所编制的方法不同划分

指数按其所编制的方法不同，分为综合指数和平均数指数。

(1) 综合指数。是综合总指数的基本形式。综合指数是通过确定同度量因素，把不能同度量的现象过渡为可以同度量的现象，采用科学方法计算出两个时期的总量指标并进行对比而形成的指数。计算总指数的目的，在于综合测定由不同度量单位的许多商品或产品所组成的复杂现象总体数量方面的总动态。综合指数的编制方法是先综合后对比。因此，综合指数主要解决不同度量单位的问题，使不能直接加总的不同使用价值的各种商品或产品的总体，改变成为能够进行对比的两个时期的现象的总体。综合指数可以把各种不能直接相加的现象还原为价值形态，先综合(相加)，然后再进行对比(相除)，从而反映观测对象的变化趋势。

运用综合指数计算总指数时，一般要涉及两个因素，一个是指数所要研究的对象，叫指数化因素；另一个是将不能同度量现象过渡为可以同度量现象的因素，叫同度量因素。当指数化因素是数量指标时，这时计算的指数称为数量指标指数，如产量指数；当指数化因素是质量指标时，这时的指数称为质量指标指数，如价格指数。确定同度量因素的一般原则是：质量指标指数应当以报告期的数量指标作为同度量因素；而数量指标指数则应以基期的质量指标作为同度量因素。

(2) 平均数指数。平均数指数是从个体指数出发，通过对个体指数加权平均计算而形成的指数。综合指数虽然能最完整地反映所研究现象的经济内容，但其编制时需要全面资料，即对应的两个时期的数量指标和质量指标的资料。但在实践中，要取得这样全面的资料往往是困难的。因此，实践中可用平均数指数的形式来编制总指数。

工程造价指数可以根据需要编制成不同的指数。

2. 工程造价指数的内容

1) 各种单项价格指数

这其中包括了反映各类工程的人工费、材料费、施工机械使用费报告期价格对基期价格的变化程度的指标。可利用它研究主要单项价格变化的情况及其发展变化的趋势。其计算过程可以简单表示为报告期价格与基期价格之比。很明显，这些单项价格指数都属于个体指数，其编制过程相对比较简单。

2) 设备、工器具价格指数

设备、工器具费用的变动通常是由两个因素引起的，即设备、工器具单件采购价格和采购数量。建设项目实施过程中所采购的设备、工器具是由不同规格、不同品种组成的，因此，设备、工器具价格指数属于综合指数。由于采购价格与采购数量的数据无论是基期还是报告期都比较容易获得，因此，设备、工器具价格指数可以用综合指数的形式来表示。

3) 建筑安装工程造价指数

建筑安装工程造价指数也是一种综合指数，其中包括了人工费指数、材料费指数、施工机械使用费指数以及间接费等各项个体指数的综合影响。例如武汉地区某住宅工程 2001 年建筑安装工程造价指数如表 12-3～表 12-5 所示。

表 12-3 每平方米工程总表

季 度	工程总价/(元/ m^2)	其中土建/(元/ m^2)	其中安装/(元/ m^2)
第一季度	818.25	759.43	58.82
第二季度	826.16	768.42	57.74
第三季度	826.61	771.19	57.42
第四季度	825.66	768.44	57.22

表 12-4 主要材料价格指数

季 度	价格指数	钢 材	水 泥	木 材
第一季度	101.44	101.21	103.84	97.51
第二季度	102.4	107.35	106.27	94.01
第三季度	102.72	100.18	106.18	95.23
第四季度	102.36	98.59	109.29	94.63

注：人工、机械指数均为 100；指数均以 2000 年 1 月为基期。

表 12-5 每 100 平方米工料消耗指标

土建	水卫	采暖	电照	钢材	水泥	木材	砌体	中粗砂	碎砾石	商品砼
工日	工日	工日	工日	t	t	m^3	m^3	m^3	m^3	m^3
537.22	6.39		17.56	3.22	12.95	2.04	32.84	28.46	9.96	36.89

注：材料为土建部分含量。木材为锯材，砌体为页岩砖。

4) 建设项目或单项工程造价指数

该指数是由设备、工器具价格指数，建筑安装工程造价指数，工程建设其他费用指数综合得到的。它也属于总指数，并且与建筑安装工程造价指数类似，一般也用平均数指数的形式来表示。

3. 工程造价指数的作用

(1) 利用工程造价指数分析价格变动趋势及其原因。

(2) 利用工程造价指数估计工程造价变化对宏观经济的影响。

(3) 工程造价指数是甲乙双方进行工程估价和结算的重要依据。

12.2.2 工程造价指数的编制

1. 各种单项价格指数的编制

1) 人工费、材料费、施工机械使用费等价格指数的编制

这种价格指数的编制可以直接用报告期价格与基期价格相比后得到。其计算公式如下：

$$\text{人工费(材料费、施工机械使用费)价格指数}=P_n \div P_0 \tag{12-3}$$

式中：P_0——基期人工日工资单价(材料预算价格、机械台班单价)；

P_n——报告期人工日工资单价 (材料预算价格、机械台班单价)。

2) 间接费及工程建设其他费费率指数的编制

$$\text{间接费(工程建设其他费)费率指数}=P_n \div P_0 \tag{12-4}$$

式中：P_0——基期间接费(工程建设其他费)费率；

P_n——报告期间接费(工程建设其他费)费率。

2. 综合价格指数的编制

1) 设备、工器具价格指数的编制

设备、工器具价格指数是用综合指数形式表示的总指数。考虑到设备、工器具的采购品种很多，为简化起见，计算价格指数时可选择其中用量大、价格高、变动多的主要设备、工器具的购置数量和单价进行计算，计算公式如下：

$$\text{设备、工器具价格指数}=\sum(\text{报告期设备工器具单价}\times\text{报告期购置数量}) \div \sum(\text{基期设备工器具单价}\times\text{报告期购置数量}) \tag{12-5}$$

2) 建筑安装工程价格指数的编制

建筑安装工程价格指数与设备、工器具价格指数类似，也属于质量指标指数。

3) 建设项目或单项工程造价指数的编制

建设项目或单项工程造价指数是由建筑安装工程造价指数，设备、工程建设其他费用指数综合而成的。

12.3　工程造价信息系统的建立与维护应用

本节主要介绍工程造价信息系统的建立与维护应用，其中包括工程造价信息概述、工程造价信息系统的建立等内容。

12.3.1　工程造价信息概述

信息是现代社会使用最多、最广、最频繁的一个词汇，不仅在人类社会生活的各个方面和各个领域被广泛使用，而且在自然界的生命现象与非生命现象研究中也被广泛采用。信息来源于数据，又高于数据，信息是对数据的解释，反映了事物的客观规律，为使用者提供决策和管理所需要的依据。在工程造价管理领域，信息也有它自己的内涵。

1. 工程造价信息的概念

工程造价信息是一切有关工程造价的特征、状态及其变动的消息的组合。在工程承发包市场和工程建设过程中，工程造价总是在不停地运动着、变化着，并呈现出种种不同特征。人们对工程承发包市场和工程建设过程中工程造价运动的变化，是通过工程造价信息

来认识和掌握的。

在工程承发包市场和工程建设中，工程造价是最灵敏的调节器和指示器，无论是政府工程造价主管部门还是工程承发包者，都要通过接收工程造价信息来了解工程建设市场动态，预测工程造价发展，决定政府的工程造价政策和工程承发包价。因此，工程造价主管部门和工程承发包者都要接收、加工、传递和利用工程造价信息，工程造价信息作为一种社会资源在工程建设中的地位日趋明显。特别是随着我国逐步开始推行工程量清单计价制度，工程价格从政府计划的指令性价格向市场定价转化，而在市场定价的过程中，信息起着举足轻重的作用，因此工程造价信息资源开发的意义更为重要。

2. 工程造价信息的特点

1) 区域性

建筑材料大多重量大、体积大、产地远离消费地点，因而运输量大，费用也较高。尤其不少建筑材料本身的价值或生产价格并不高，但所需要的运输费用却很高，这都在客观上要求尽可能就近使用建筑材料。因此，这类工程造价信息的交换和流通往往限制在一定的区域内。

2) 多样性

我国社会主义市场经济体制正处在探索发展阶段，各种市场均未达到规范化要求，要使工程造价管理的信息资料满足这一发展阶段的需求，在信息的内容和形式上应具有多样化的特点。

3) 专业性

工程造价信息的专业性集中反映在建设工程的专业化上，例如水利、电力、铁道、邮电、建筑安装工程等，所需的信息有它的专业特殊性。

4) 系统性

工程造价信息是指若干具有特定内容和同类性质的、在一定时间和空间内形成的一连串信息。一切工程造价的管理活动和变化总是在一定条件下受各种因素的制约和影响。工程造价管理工作也同样是多种因素相互作用的结果，并且从多方面被反映出来，因而，从工程造价信息源发出来的信息都不是孤立、紊乱的，而是大量的、有系统的。

5) 动态性

工程造价信息也和其他信息一样要保持新鲜度。为此，需要经常不断地收集和补充新的工程造价信息，进行信息更新，真实反映工程造价的动态变化。

6) 季节性

由于建筑生产受自然条件影响大，施工内容的安排必须充分考虑季节因素，任何工程造价的信息都不能完全避免季节性的影响。

3. 工程造价信息的分类

1) 工程造价信息分类的原则

对工程造价信息进行分类必须遵循以下基本原则。

(1) 稳定性。信息分类应选择分类对象最稳定的本质属性或特征作为分类的基础和标准。

(2) 兼容性。信息分类体系必须考虑到项目各参与方所应用的编码体系的情况，项目信

息的分类体系应能满足不同项目参与方高效信息交换的需要。同时，与有关国际标准的一致性也是兼容性应考虑的内容。

(3) 可扩展性。信息分类体系应具备较强的灵活性，可以在使用过程中进行方便的扩展。

(4) 综合实用性。信息分类应从系统工程的角度出发，放在具体的应用环境中进行整体考虑。这体现在信息分类标准与方法的选择上，应综合考虑项目的实施环境和信息技术工具。

2) 工程造价信息的具体分类

(1) 从管理组织的角度来划分，工程造价信息可以分为系统化工程造价信息和非系统化工程造价信息。

(2) 从形式上来划分，工程造价信息可以分为文件式工程造价信息和非文件式工程造价信息。

(3) 从传递方向来划分，工程造价信息可以分为横向传递的工程造价信息和纵向传递的工程造价信息。

(4) 按反映面来划分，工程造价信息可分为宏观工程造价信息和微观工程造价信息。

(5) 从时态上来划分，工程造价信息可分为过去的工程造价信息、现在的工程造价信息和未来的工程造价信息。

(6) 按稳定程度来划分，工程造价信息可以分为固定工程造价信息和流动工程造价信息。

12.3.2 工程造价信息系统的建立

随着工程造价信息与计算机网络的发展，工程造价人员应不断提高自身的业务水平，同时在实践中特别应关注以下工程造价信息系统。

1. 要素市场价格信息系统

工程造价信息中，影响工程造价的要素包括人工、工程材料(含半成品、设备)以及工程机械等，要素市场价格是影响建设工程投资的关键因素，要素市场价格是由市场形成的。建设工程投资采用的基本子项所需资源的价格来自市场，随着市场的变化，要素价格亦随之发生变化。因此，工程造价人员必须随时通过行业、协会、网站、媒介等掌握市场价格信息，了解市场价格行情，及时关注要素市场各类资源的供求变化及价格波动，进而分析和预测要素市场价格趋势，调整投标报价策略。

2. 工程技术专家信息系统

工程造价组成中的分部工程实体项目和部分措施项目与具体施工方法紧密相关。因此采用具体的施工方案，提高技术水平，用最低或最优的资源消耗量完成合格的工程项目，是工程造价人员经常思考的问题。实际工作中，对于一些典型的工程项目，如厨房、卫生间、条形砖基础等，工程造价人员可以分解成一系列的施工过程(施工方法)，对这一系列的施工过程采用最新技术和管理方法，达到资源(工、料、机)的最优消耗量，这样所得的工程直接费用最低。因此，工程造价人员应收集典型工程技术专家信息，该信息采用最先进的专家技术反映某工程项目的资源最低消耗，得出最有竞争力的最低成本价。

3. 政府法规性文件信息系统

工程造价有“量”有“价”，这种“量”应符合法律法规且具有一定质量、安全等要求。因此工程造价与建设工程要求的质量、安全、环保、福利等有关，受国家政府关于质量、安全、环保、福利等方面法律法规的影响。例如《中华人民共和国建筑法》、《中华人民共和国招标投标法》、《中华人民共和国安全生产法》、《中华人民共和国价格法》、《中华人民共和国环境保护法》、《建设工程质量管理条例》、《建设工程安全生产管理条例》、《最低工资规定》等。

另一方面，我国目前计价采用双轨制(定额计价模式与清单计价模式)，有影响工程造价的费用组成、当地取费文件、税费规定、建设工程规范及价款结算等文件。例如：《全国统一建筑工程预算工程量计算规则》、《全国统一安装工程预算工程量计算规则》、《建设工程工程量清单计价规范》(GB 50500—2003)、《关于印发<建筑安装工程费用项目组成>的通知》(建标 206 号令)、各省市颁发的建筑安装工程费用定额、国家财政部与建设部关于印发的《建设工程价款结算暂行办法》和《建设工程质量保证金管理暂行办法》的通知等。

4. 建设行业造价资料信息系统

作为投标人，不仅关心自己的报价，同时也应了解竞争对手的报价及整个行业的平均水平。以前各地颁发的预算定额到目前的消耗量定额，均是按建设工程整个行业的平均水平编制的，是许多企业能够达到，而少数企业能够超过的水平。因此，投标人作为个体企业，应关注政府、行业、协会发布的社会行业平均指数，收集典型工程的造价资料与本企业的工程造价资料进行对比分析，找出不足，不断提高，才会在建设行业投标中处于有利的地位。

5. 企业成本控制信息系统

建筑企业按照企业的个别水平进行投标，反映企业的生产力水平和个别成本，在目前激烈的市场竞争下，特别是采用清单模式报价制定企业成本控制信息系统尤为重要。

建筑企业在市场中，通过不断提高技术、管理水平降低成本，从而扩大市场份额，用具有竞争力的报价获得市场认可，这样的实际工程造价资料通过市场竞争形成，有非常重要的收集整理和分析的意义。因此建筑企业应注意这些历史工程造价信息的收集、整理，对于那些投标未中的报价也要注意整理，分析与中标单位的报价差距，积极吸取教训。不断通过市场竞争，整理企业的历史工程造价信息，分门别类，编制具有竞争力的企业定额，不断提高企业的生产力水平，才能提高建筑企业的水平，使企业立于不败之地。当然，从某种意义上讲，企业成本是企业的商业秘密，建筑企业应注意保密。

面对工程造价管理的现状及工程造价管理信息化、网络化的日益加强，我们必须充分发挥现代化管理手段，加快全国工程造价信息网的建设，搞好全国工程造价信息系统标准化工作，突出造价信息网站特色，提高我们管理工程造价信息与工程造价信息网络的水平，使我国的工程造价管理事业更上一层楼。

12.4　工程实例——泰州市盛和花园四期 42#楼工程造价实例分析

泰州市盛和花园四期 42#楼工程，该工程招标形式为邀请招标，计价方式为工程量清单计价，施工合同类型为固定总价合同。合同约定当工程发生变更、签证时合同价款予以调整，材料价格以《泰州工程造价管理》2004 年第 3 期指导价为结算依据，任何政府及相关部门文件均不予调整。该工程招标控制价为 1 594 851 元，中标价为 1 479 065.54 元，合同价为 1 479 065.54 元，送审价为 1 729 961 元，审定价为 1 476 246.92 元，核减为 253 714.08 元，审定价与合同价相比造价减少 0.2%。

12.4.1　工程造价分析

(1) 该工程原图纸设计部分圈梁断面为 250×240，实际施工时断面设计变更为 300×240，原合同数量为 91.67 m^3，变更后数量为 98.37 m^3，造价增加 2106.21 元。原图纸设计部分有梁板，板厚 9 cm，实际施工时设计变更厚度为 10cm，原合同数量为 323.97 m^3，变更后数量为 326.99m^3，造价增加 873.59 元。原图纸现浇板上未设计板面抗裂钢筋，实际施工时设计变更增加板面抗裂钢筋，原合同钢筋数量为 84.95 t，变更后数量为 89.41 t，增加造价 14 841.77 元。因施工时设计变更增加部分圈梁高度，造成墙体体积减少，KP1 砖墙原合同数量为 528.19 m^3，变更后数量为 521.49 m^3，造价减少 1260.60 元。原图纸瓦屋面未设计挂瓦条，实际施工时设计变更增加 30×40 的木挂瓦条，挂瓦条数量增加 990.30 m，造价增加 2980.80 元。原图纸设计房屋四周为砼散水，实际施工时变更设计为四周种花草，造价减少 2142.15 元。以上造价的变化是由于设计变更造成的。

(2) 该工程原公共部位墙面为混合砂浆粉刷，实际施工时设计变更为混合砂浆外刷乳胶漆，增加抹灰墙面刷乳胶漆数量 501.26 m^2，造价增加 3313.33 元；原公共部位室内天棚为混合砂浆粉刷，实际施工时设计变更为混合砂浆外刷乳胶漆，增加天棚面刷乳胶漆数量 205.16 m^2，造价增加 1436.12 元；原图纸车库外墙面设计为刷仿石涂料，实际施工时设计变更为贴面砖，原合同数量为 1385.37 m^2，变更后数量为 1612.14 m^2，造价增加 11 578.88 元；原图纸室内天棚、墙面设计为混合砂浆粉刷，实际施工时变更为混合砂浆外批白水泥，增加批白水泥数量为 6810.62 m^2，造价增加 24 586.34 元。原图纸楼梯设计水泥砂浆面层，实际施工时设计变更为花岗岩面层，造价增加 11 534.6 元。以上造价的增加是由于建设单位改善商品房外观造成的。

(3) 由于工期紧，建设单位将外墙涂料、屋面防水、斜屋面防水、阳台拜耳阳光板、阳台栏杆、空调栏杆、屋面涂膜工程分包给专业施工单位施工，造价减少 68 845.19 元。以上造价的减少是由于建设单位甩项造成的。

(4) 该工程基础开挖时发现部分土质达不到设计要求，为了保证工程质量，设计变更为采取碎石回填，增加基础碎石垫层数量 15.08 m^3，造价增加 1770.54 元。此项造价的增加是

地质原因造成的。

12.4.2 总结

(1) 送审的结算中，送审造价偏高，主要原因为：一是施工企业编制结算的人员部分计价结果存在误差；二是建设单位在签订合同和现场签证时用词不够严谨产生歧义；三是施工企业出于侥幸心理，可能故意将送审价报高。

(2) 设计单位在设计图纸时未充分考虑现场地质情况，造成施工时设计变更，从而导致工程造价增加。

(3) 建设单位在工程施工时考虑以后商品房便于销售，造成施工时设计变更，从而导致工程造价增加。

(4) 工程项目结算工作质量的优劣，影响着工程项目总投资，直接关系着甲乙双方的利益。公正、公平地进行结算审计是审计单位职业道德的具体体现，是中介机构的生存之本。我们在今后编制标底时，应尽量全面地把问题考虑清楚，减少签证变更。大力提倡开展全过程工程造价的控制，通过事前、事中、事后三位一体的控制体系，对工程造价进行有效的管理和控制，从而提高项目投资的经济效益和社会效益。

本 章 小 结

工程造价资料是指已建成竣工和在建的有使用价值和有代表性的工程设计概算、施工图预算、工程竣工结算、竣工决算、单位工程施工成本以及新材料、新结构、新设备、新施工工艺等建筑安装工程分部分项的单价分析等资料。

工程造价指数是反映一定时期由于价格变化对工程造价影响程度的一种指标，是调整工程造价价差的依据。工程造价指数反映了报告期与基期相比的价格变动趋势。

工程造价信息是一切有关工程造价的特征、状态及其变动的消息的组合。

思考与练习

(1) 简述工程造价资料的概念及作用。

(2) 工程造价资料积累的内容有哪些？

(3) 常用的工程造价指数有哪些？如何编制工程造价指数？

(4) 简述工程造价信息的特点、分类。

(5) 工程造价信息系统应包括哪些方面的内容？

参考文献

[1]全国造价工程师执业资格考试培训教材编审委员会. 工程造价计价与控制[M]. 北京：中国计划出版社，2003.

[2]全国造价工程师考试培训教材编写委员会，全国造价工程师考试培训教材审定委员会. 工程造价的确定与控制[M]. 北京：中国计划出版社，2002.

[3]全国造价工程师考试培训教材编写委员会，全国造价工程师考试培训教材审定委员会工程造价管理相关知识. [M]. 北京：中国计划出版社，2000.

[4]中华人民共和国建设部，中华人民共和国国家质量监督检验检疫总局联合发布. 建设工程工程量清单计价规范 GB 50500—2003. 北京：中国计划出版社，2003.

[5]中国建设监理协会组织编写. 建设工程投资控制[M]. 北京：知识产权出版社，2003.

[6]武汉市造价管理站.武汉市建设工程造价管理总站文件——关于发布武汉地区建筑安装工程 2000、2001、2002、2003、2004 年第一、二、三、四期造价指数的通知.

[7]徐大图. 工程造价的确定与控制[M]. 北京：中国计划出版社，1997.

[8]葛宝山，邬文康. 工程项目评估[M]. 北京：清华大学出版社，2004.

[9]刘晓军，时现. 基本建设工程项目概预算审计[M]. 北京：中国审计出版社，1997.

[10]中华人民共和国建设部，中华人民共和国财政部. 建筑安装工程费用项目组成(建标〔2003〕206 号)，2003.

[11]尹贻林. 工程造价计价与控制[M]. 北京：中国计划出版社，2005.

[12]张凌云. 工程造价控制[M]. 北京：中国建筑出版社，2004.

[13]龚维丽. 工程造价的确定与控制[M]. 北京：中国计划出版社，2000.

[14]成虎. 建筑工程合同管理使用大全[M]. 北京：中国建筑出版社，2000.

[15]陈建国. 工程计量与造价管理[M]. 上海：同济大学出版社，2002.

[16]何康维. 建设工程的概预算与决算[M]. 上海：同济大学出版社，2002.

[17]卞秀庄，赵玉槐. 建筑工程定额与预算[M]. 北京：中国环境科学出版社，2000.

[18]程鸿群. 工程造价管理[M]. 武汉：武汉大学出版社，2004.

[19]胡明德. 建筑工程定额原理与概预算[M]. 北京：中国建筑工业出版社，2000.

[20]沈祥华. 建筑工程概预算[M]. 武汉：武汉大学出版社，2003.

[21]刘长滨. 土木工程概(预)算[M]. 武汉：武汉理工大学出版社，2004.

[22]杜晓玲，廖小建，陈红艳. 工程量清单及报价快速编制技巧与实例[M]. 北京：中国建筑工业出版社，2002.

[23]全国一级建造师执业资格考试用书编写委员会. 建设工程经济[M]. 北京：中国建筑工业出版社，2004.